非零应矩弹性理论

韩文坝　黄双华　著

重庆大学出版社

内容提要

本书中“应矩”的定义:作用在单位面积上的力矩的极限。在实践中,现行的弹性理论只能解决细长杆的问题,用于大型工程设计就出现断裂现象。理论上现行弹性理论不能使部分受力体平衡,而平衡是弹性理论的根本,其原因就是现行的弹性理论把应矩认定为零,但是,实际上应矩明显不为零。新弹性理论能圆满解决现行弹性理论不平衡的矛盾,这是新弹性理论正确性的一个方面的证明。含有18个应力、应矩分量的新平衡微分方程,为新弹性理论的研究开辟了广阔的天地。本书共15章,其重点是论述现行弹性理论基础存在的根本问题,因此,不对弹性力学复杂的求解过程进行详述,而是按照材料力学的体系进行编写。这样做不仅使新弹性理论与现行理论的对比明显,更重要的是弹性力学与材料力学结合得更加紧密,使新弹性理论在工程实践中的应用更加广泛。

本书可供高等学校本科生、研究生、科研人员和工程技术人员参考使用。

图书在版编目(CIP)数据

非零应矩弹性理论/韩文坝,黄双华著.—重庆:重庆大学出版社,2013.3

ISBN 978-7-5624-7111-0

Ⅰ.①非… Ⅱ.①韩… ②黄… Ⅲ.①弹性理论 Ⅳ.①O343

中国版本图书馆CIP数据核字(2012)第308809号

非零应矩弹性理论

韩文坝 黄双华 著

策划编辑:彭 宁 何 梅

责任编辑:李定群 高鸿宽 版式设计:彭 宁 何 梅

责任校对:陈 力 责任印制:赵 晟

*

重庆大学出版社出版发行

出版人:邓晓益

社址:重庆市沙坪坝区大学城西路21号

邮编:401331

电话:(023) 88617183 88617185(中小学)

传真:(023) 88617186 88617166

网址:http://www.cqup.com.cn

邮箱:fxk@cqup.com.cn(营销中心)

全国新华书店经销

重庆川外印务有限公司印刷

*

开本:889×1194 1/16 印张:15 字数:423千

2013年3月第1版 2013年3月第1次印刷

ISBN 978-7-5624-7111-0 定价:59.00元

内容简介

本书中“应矩”的定义:作用在单位面积上的力矩的极限。

在实践中,现行的弹性理论只能解决细长杆的问题,用于大型工程设计就出现断裂现象。理论上现行弹性理论不能使部分受力体平衡,而平衡是弹性理论的根本,其原因就是现行的弹性理论把应矩认定为零,但是,实际上应矩明显不为零。因此,新弹性理论出现了与应力矢量同等重要的新物理量——应矩矢量。把作用在任意截面上的应矩分解成扭应矩和弯应矩,则微元体平衡就由 9 个应力分量和 9 个应矩分量组成,这就建立了新的弹性理论基础模型。

用力和力矩平衡方程推导出包含有应矩分量的新平衡微分方程和新边界条件,打破了剪应力互等定理,把拉(压)、剪、扭、弯 4 种变形中的应力和应矩用偏微分方程联系起来,完全不同于现行弹性理论中把扭矩和弯矩化成剪应力和正应力。利用应矩的概念,得出纯扭转体内只有扭应矩,而无剪应力;纯弯曲体内只有弯应矩而无正应力;指出微单元体平衡与质点的平衡不等价;由实验得出扭转定律和弯曲定律;用质点平衡应力建立了新的强度条件,并被清华大学国家破坏力学重点实验室实验所证实。

新弹性理论能圆满解决现行弹性理论不平衡的矛盾,这是新弹性理论正确性的一个方面的证明。含有 18 个应力、应矩分量的新平衡微分方程,为新弹性理论的研究开辟了广阔的天地。

本书的重点是论述现行弹性理论基础存在的根本问题,因此,不对弹性力学复杂的求解过程进行详述,而是按照材料力学的内容顺序进行修正。这样做不仅使新弹性理论与现行理论的对比明显,更重要的是弹性力学与材料力学结合得更加紧密,使新弹性理论在工程实践中的应用更加广泛。

本书可供高等学校师生、科研人员和工程技术人员参考使用。

About this Book

In this book the definition of Point Moment of Force is the limit of the force moment acting on the unit area.

In practice, the current theory of elasticity can only solve the problem of a slender rod. When used in an engineering design of large scale it would cause the phenomenon of rupture. Theoretically, current theory of elasticity cannot make the balance of a partly-forced body while balance is the root of the theory of elasticity. The reason of this is that current theory of elasticity believes Point Moment of Force (the limit of the force moment acting on the unit area. This concept will be used a lot in this book) as zero. But Point Moment of Force is not zero in practice obviously. Therefore, a new physical quantity—the vector of Point Moment of Force, which is as important as the stress vector, is generated in this new theory of elasticity. If the Point Moment of Force acting on any section is decomposed into a torsional Point Moment of Force and a bending Point Moment of Force, then the balance of a micro unit body is set up by nine stress components and nine Point Moment of Force components, which establish the base model of the new theory of elasticity.

New equilibrium differential equations and new boundary conditions containing the component of Point Moment of Force are derived from the force and torque equations. They break the shear stress reciprocal theorem and set up the connection using partial differential equations between stress and Point Moment of Force existing in the deformation of pull (press), shear, torsion and bending, which is totally different with current prevailing theory of elasticity in which torque and bending moments can be converted into shear and normal stress. Using the concept of Point Moment of Force, it is concluded that only torsional Point Moment of Force is existed in a pure torsional body and no shear stress exists; only bending Point Moment of Force is existed in a pure bending body and no normal stress exists; micro unit balance and particle balance is inequivalent. By experiments, law of torsion and bending is created. New strength conditions are established using the balance stress of particle, which has been confirmed by the experiments of State Key lab of damage mechanics of Tsinghua University.

New theory of elasticity can successfully solve the contradiction of imbalance in current elastic theory, which is a proof of the correctness of new theory of elasticity. New equilibrium differential equations containing eighteen components of stress and Point Moment of Force broaden the way of our research of new elastic theory.

The focus of this book is on discussion of the basic problems existing in current theory of elasticity. Therefore, the complex deducing process of elasticity is NOT discussed in this book. Corrections are made according to the contents of mechanics of material in sequence. This not only makes strong contrasts between new theory of elasticity and current one but also makes strong connections between elastic mechanics and material mechanics and makes the wider applications of elasticity in engineering practice.

This book can be used a reference for teachers and students in high institutions, scientific researchers, engineers and technicians.

序言

弹性理论从1660年胡克定律的确立，至今已有350多年的历史。它是地上、海上、空间等工程设计的基础。随着科技发展，大型工程建设越来越多，可是，弹性理论只能解决细长杆的问题，不能解决大型工程问题。例如，短梁、大构件的设计，特别是世界上断轴、断梁的灾难事故层出不穷，但是，断裂的根本原因被施工质量事故所掩盖。其实，大型工程事故的相当一部分是由于现行弹性理论的错误造成的。

错误之一：认定作用在微元面积上的力矩的极限（应矩）等于零。它的错误在于没有区别内力和外力产生的力矩；作用体内任一点应矩不是内力产生的，而是外力简化得到的。新理论已证明了应矩为非零。这就使作用在微元6个面上的9个应力分量再增加9个应矩分量。平衡微分方程也由3个增加到6个，并得出扭转、弯曲体内不存在剪应力互等定理，从理论上证明了扭转体内无剪应力（有扭应矩）、弯曲体内无正应力（有弯应矩）的结论。只有应矩理论才能解决扭转和弯曲不平衡问题。

错误之二：现行弹性理论一直把微元的平衡与质点的平衡混淆，两者是不等价的。新理论证明：作用在微元上的最大主应力小于作用在质点上的质点平衡应力；当微元体趋于极限时成为质点，作用在微元体上的非汇交力系应力，就变成了汇交力系。微元用应力乘面积（力）来平衡，质点用应力进行平衡。用质点平衡应力建立起来的强度理论，经过清华大学国家破坏力学实验室的实验、哈尔滨工业大学和哈尔滨工程大学的实验验证，其准确率接近百分之百。质点平衡强度理论解决了第三、第四强度理论危机。按第三、第四强度理论推导，当三向等应力拉伸时相当应力为零，任何物体都不会破坏，这不符合实际。第三、第四强度理论还可推知：低碳钢拉伸屈服应该发生在与拉力成30°和35°的方向上，只有质点平衡应力，才会出现45°的滑移线。而且相当应力的概念违背了力的三要素：相当应力没有方向，这就违背了力的定义。用质点平衡应力导出的拉（压）-剪切强度公式，解决了弹性理论无法解决的拉-剪比压-剪更容易破坏的实验现象。非零应矩理论找出了细长杆量化的定义，指出凡是大于细长杆的轴、梁，一切静、动等大型工程都处于不安全状态。新理论推导出来的扭应矩公式和弯应矩公式，都经过微分方程关于满足特解条件的验证。非零应矩弹性理论为弹性理论的正确发展创造了条件。

本书在编著和出版过程中，得到了南京理工大学博士后刘大斌院长、攀枝花学院材料学院杨绍利教授、哈尔滨工业大学蔡冰清高级工程师、辉达半导体（深圳）有限公司韩晓东高级工程师、中科院金属研究所王严岩主任的大力支持和帮助，并参与了部分工作，在此表示感谢。

因为本书提出的理论观点是前人从未提出过的新理论，加之作者水平所限，书中难免存在不妥之处，真诚地希望广大读者给予批评指正。

编　者

2012 年 4 月

目录

第1章 修正弹性理论的依据
——现行弹性理论的基本矛盾

1.1 等直杆拉伸斜截面上的质点不能平衡的矛盾

1.1.1 等直杆拉伸斜截面上的任意一点不平衡

等直杆拉伸如图 1.1(a)所示。众所周知,杆内任一质点都受到大小相等、方向相反的拉应力而处于平衡状态,而现行弹性理论却使杆内质点不能处于平衡状态。

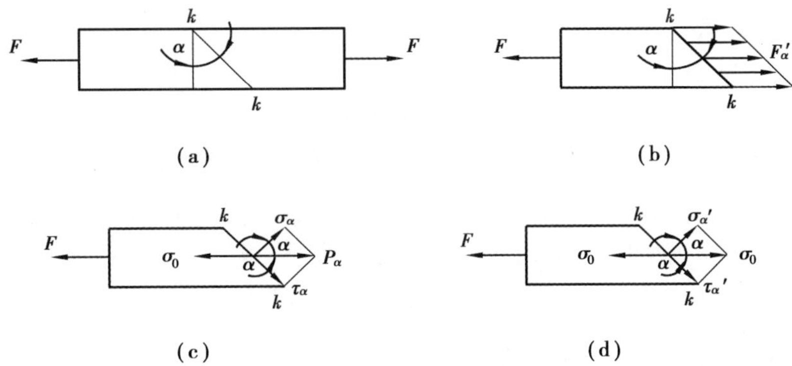

图 1.1 等直杆拉伸

设杆轴向拉力为 F,横截面面积为 A,求斜面 k—k(与垂直方向夹角为 α)上任一点正应力 σ_α 和剪应力 τ_α 时,现行弹性理论推导如下:

横截面上的正应力 σ_0 为

$$\sigma_0 = \frac{F}{A} \tag{1.1}$$

与横截面成 α 角的斜面 k—k 的面积为 A_α,A 与 A_α 间的关系为

$$A_\alpha = \frac{A}{\cos \alpha} \tag{1.2}$$

用 F_α 表示 k—k 面上水平方向的内力，由单元体左段的平衡（见图1.1(b)）可得

$$F = F_\alpha$$

由于内力是均匀分布的，则斜截面 k—k 上的应力 P_α 为

$$P_\alpha = \frac{F_\alpha}{A_\alpha} = \frac{F}{A_\alpha}$$

将式(1.2)代入上式，可得

$$P_\alpha = \frac{F}{A}\cos\alpha = \sigma_0\cos\alpha \tag{1.3}$$

把 P_α 分解成垂直于斜面的正应力 σ_α 和切于斜面的剪应力 τ_α（见图1.1(c)），则

$$\sigma_\alpha = P_\alpha\cos\alpha = \sigma_0\cos^2\alpha \tag{1.4}$$

$$\tau_\alpha = P_\alpha\sin\alpha = \sigma_0\cos\alpha\sin\alpha = \frac{\sigma_0}{2}\sin 2\alpha \tag{1.5}$$

注意：式(1.4)和式(1.5)只是保持左段杆平衡的正应力和剪应力，它不是保持在截面 k—k 上任一质点平衡的应力。这点可得到明显的证明，图1.1(c)中取 a 点，则质点 a 受到3个应力，即 σ_0，σ_α 和 τ_α，而 σ_α 和 τ_α 的合成应力 P_α 为

$$P_\alpha = \sqrt{\sigma_\alpha^2 + \tau_\alpha^2} = \sqrt{(\sigma_0\cos^2\alpha)^2 + (\sigma_0\cos\alpha\sin\alpha)^2} = \sigma_0\cos\alpha$$

而质点 a 左边受到的应力为 σ_0，可见左右应力不相等，即

$$\sigma_0 \neq \sigma_0\cos\alpha$$

上式表明，质点 a 处于不平衡状态，这是不符合实际的。

1.1.2 保持等直杆拉伸斜截面上的质点平衡的正应力和剪应力

要保证斜面 k—k 上任一质点 a 的平衡，必须使 $\sigma_{0左} = \sigma_{0右}$，如图1.1(d)所示。这是非常明显的结论：等直杆单向拉伸体内任一点都受到大小相等、方向相反的应力而处于平衡状态。a 点不会因为人为地画上一条 k—k 斜线（认为是截面上 k—k 线上的点）而就不处于平衡状态。斜面 k—k 上的点要平衡必须由力的解析法求得，即

$$\sigma_\alpha' = \sigma_0\cos\alpha \tag{1.4′}$$

$$\tau_\alpha' = \sigma_0\sin\alpha \tag{1.5′}$$

式(1.4′)和式(1.5′)才能保证拉伸体内任一截面上质点的平衡应力，因为

$$\sigma_{0右} = \sqrt{(\sigma_\alpha')^2 + (\tau_\alpha')^2} = \sqrt{(\sigma_0\cos\alpha)^2 + (\sigma_0\sin\alpha)^2} = \sigma_{0左}$$

说明质点 a 左和右受大小相等、方向相反的应力而处于平衡。

因此，式(1.4′)和式(1.5′)才是计算保持质点平衡应力的公式。

1.1.3 单元体平衡与质点平衡的结论

①单元体的平衡与质点平衡是有本质区别的。单元体的平衡无论单元体取得多么微小，都要考虑受力的面积大小，只能用应力乘面积得到的力去平衡，不能用应力去平衡。而质点按照数学上的定义：质点无大小，因此，质点平衡没有面积的要求，可直接用应力去平衡。如果考虑面积，也是任何方向上的面积都相等，在平衡方程中可消掉。

②用微分体平衡得到斜截面上的应力，即使微分体趋近于无穷小时，其应力也不等于其微分体邻域内的质点平衡应力。

③现行弹性理论用微正六面体做力学模型，而求得各方向上的应力。其应力仍然是微单元体的平衡应力，不是三向应力状态下的质点平衡应力。

④作用在单元体各个面的应力是非汇交力系，当单元体趋近于质点时，作用于质点上的力就成为汇交力系，才可用力的解析法则求其合力。

1.2 纯剪切应力状态下的质点平衡应力

1.2.1 纯剪切应力状态斜面上的应力不是质点平衡应力

由求二向应力状态任意斜截面上的应力公式[1]

$$\sigma_\alpha = \frac{\sigma_x + \sigma_y}{2} + \frac{\sigma_x - \sigma_y}{2}\cos 2\alpha - \tau_x \sin 2\alpha \tag{1.6}$$

可求得纯剪切应力状态下对角线 ac 斜面上正应力为 σ_{bd} 和 bd 斜面上的正应力 σ_{ac}，如图1.2所示。此时 $\sigma_x = \sigma_y = 0, \alpha = \pm 45°$。代入式(1.6)可得

$$\sigma_{bd} = -\tau, \sigma_{ac} = \tau$$

说明对角线 ac 上各点都受到拉应力，对角线 bd 上各点都受到压应力。研究图1.2中 a 点的平衡，作用于 a 点有3个应力：τ，τ 和 σ_a。

对于质点而言，没有面积的概念，因此，静力平衡方程可直接用应力而不用力表示，即

$$\begin{aligned}\sum x &= \tau - \sigma_a \cos 45° \\ &= \tau - \frac{\sqrt{2}}{2}\tau = \left(1 - \frac{\sqrt{2}}{2}\right)\tau \neq 0 \\ \sum y &= \tau - \sigma_a \cos 45° \\ &= \tau - \frac{\sqrt{2}}{2}\tau = \left(1 - \frac{\sqrt{2}}{2}\right)\tau \neq 0\end{aligned}$$

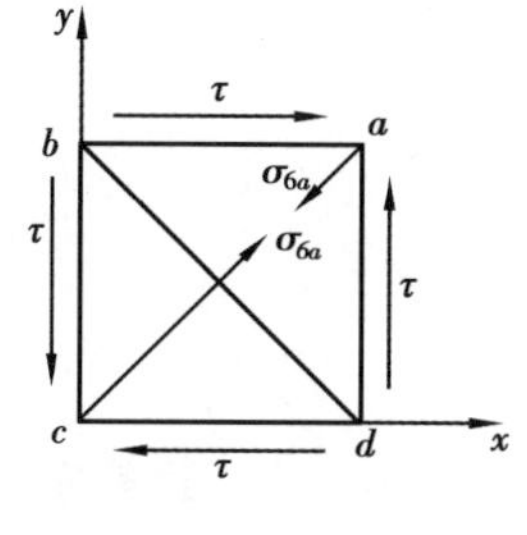

图1.2

这说明纯剪切应力状态下，式(1.6)求得的应力不能保持其任一质点的平衡，即不是保持质点平衡的质点平衡应力。

1.2.2 纯剪切应力状态体内任一质点平衡应力

纯剪切应力状态如图1.3(a)所示，研究其上 a,b,c,d 各质点的平衡。a 点受到原始互相垂直的两个剪应力 τ 作用，其合力为

$$\sigma_a' = \sqrt{\tau^2 + \tau^2} = \sqrt{2}\,\tau \tag{1.7}$$ *

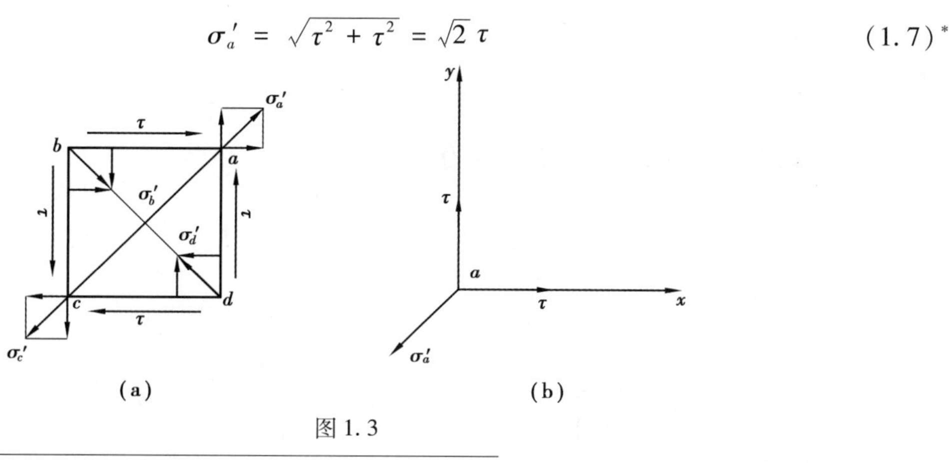

图1.3

* 本书中公式标号上打星号者表示常用重要公式。

σ_a'就是保持质点平衡的质点平衡应力，同理可求其他点的平衡应力

$$\sigma_b' = \sigma_c' = \sigma_d' = \sigma_a' = \sqrt{2}\tau$$

研究 a 点的平衡，如图 1.3(b)所示。由平衡方程可得

$$\sum x = \tau - \sigma_a' \cos 45° = \tau - \sqrt{2}\tau \cdot \frac{\sqrt{2}}{2} = 0$$

$$\sum y = \tau - \sigma_a' \cos 45° = \tau - \sqrt{2}\tau \cdot \frac{\sqrt{2}}{2} = 0$$

可见质点 a 处于平衡状态，同理可证其他各点也处于平衡状态。式(1.7)* 为纯剪切应力状态下的质点平衡应力。

由现行的主应力公式[5]

$$\left.\begin{aligned}\sigma_1 &= \sigma_{\max} \\ \sigma_2 &= \sigma_{\min}\end{aligned}\right\} = \frac{\sigma_x + \sigma_y}{2} \pm \sqrt{\left(\frac{\sigma_x - \sigma_y}{2}\right)^2 + \tau_x^2} \tag{1.8}$$

可得

$$\left.\begin{aligned}\sigma_{\max} \\ \sigma_{\min}\end{aligned}\right\} = \pm \tau_x \tag{1.9}$$

对比式(1.9)与式(1.7)* 得出，最大主应力不是极值应力，质点平衡应力才是质点受到的极值应力。

1.3　二向纯拉伸应力状态下的质点平衡应力

1.3.1　斜截面上的点不能处于平衡状态

二向拉伸应力状态如图 1.4(a)所示，对角线 ac 上所受到的应力，由二向应力状态任意截面上应力的公式[1]求得

$$\sigma_\alpha = \frac{\sigma_x + \sigma_y}{2} + \frac{\sigma_x - \sigma_y}{2}\cos 2\alpha - \tau_x \sin 2\alpha$$

对角线 ac 上的正应力为 σ_{ac}，bd 与 x 轴夹角为 45°，再将$\tau_x = 0$ 代入上式可得

$$\sigma_{ac} = \frac{\sigma_x + \sigma_y}{2}$$

若 $\sigma_x = \sigma_y = \sigma$，则

$$\sigma_{ac} = \sigma$$

可见对角线 ac 上各质点都受到拉应力。

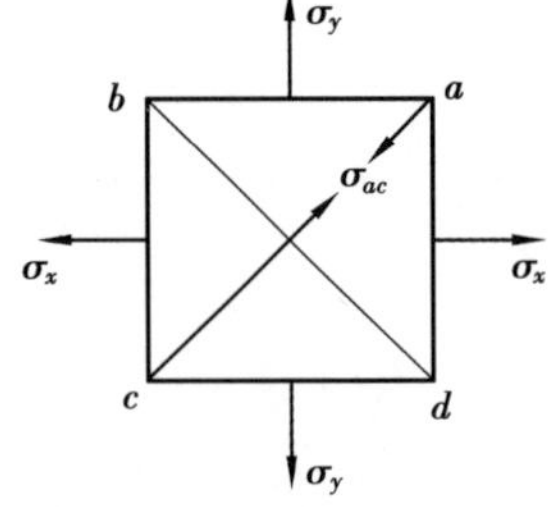

(a) 二向拉伸应力

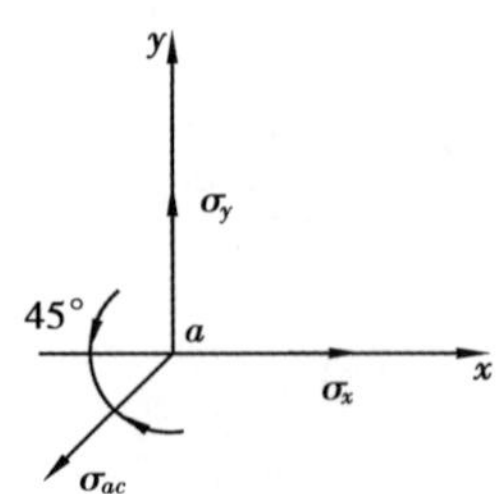

(b) 质点a的受力图

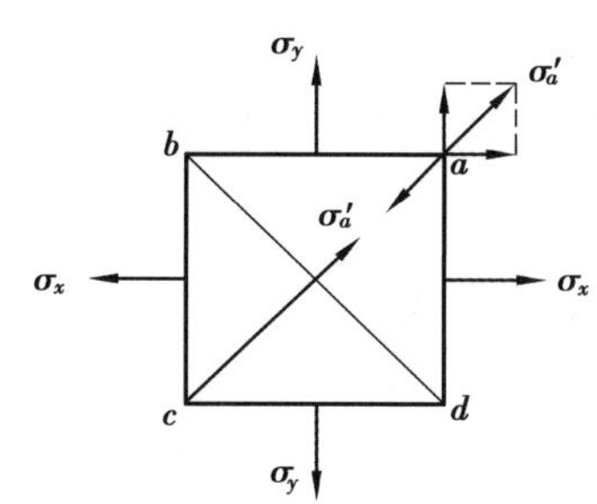

(c)质点 a 的平衡应力

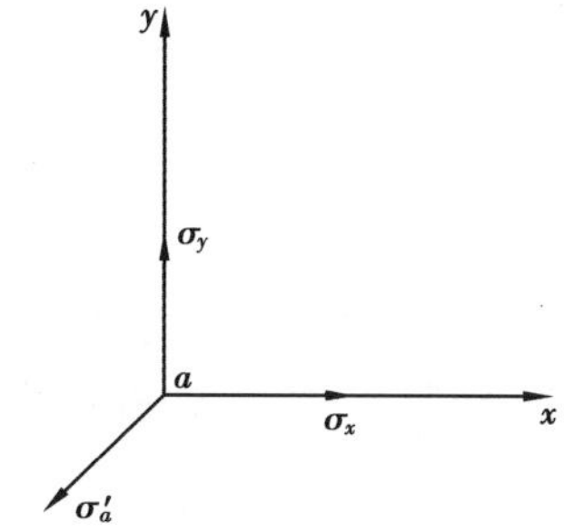

(d)质点 a 在 σ_x，σ_y，σ_a' 作用下的平衡

图1.4

研究 a 点的平衡：a 点的受力如图1.4(b)所示。

由于质点的平衡方程可用应力代替力进行计算，因此，其平衡方程为

$$\sum x = \sigma_x - \sigma_{ac}\cos 45^\circ = \sigma - \frac{\sqrt{2}}{2}\sigma = \left(1 - \frac{\sqrt{2}}{2}\right)\sigma \neq 0$$

$$\sum y = \sigma_y - \sigma_{ac}\cos 45^\circ = \sigma - \frac{\sqrt{2}}{2}\sigma = \left(1 - \frac{\sqrt{2}}{2}\right)\sigma \neq 0$$

由上两式可知，a 点处于不平衡状态，σ_{ac} 不是其上质点平衡应力。

1.3.2　质点平衡应力

质点 a 的平衡应力如图1.4(c)所示，由应力 σ_x 与 σ_y 组成的合力为

$$\sigma_a' = \sqrt{\sigma_x^2 + \sigma_y^2} \tag{1.10}^*$$

当 $\sigma_x = \sigma_y = \sigma$ 时，$\sigma_a' = \sqrt{2}\sigma$，$\sigma_a$ 与 x 轴的夹角为 $\alpha = 45^\circ$。对角线 ac 上各点受到拉应力 σ_a'。

研究质点 a 在 σ_x，σ_y 和 σ_a' 作用下的平衡，如图1.4(d)所示。质点平衡方程为

$$\sum x = \sigma_x - \sigma_a'\cos\alpha = \sigma - \sqrt{2}\sigma\cos 45^\circ = 0$$

$$\sum y = \sigma_y - \sigma_a'\cos(90^\circ - \alpha) = \sigma - \sigma_a'\sin\alpha = \sigma - \sqrt{2}\sigma\sin 45^\circ = 0$$

由于 $\sigma_a' = \sqrt{\sigma_x^2 + \sigma_y^2}$ 能保证 a 点的平衡，是质点平衡应力。因此，二向等应力拉伸的质点平衡应力为

$$\sigma_a' = \sqrt{2}\sigma \tag{1.11}^*$$

由式(1.8)可得，最大主应力 $\sigma_{\max} = \sigma_x = \sigma_y$。与式(1.11)* 对比得出，质点平衡应力是最大主应力的 $\sqrt{2}$ 倍，质点平衡应力才是极值应力。

对比式(1.9)和式(1.11)* 可知，二向等拉应力状态下的质点平衡应力是其对角线斜截面上应力的 $\sqrt{2}$ 倍。

1.4 二向拉伸及剪切应力状态下的质点平衡应力

如图 1.5(a)所示为正应力和剪应力共同作用下的二向应力状态。

质点 a 的受力如图 1.5(b)所示,由投影求其合力为

$$\sum x = \sigma_x + \tau$$

$$\sum y = \sigma_y + \tau$$

则质点平衡应力为

$$\sigma_a' = \sqrt{\left(\sum x\right)^2 + \left(\sum y\right)^2} = \sqrt{(\sigma_x + \tau)^2 + (\sigma_y + \tau)^2} \quad (1.12)^*$$

式(1.12)* 即为二向应力状态的质点平衡应力。

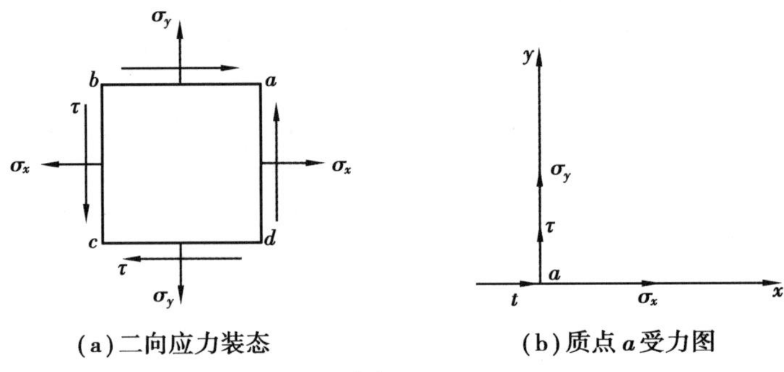

(a)二向应力装态　(b)质点 a 受力图

图 1.5

当 $\sigma_x = \sigma_y = \sigma$ 时,有

$$\sigma_a' = \sqrt{2}(\sigma + \tau) \quad (1.13)^*$$

当 $\sigma_y = 0$ 时,由式(1.12)* 可得,质点平衡应力为

$$\sigma_a' = \sqrt{(\sigma_x + \tau)^2 + \tau^2} = \sqrt{\sigma_x^2 + 2\sigma_x\tau + 2\tau^2} \quad (1.14)^*$$

式(1.14)* 就是拉伸和剪切组合下的质点平衡应力。

用质点平衡应力建立强度条件为

$$\sqrt{\sigma^2 + 2\sigma\tau + 2\tau^2} \leqslant [\sigma] \quad (1.15)^*$$

新强度式(1.15)* 不同于用单元体平衡推导出的第三、第四强度理论公式

$$\sqrt{\sigma^2 + 4\tau^2} \leqslant [\sigma] \quad (1.16)$$

$$\sqrt{\sigma^2 + 3\tau^2} \leqslant [\sigma] \quad (1.17)$$

式中　$[\sigma]$——材料的许用拉应力。

当没有拉应力时,$\sigma = 0$,即为纯剪切应力状态,则式(1.15)* 、式(1.16)、式(1.17)分别简化为

$$\sqrt{2}\tau \leqslant [\sigma]$$

$$2\tau \leqslant [\sigma]$$

$$\sqrt{3}\tau \leqslant [\sigma]$$

当安全系数取 1,用屈服极限 σ_s 代替 $[\sigma]$ 时,可求出屈服剪应力 τ_s 与屈服极限 σ_s 间的关系

$$\tau_s' = \frac{\sqrt{2}}{2}\sigma_s = \sin 45°\sigma_s \quad (1.18)$$

$$\tau_{s3} = \frac{1}{2}\sigma_s = \sin 30°\sigma_s \quad (1.19)$$

$$\tau_{s4}=\frac{\sqrt{3}}{3}\sigma_s=\sin 35°\sigma_s \tag{1.20}$$

式中　τ_s',τ_{s3},τ_{s4}——质点平衡应力、第三强度理论、第四强度理论下的屈服剪应力。

以上 3 个公式说明屈服拉应力 σ_s 和屈服剪应力 τ_s 之间的关系。式(1.18)的结果与低碳钢拉伸实验结论恰好相同。拉伸实验表明,低碳钢拉伸时在 45°出现屈服滑移线,而式(1.19)和式(1.20)说明低碳钢拉伸应该在 30°及 35°发生滑移,但实际上并非如此。这证明了用质点平衡应力推导出的组合强度式(1.14)* 的正确性。

对脆性材料(如铸铁)的压缩,其断裂面与轴线成 45°左右的倾角,是最大剪应力造成的破坏,与新公式计算出的最大剪应力发生在 45°完全相同;而第三、第四强度理论计算出的最大剪应力应分别发生在 30°,35°,但实验结果并非如此。实验证明,拉应力使剪切变得容易,压应力使剪切变得困难。这种现象用质点平衡应力式(1.15)* 能圆满解释:因为式(1.15)* 中,拉应力有一非平方项 $2\tau\sigma$,σ 为负值时的 σ_a' 小于 σ 为正值时的 σ_a',即压应力使剪切变得困难。而式(1.16)和式(1.17)中,正应力 σ 无论是拉伸还是压缩,其相当应力都相等,无法解释此现象。莫尔的强度理论只能对拉压强度不等的材料作出此现象的解释,对于拉压强度相等的材料不能合理解释。

1.5　三向应力状态下的质点平衡应力

弹性力学用斜截面(ABC)截取微正方体成正三角锥,如图 1.6 所示。由正三角锥的平衡,推导出斜截面(ABC)上的应力在 x,y,z 轴上的总应力分量。设斜截面的外法线方向为 n,其方向余弦为

$$\cos(n,x)=l$$
$$\cos(n,y)=m$$
$$\cos(n,z)=n$$

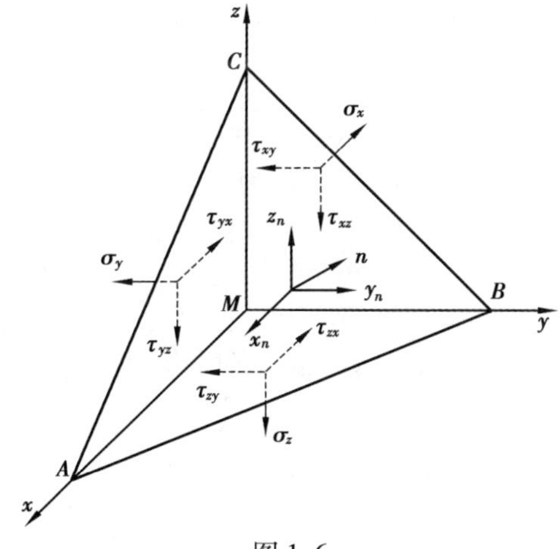

图 1.6

则(ABC)斜截面上的总应力 σ_α 在 x,y,z 轴上的投影为

$$X_n=-(\tau_{yx}m+\tau_{zx}n+\sigma_x l) \tag{1.21a}$$
$$Y_n=-(\tau_{xy}l+\tau_{zy}n+\sigma_y m) \tag{1.21b}$$
$$Z_n=-(\tau_{xz}l+\tau_{yz}m+\sigma_z n) \tag{1.21c}$$

因此,(ABC)斜截面上的总应力 σ_α 为

$$\sigma_\alpha = \sqrt{X_n^2 + Y_n^2 + Z_n^2}$$
$$= \sqrt{(\tau_{yx}m + \tau_{zx}n + \sigma_x l)^2 + (\tau_{xy}l + \tau_{zy}n + \sigma_y m)^2 + (\tau_{xz}l + \tau_{yz}m + \sigma_z n)^2} \quad (1.22)^*$$

新理论认为,此处 σ_α 是保持三棱锥平衡的斜面上的应力,它不是平面(ABC)上任一质点的平衡应力。当此微三棱锥趋近无穷小时,斜面(ABC)上的点趋于 M 点,则 M 点的应力即是任意点的平衡应力。

显然,M 点受到的应力在 x,y,z 轴上的投影为

$$X_M = -(\tau_{yx} + \tau_{zx} + \sigma_x) \quad (1.23a)$$

$$Y_M = -(\tau_{xy} + \tau_{zy} + \sigma_y) \quad (1.23b)$$

$$Z_M = -(\tau_{xz} + \tau_{yz} + \sigma_z) \quad (1.23c)$$

则 M 点的总应力 σ^* 为

$$\sigma^* = \sqrt{X_M^2 + Y_M^2 + Z_M^2}$$
$$= \sqrt{(\tau_{yx} + \tau_{zx} + \sigma_x)^2 + (\tau_{xy} + \tau_{zy} + \sigma_y)^2 + (\tau_{xz} + \tau_{yz} + \sigma_z)^2} \quad (1.24)^*$$

式中　σ^*——质点平衡应力。

对比式(1.22)* 和式(1.24)* 可知,保持斜截体平衡的斜截面上的应力与斜截面的方向余弦有关;而质点的平衡应力只与作用应力的大小有关,与方向余弦无关。由于方向余弦小于或等于1,因此,斜截面上的应力总小于质点平衡应力。

若剪应力都为零,即 $\tau_{yx} = \tau_{zx} = \tau_{xy} = \tau_{zy} = \tau_{yz} = \tau_{xz} = 0$,则式(1.23)成为

$$X_M = -\sigma_x$$
$$Y_M = -\sigma_y$$
$$Z_M = -\sigma_z$$

则总应力为

$$\sigma^* = \sqrt{\sigma_x^2 + \sigma_y^2 + \sigma_z^2} \quad (1.25)^*$$

式(1.25)* 就是只有正应力作用的三向应力状态下的质点平衡应力。

如果微正六面体坐标取主应力方向,设主应力为 $\sigma_1,\sigma_2,\sigma_3$,则用主应力表示的质点平衡应力为

$$\sigma^* = \sqrt{\sigma_1^2 + \sigma_2^2 + \sigma_3^2} \quad (1.26)^*$$

质点平衡应力 σ^* 与主应力 $\sigma_1,\sigma_2,\sigma_3$ 间的夹角为

$$\alpha_1 = \arctan \frac{\sqrt{\sigma_2^2 + \sigma_3^2}}{\sigma_1} \quad (1.27a)$$

$$\alpha_2 = \arctan \frac{\sqrt{\sigma_1^2 + \sigma_3^2}}{\sigma_2} \quad (1.27b)$$

$$\alpha_3 = \arctan \frac{\sqrt{\sigma_1^2 + \sigma_2^2}}{\sigma_3} \quad (1.27c)$$

1.6　用质点平衡应力解决第三、第四强度理论的危机

广泛使用的第四强度理论,即形状变形比能准则,其公式为[7]

$$\sigma_{xd} = \sqrt{\frac{1}{2}[(\sigma_1 - \sigma_2)^2 + (\sigma_2 - \sigma_3)^2 + (\sigma_3 - \sigma_1)^2]} \leqslant [\sigma] \quad (1.28)$$

式中　σ_{xd}——相当应力;

$[\sigma]$——材料的许用应力；

$\sigma_1, \sigma_2, \sigma_3$——单元体内的主应力，如图 1.7 所示。

相当应力的概念模糊，违背了力的定义：力有大小、方向和作用点三要素，但相当应力的作用方向不明确，力的三要素缺少了方向要素，已不称其为力。力是矢量，相当应力概念已把力变成了标量，动摇了力学的理论基础，因此，它是不合理的。

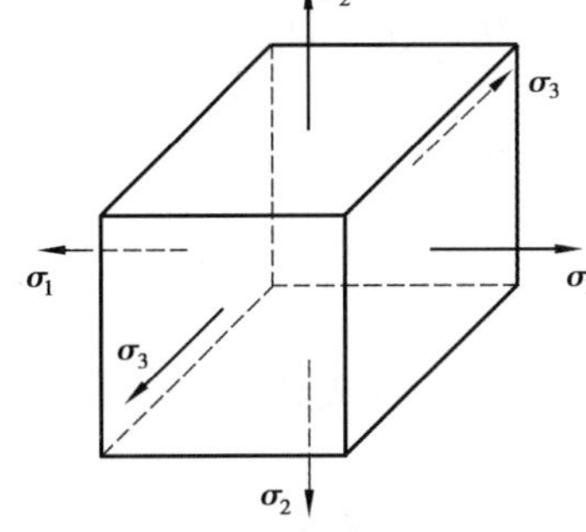

图 1.7　单元体内的主应力图

由弹性力学的推导过程可知，σ_{xd} 表示单元体变形受到的相当应力大小。但是，σ_{xd} 不是单元体趋于无穷小时质点所受到的平衡应力。由式(1.28)可知，当主应力 $\sigma_1 = \sigma_2 = \sigma_3$ 时，有

$$\sigma_{xd} = 0 \tag{1.29}$$

式(1.29)表明，受三向等应力拉伸的正方体，不论加上多大正应力 σ，正方体都不会破坏，宇宙中哪有能承受无限大应力而不被破坏的物质？这显然是不可能的。这说明第四强度理论存在危机，第三强度理论也存在危机，其公式为

$$d_{xd} = \sigma_1 - \sigma_3 \leqslant [\sigma]$$

当 $\sigma_1 = \sigma_3$ 时，则

$$d_{xd} = 0$$

出现此危机的根本原因是把单元体上的应力当成质点所受到的平衡应力。质点平衡应力由式(1.26)* 确定，即

$$\sigma^* = \sqrt{\sigma_1^2 + \sigma_2^2 + \sigma_3^2}$$

受三向等应力状态时，$\sigma_1 = \sigma_2 = \sigma_3 = \sigma$，质点平衡应力为

$$\sigma^* = \sqrt{3}\sigma \neq 0 \tag{1.30}$$

式(1.30)表明，受 3 个互相垂直方向等应力拉伸的正方体，不论多大的等应力拉伸都不会被破坏的结论被推翻，其质点平衡应力是简单拉伸时应力的 $\sqrt{3}$ 倍，两种结论截然相反。质点平衡应力断裂条件为

$$\sigma^* = \sqrt{3}\sigma = \sigma_s$$

即

$$\sigma = \frac{\sigma_s}{\sqrt{3}} = 0.58\sigma_s \tag{1.31}$$

式(1.31)表明，受三向等值拉应力状态作用时，只要单向拉应力都达到材料屈服极限的 58% 就会断裂。对于脆性材料(强度极限为 σ_b)，则

$$\sigma^* = 0.58\delta_b \tag{1.32}$$

当 $\sigma_3 = 0$，为平面应力状态，且 $\sigma_1 = \sigma_2 = \sigma$ 时，应力理论式(1.28)变为

$$\sigma_{xd} = \sqrt{\frac{1}{2}(0 + \sigma^2 + \sigma^2)} = \sigma \tag{1.33}$$

式(1.33)表明，正方体受二向等应力拉伸时，与简单拉伸时受到的应力完全相同。而新概念弹性理论则认为，二向应力状态质点所受到的平衡应力由式(1.26)* 来确定，即

$$\sigma^* = \sqrt{2}\sigma \tag{1.34*}$$

断裂条件为

$$\sqrt{2}\sigma = \sigma_s$$

即

$$\sigma = \frac{\sigma_s}{\sqrt{2}} = 0.71\sigma_s \tag{1.35}$$

式(1.34)* 表明，正方体用二向等应力拉伸，其体内所受的拉应力为简单拉伸的$\sqrt{2}$倍。式(1.35)表明，二向等应力拉伸时，只要达到屈服极限的71%时，就出现断裂。此结论被二向等应力拉伸破坏实验所证实。详见第15章实验验证4，其实验误差只有2.3%。

1.7 剪切定理的推导

剪切胡克定律：在比例极限内，剪应力与角应变成正比，即

$$\tau = G\gamma \tag{1.36}$$

它是由薄壁圆筒扭转得到的实验定律，而新弹性理论证明，纯扭转体内无剪应力。因此，式(1.36)不存在。剪切胡克定律由纯剪切应力状态可直接推导出来，称为剪切定理，用以代替剪切胡克定律。

纯剪切应力状态如图1.8(a)所示。其各参数分析如图1.8(b)所示。从平面应变状态公式会得到对角线 ac 的线应变 ε_{ac} 与正方形产生角应变 γ_{xy} 的关系[7]为

$$\varepsilon_{ac} = \frac{\varepsilon_x + \varepsilon_y}{2} + \frac{\varepsilon_x - \varepsilon_y}{2}\cos 2\alpha - \frac{\gamma_{xy}}{2}\sin 2\alpha \tag{1.37}$$

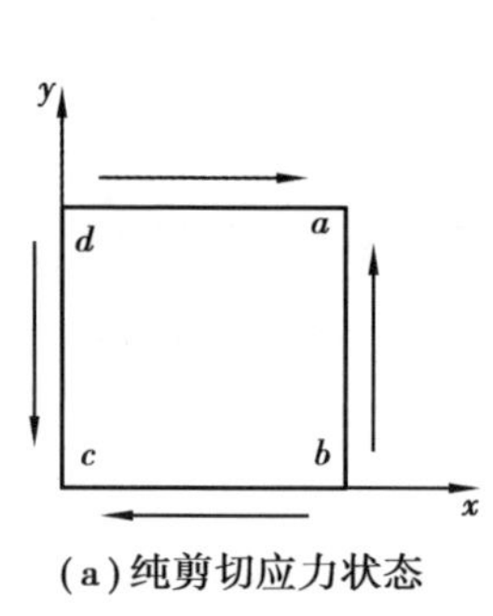

(a)纯剪切应力状态

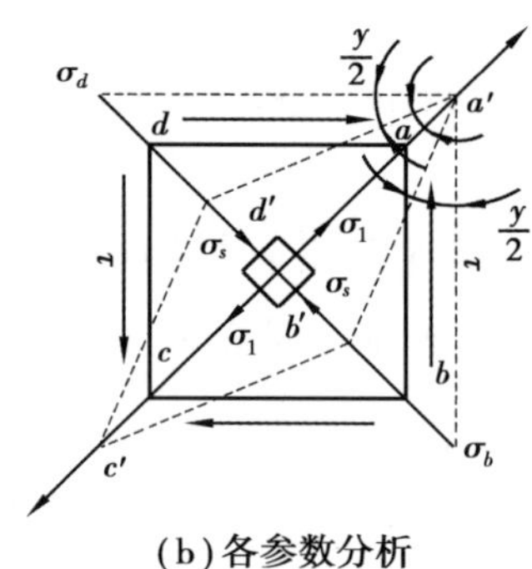

(b)各参数分析

图1.8

α 表示任一方向与 x 轴间夹角。当对角线 ac 与 x 轴夹角 α 为45°且 $\varepsilon_x = \varepsilon_y = 0$ 时，则

$$\varepsilon_{ac} = \frac{\gamma}{2} \tag{1.37'}$$

二向应力状态下的主应力[7]为

$$\left.\begin{aligned} &\text{最大主应力} \quad \sigma_1 = \frac{\sigma_x + \sigma_y}{2} + \sqrt{\left[\frac{\sigma_x - \sigma_y}{2}\right]^2 + \tau_x^2} \\ &\text{最小主应力} \quad \sigma_3 = \frac{\sigma_x + \sigma_y}{2} - \sqrt{\left[\frac{\sigma_x - \sigma_y}{2}\right]^2 + \tau_x^2} \end{aligned}\right\} \tag{1.38}$$

纯剪切应力状态下，$\sigma_x = \sigma_y = 0$，代入式(1.38)可得

$$\left.\begin{aligned} &\sigma_1 = \tau, \sigma_3 = -\tau \\ &\sigma_a = \sigma_c = \sigma_1, \sigma_b = \sigma_a = \sigma_3 \end{aligned}\right\} \tag{1.38'}$$

且主应力 σ_1 和 σ_3 的法线方向就是对角线方向。

根据广义胡克定律[1]，也可得

$$\varepsilon_{ac}=\frac{\sigma_1}{E}-\mu\frac{\sigma_3}{E}$$

由式(1.37)和上式,可得

$$\frac{\gamma}{2}=\frac{\sigma_1}{E}-\mu\frac{\sigma_3}{E}$$

把式(1.38′)代入上式,可得

$$\frac{\gamma}{2}=\frac{1+\mu}{E}\tau$$

即

$$\tau=\frac{E}{2(1+\mu)}\gamma \tag{1.39}$$

设

$$G=\frac{E}{2(1+\mu)} \tag{1.39′}^*$$

由于式(1,39′)* 中 E 和 μ 都是常数,故 G 为常数,则式(1.39)可表示为

$$\tau=G\gamma \tag{1.40}^*$$

式(1.40)* 就是从理论上推导出来的剪切定理,它将取代由薄壁圆筒实验得到的剪切胡克定律。$G=E/2(1+\mu)$ 就是剪切弹性模量,它不同于扭转得到的剪切弹性模量,因为纯扭转无剪应力(见本书 5.4 节),当然得不出剪切胡克定律。扭转弹性模量用 G_n 表示,以区别剪切与扭转的不同。数值上和量纲上 G 和 G_n 都不相同,详见第 5 章应矩理论下的扭转。

1.8　圆轴扭转剪应力不能保证平面假设

推导圆轴扭转剪应力[1]时,一个最基本的假设:变形前的横截面在变形后仍保持为平面,形状和大小仍保持不变。如果该平面假设被推翻,则由此推导出的公式就不正确。

如图 1.9(a)所示为受扭矩 M_n 的圆轴横、纵截面剪应力分布情况;用通过轴心 OO' 两相交平面截取楔形体,如图 1.9(b)所示。

根据扭转变形公式及剪应力互等定理,得出楔形体应力分布如图 1.9(b)所示。为了清楚起见,把正方形 $abcd$ 画出,如图 1.9(c)所示。研究在应力作用下正方形 $abcd$ 的变形。纯剪切的主应力由式(1.38)可得,$\sigma_1=\tau$,$\sigma_3=-\tau$。主应力作用在对角线 ac 和 bd 上,则 ac 被拉伸,a 点沿对角线移到 a',c 点移到 c' 点,同理,bd 被压缩,b,d 点分别位移到 b',d' 点。可见在剪应力作用下,正方形已受力变成菱形。显然,a' 点已不在横截面 $O'ab$ 上,c' 点也不在横截面 Ocd 上,如图 1.9(c)所示。即原横截面发生了倾斜,它已不保持为原平面。现行弹性理论自我否定其命题,其推导出的剪应力公式及变形公式当然就不正确。

薄壁圆筒扭转时,如图 1.10(a)所示。垂直 x 轴的两个互相平行的圆周 mm 和 nn,仍然保持垂直于 x 轴。这就是保持平面只转动了一个角度的平面假设。只有用扭矩来解释才能有如此结果,而用体内的剪应力来解释,则应该产生如图 1.10(b)所示的情形,圆周 mm,nn 已不再垂直 x 轴,变成倾斜于 x 轴的椭圆 $m'm'$ 和 $n'n'$。可知,理论和实验都证明了扭转剪应力理论不能保证平面假设成立。

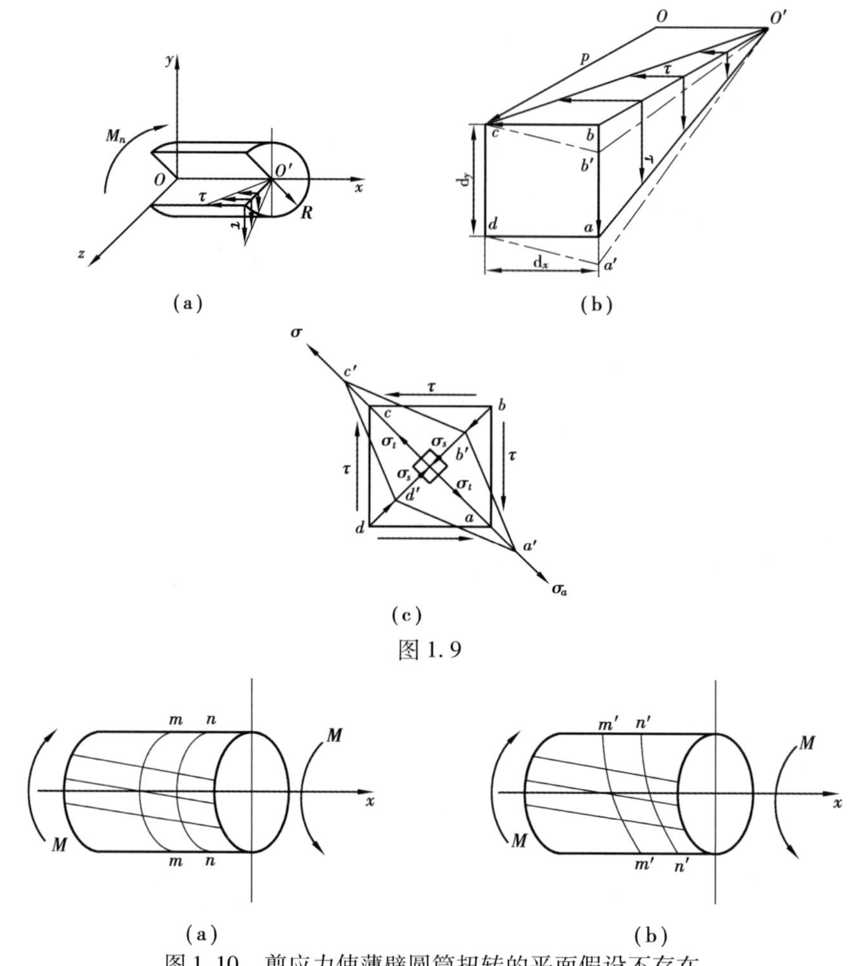

图 1.9

(a)　　(b)
图 1.10　剪应力使薄壁圆筒扭转的平面假设不存在

1.9　圆柱体扭转不平衡问题

一半径为 R 的圆柱体上，受 3 个力偶作用处于平衡，如图 1.11(a)所示。

设 $M_A = M_C = M$，则有平衡条件：$M_B = M_A + M_C = -2M$。其扭矩如图 1.11(b)所示。

在力偶 M_B 作用较远的地方(满足圣文南原理要求)，用 1—1 和 2—2 平面垂直截取一段等直杆，并沿其中心线剖开：研究有力偶 M_B 作用的下半个圆柱体的平衡，如图 1.11(c)所示。

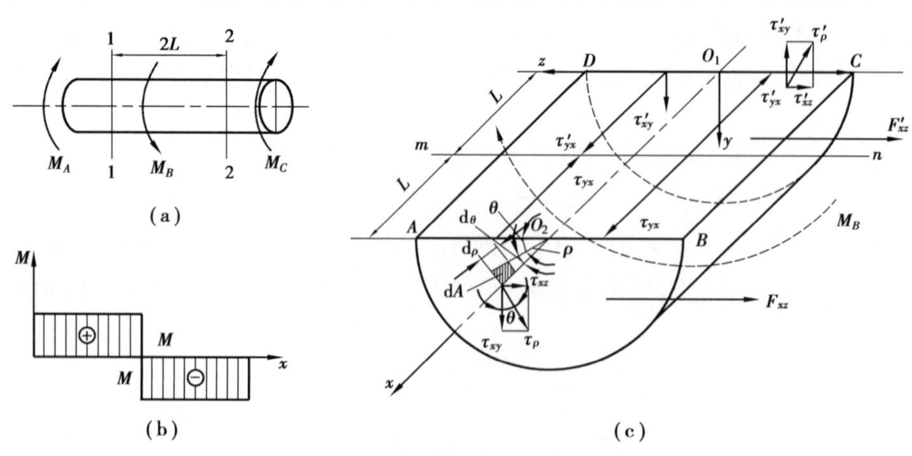

图 1.11　圆柱体扭转部分体不平衡

作用在半圆柱体端面(AB)上有扭转剪应力τ_ρ，把τ_ρ分解成两个相互垂直的应力分量τ_{xz}和τ_{xy}，设τ_p与τ_{xy}间夹角为θ，则

$$\tau_{xy}=\tau_\rho\cos\theta \tag{1.41}$$

$$\tau_{xz}=\tau_\rho\sin\theta \tag{1.42}$$

下面计算τ_{xy}和τ_{xz}作用于(AB)半圆面上组成的合力F_{xy}和F_{xz}，即

$$F_{xy}=\int_{(AB)}\tau_{xy}\mathrm{d}A=\int_{(AB)}\tau_\rho\cos\theta\mathrm{d}A \tag{a}$$

在半圆(AB)内，用极坐标进行积分，设ρ为距圆心O处的半径，则微面积

$$\mathrm{d}A=\mathrm{d}s\mathrm{d}\rho$$

且微弧长

$$\mathrm{d}s=\rho\mathrm{d}\theta \tag{b}$$

又知圆柱体横截面上任一点扭转剪应力

$$\tau_\rho=\frac{M_n}{I_\rho}\rho \tag{1.43}$$

把式(b)和式(1.43)代入式(a)，可得

$$F_{xy}=\int_0^\pi\cos\theta\mathrm{d}\theta\int_0^R\frac{M}{I_\rho}\rho^2\mathrm{d}\rho=0 \tag{c}$$

作用在半圆(AB)端面上的τ_{xy}组成的合力F_{xy}为零，作用在半圆(AB)端面上的τ_{xz}组成的合力F_{xz}为

$$F_{xz}=\int_{(AB)}\tau_\rho\sin\theta\mathrm{d}A=\int_0^\pi\sin\theta\mathrm{d}\theta\int_0^R\frac{M}{I_p}\rho^2\mathrm{d}\rho=\frac{2M}{3I_\rho}R^3 \tag{d}$$

把极惯性矩$I_\rho=\frac{\pi}{2}R^4$代入式(d)，可得

$$F_{xz}=\frac{4M}{3\pi R} \tag{e}$$

同理，可求出在(DC)横截面上的剪力，即

$$F'_{xy}=0 \tag{f}$$

$$F'_{xz}=\frac{4M}{3\pi R} \tag{g}$$

F_{xz}与F'_{xz}大小相等，方向相同，则合力为

$$\sum Z=F_{xz}+F'_{xz}=\frac{8M}{3\pi R} \tag{h}$$

式(h)说明，半圆柱(AB)将沿着z轴方向运动，显然不合实际。

同时，F_{xz}对y轴产生力矩

$$\sum M_y=F_{xz}(2L)=\frac{8ML}{3\pi R} \tag{i}$$

式(i)表明，半圆柱绕y轴转动，这显然也与实际矛盾。

有人企图用应力集中现象来解释其矛盾，如图1.12所示。认为在平面($ABCD$)内，在力偶M_B作用的Δx区，有剪应力τ_{yz}组成合力F_{yz}，可以平衡F_{xz}和F'_{xz}组成的合力$\sum z$。

如果承认τ_{yz}存在，则将出现新的不平衡；在力矩M_B作用线mn前面，$\Delta x/2$区内的$\Delta x/4$处，垂直截取前半个柱体$ABn'm'$(见图1.13)，由于τ_{yz}的存在使它不能平衡。因为在半圆面($m'n'$)上，有合力F_{xz}与(AB)半圆面上的合力$-F_{xz}$大小相等、方向相反，互相平衡，而在$\Delta x/4$上作用的剪应力τ_{yz}组成的合力F_{yz}没有与之平衡的力。

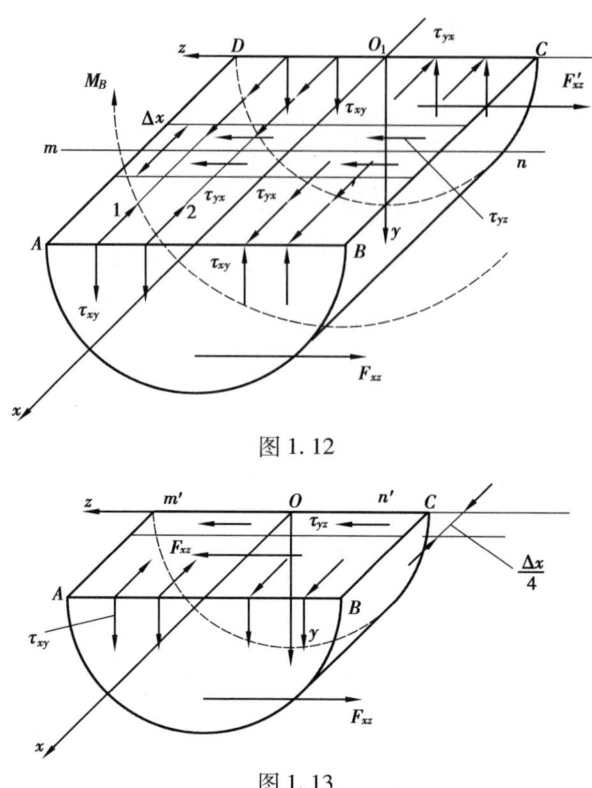

图 1.12

图 1.13

要保证半圆柱体($ABn'm'$)的平衡,只有$\tau_{yz}=0$,而无论是弹性力学或是材料力学都没有证明,在力矩作用体内的Δx区内有剪应力τ_{yz}的存在。这说明试图用应力集中现象来解释圆柱扭转不平衡是行不通的。

以O为轴心,以$\rho(\rho<R)$为半径,截取越过mn线的内半圆柱体(为消除力偶M_B作用线的影响),内半圆柱体仍然处于不平衡状态(这里不再详述,请读者自行证明)。

1.10 剪应力互等定理的局限性

1.10.1 剪应力互等定理与牛顿第三定律的矛盾

如图 1.14 所示为被剖开的等直杆。再从中间mn处垂直剖开后,其横截面上剪应力如图 1.15 所示。

被剖开的受扭矩M_n的直杆,其平面$ABCD$上,根据剪应力互等定理,存在由τ_{xy}引出的τ_{yx}。由图 1.15 可知,整个杆长x方向上,扭矩为常量,因此距z坐标相等的$11'$线或$22'$线上的剪应力τ_{yx}绝对值都相等,现在的问题是τ_{yx}画到哪为止。有人说τ_{yx}画到mn线上止,同样τ'_{yx}也到mn线止。按照这种画法,将会出现违背牛顿第三定律的结果:根据剪应力互等定理,(mn)端面上应有τ''_{xy},($m'n'$)端面上将有τ'''_{xy},出现了τ'''_{xy}与τ''_{xy}大小相等、方向相同的结果,违背了牛顿第三定律。这不能说牛顿第三定律错了,只能认定剪应力互等定理有局限性。

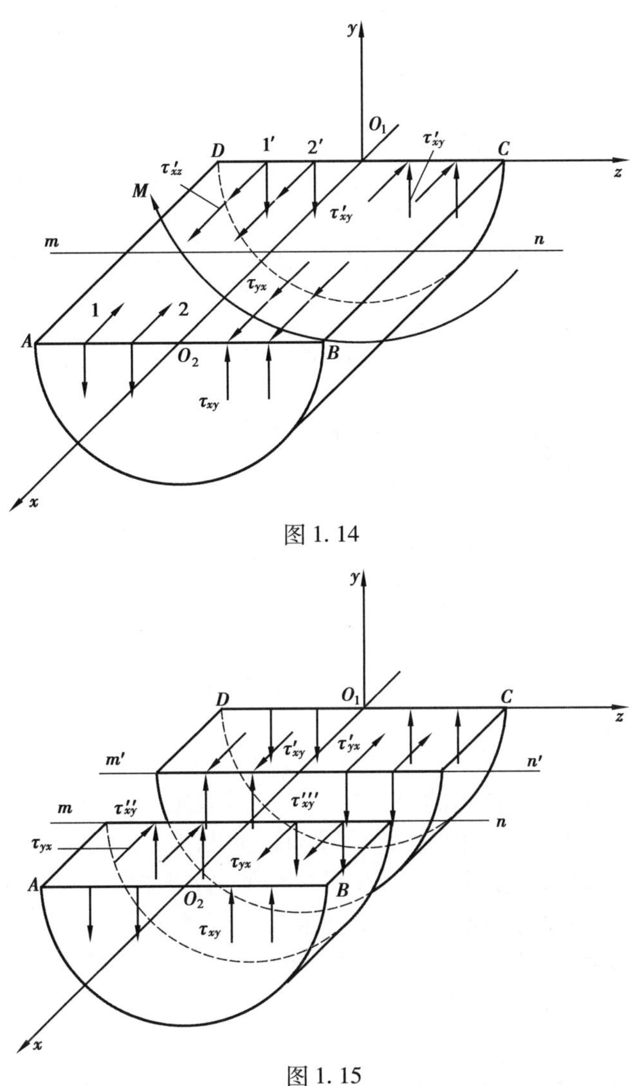

图 1.14

图 1.15

1.10.2　剪应力互等定理的自我否定

由本章 1.10.1 小节论述可知，τ_{yx}剪应力不应到 mn 线上止，应该越过 mn 线继续往前画。这样做是符合剪应力互等定理推导条件的。推导剪应力互等定理所取微分平衡体，是受力物体内任取的，包括该微分平衡体正好是外力和外力偶矩作用线上的微分体。

如图 1.16 所示画出了由τ_{yx}和τ'_{xy}通过剪应力互等定理导出的、互相垂直截面上的剪应力情况。下面的 1—1′线箭头表示扭转剪应力τ_{xy}引出的τ_{yx}，上面(1)—(1′)线上的箭头表示τ'_{xy}引出的τ'_{yx}。本来 1—1′线和(1)—(1′)是重合在一起的，为了表示清楚才分开画。明显可见 1—1′线上任一点都受到大小相等、方向相反的剪应力，任一点上合剪应力都为零，即$\tau_{yx}-\tau'_{yx}=0$。同理可知，平面($ABCD$)上所有点剪应力的合力都为零，即($ABCD$)面无剪应力。

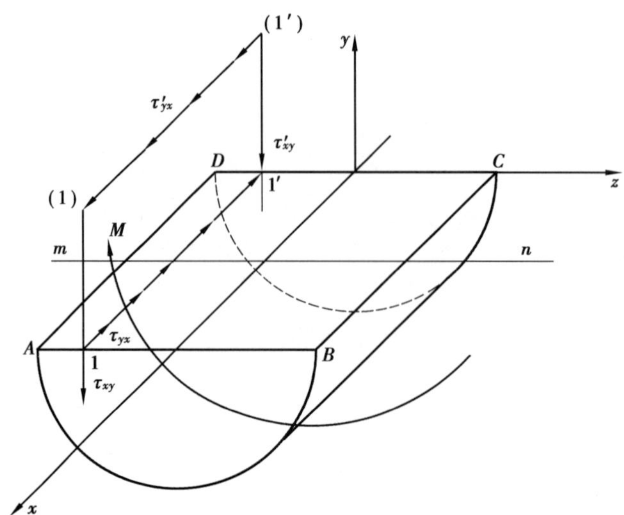

图 1.16　互相垂直截面上的剪应力情况

通过以上分析可得出结论,扭转体内不存在剪应力互等定理。

1.11　梁弯曲部分体不平衡的问题

如图 1.17(a)所示为受力偶 M 作用的简支梁。其剪力图如图 1.17(b)所示,弯矩图如图 1.17(c)所示。在中性面 $O—O$ 以上,用垂直 x 轴的两个平面 $O—a$ 和 $O—b$ 截取部分体($abOO$),ab 长度满足圣文南原理的要求。根据弹性理论加上作用力,其左端受到正应力 σ_1 和剪应力 τ 作用,右端受到 σ_2 和 τ 作用,中性面上由剪应力互等定理有 $\tau_0 = \tau$ 的剪应力。如图 1.17(e)所示,σ_1,σ_2 形成拉力,τ_0 形成剪力。不需要计算,明显可见部分体($abOO$)不平衡,将向($-x$)方向运动,因为 σ_1,σ_2 和 τ_0 都为($-x$)方向,显然,这不符合实际。

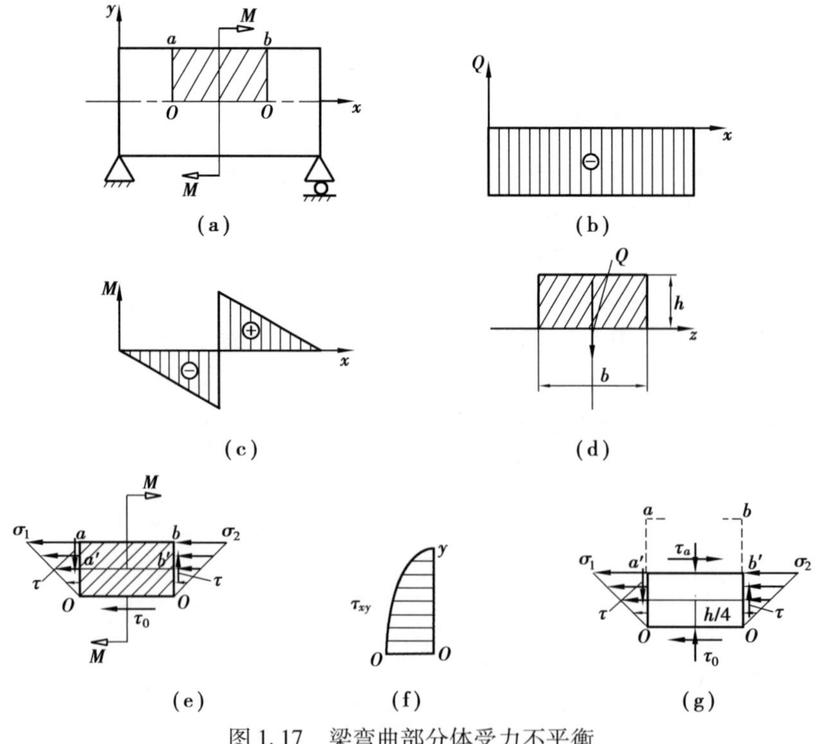

图 1.17　梁弯曲部分体受力不平衡

假设在梁的内部取的部分体也是处于不平衡状态的。图1.17(e)中,在$h/4$处平行中性面截取内部分体($a'b'OO$),其受力如图1.17(g)所示。作用其上应力$\sigma_1,\sigma_2,\tau,\tau_0$没有变化,只是($a'b'$)面上增加了剪应力$\tau_a$,其方向是$x$轴正方向,其绝对值小于$\tau_0$,因为剪应力呈抛物线分布(见图1.17(f)),中性面处最大,则有

$$-\tau_0+\tau_a<0$$

而τ_0与τ_a的作用面积相等,其合力的方向仍为$(-x)$方向。τ_a没有改变部分体合力$\sum X$的方向,仍然处于不平衡状态。现行弹性力学理论有许多类似的不平衡问题,这是它自身无法解决的根本矛盾。

1.12　柱体纯扭转和纯弯曲原始3个边界条件不足

现行弹性力学由于认定单位面积上力矩的极限$\lim\limits_{\Delta A\to 0}\Delta M/\Delta A=0$,因此只能推导出3个平衡微分方程[3]、3个边界条件[3];而柱体扭转端面的边界条件,利用圣文南原理简化边界条件后,凑合出6个边界条件,其中,前3个可由原始边界条件直接推出。3个原始的边界条件为

$$\overline{X}=\sigma_x l+\tau_{yx}m+\tau_{zx}n \tag{1.44a}$$

$$\overline{Y}=\tau_{xy}l+\sigma_y m+\tau_{zy}n \tag{1.44b}$$

$$\overline{Z}=\tau_{xz}l+\tau_{yz}m+\sigma_z n \tag{1.44c}$$

式中　l,m,n——平面法线方向余弦。

如图1.18所示,在端面上有扭矩M_n(或弯矩M_w),且有

$$l=m=0,n=\pm 1$$

$$\overline{X}=\overline{Y}=\overline{Z}=0$$

则式(1.44)的边界条件简化为

$$\overline{X}=\tau_{zx}n \tag{1.44a$'$}$$

$$\overline{Y}=\tau_{zy}n \tag{1.44b$'$}$$

$$\overline{Z}=\sigma_z n \tag{1.44c$'$}$$

根据圣文南原理,原始边界条件放松为

$$\iint_A \tau_{zx}\mathrm{d}A=0 \tag{1.44a$''$}$$

$$\iint_A \tau_{zy}\mathrm{d}A=0 \tag{1.44b$''$}$$

$$\iint_A \sigma_z\mathrm{d}A=0 \tag{1.44c$''$}$$

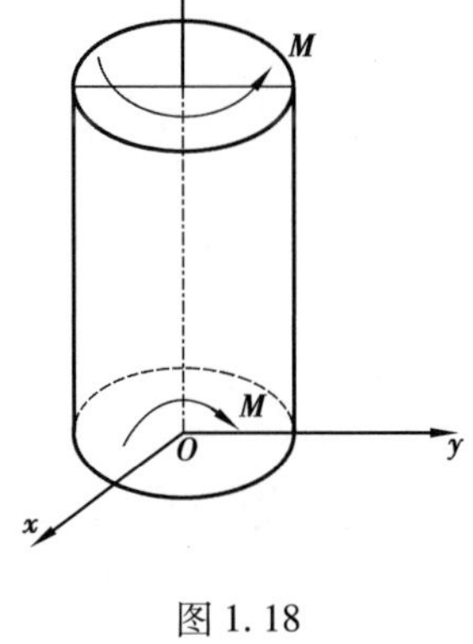

图1.18

式(1.44″)是对原始边界放松后获得的边界条件,即是用积分形式表示的端面边界条件。式(1.44′)中的3个公式与式(1.44″)中的3个公式成一一对应关系。端面的另外3个力矩的边界条件为

$$\iint_A \sigma_z x\mathrm{d}A=0 \tag{1.45a}$$

$$\iint_A \sigma_z y\mathrm{d}A=0 \tag{1.45b}$$

$$\iint_A (\tau_{xy}x-\tau_{zx}y)\mathrm{d}A=M \tag{1.45c}$$

式(1.45)不是由原始边界条件得到的,而是由无法解决边界条件有力偶矩存在的矛盾而凑合出来的。对现行弹性理论而言,理论上不应该有式(1.45)的3个边界条件。因此,式(1.45)已超出了原始的3个边界条件范围,而新弹性理论恰恰能推导出这3个力矩形式的边界条件。

新弹性理论所导出的原始力矩边界条件为(详见第2章2.5节边界条件的修正中式(2.21)*)

$$\overline{M_x} = m_{xx}l + m_{yx}m + m_{zx}n$$
$$\overline{M_y} = m_{xy}l + m_{yy}m + m_{zy}n$$
$$\overline{M_z} = m_{xz}l + m_{yz}m + m_{zz}n$$

式中 $\overline{M_x},\overline{M_y},\overline{M_z}$——物体表面上对$x,y,z$方向上的单位面积的力矩极限(应矩);

m_{xx},m_{yy},m_{zz}——体内扭应矩;

$m_{yx},m_{zx},m_{xy},m_{zy},m_{xz},m_{yz}$——体内弯应矩。

对于柱体的端面有

$$l = m = 0, n = \pm 1$$

则式(2.21)*化简为

$$\overline{M_x} = m_{zx}n = \pm m_{zx}$$
$$\overline{M_y} = m_{zy}n = \pm m_{zy}$$
$$\overline{M_z} = m_{zz}n = \pm m_{zz}$$

根据圣文南原理放松边界条件,上式可变为积分形式

$$\iint_A \overline{M_x}\mathrm{d}A = \pm \iint_A m_{zx}\mathrm{d}A = 0 \tag{1.46a}$$

$$\iint_A \overline{M_y}\mathrm{d}A = \pm \iint_A m_{zy}\mathrm{d}A = 0 \tag{1.46b}$$

$$\iint_A \overline{M_z}\mathrm{d}A = \pm \iint_A m_{zz}\mathrm{d}A = M \tag{1.46c}$$

对比式(1.45a)与式(1.46b)可知,$\iint_A \sigma_z x\mathrm{d}A$ 与 $\iint_A m_{zy}\mathrm{d}A$ 都是描写同一横截面A上y方向的弯应矩,假如弯应矩可以化成正应力,则下列等式成立

$$\iint_A \sigma_z x\mathrm{d}A = \iint_A m_{zy}\mathrm{d}A = 0 \tag{a}$$

式中 A——横截面圆的面积。

对比式(1.45b)与式(1.46a)可知,两式都是描写同一横截面A上x方向的弯矩,假如弯矩可化为正应力,则下列等式成立

$$\iint_A \sigma_z y\mathrm{d}A = \iint_A m_{zx}\mathrm{d}A = 0 \tag{b}$$

对比式(1.45c)与式(1.46c)可知,两式都是描写同一横截面A上z方向上的扭矩(见图1.19),假如扭矩可化为剪应力,则下列等式成立

$$\iint_A (\tau_{xy}x - \tau_{zx}y)\mathrm{d}A = \iint_A m_{zz}\mathrm{d}A = M_z \tag{c}$$

从式(a)、式(b)、式(c)可以说明下列问题:

①弹性力学缺少3个边界条件,但是从求边界条件的平衡微分方程中推导不出缺少的3个边界条件,只有用凑合法来得到;而新理论应矩的边界条件是理论推导出来的,不是凑出来的。

②由于现行弹性力学认为单位面积上的力矩的极限(不分内力矩和外力矩)等于零,得不出式

(2.21)* 的弯应矩和扭应矩的边界条件,只能凑出积分形式的边界条件。

③补充的3个积分形式的边界条件都是力矩的边界条件,说明原始的边界条件缺少力矩的边界条件。

④公式的意义是不相同的:$\sigma_z y,\sigma_z x$ 和 $(\tau_{zy}x-\tau_{zx}y)$ 分别代表 A 点上的内应力对 y 轴、x 轴和 z 轴的应力矩,而 m_{zy},m_{zx},m_{zz} 则分别代表外力向 A 点简化得到的 y,x,z 方向上的弯应矩和扭应矩。因此,$\sigma_z x\neq m_{zy},\sigma_z y\neq m_{zx},(\tau_{zy}y-\tau_{zx}y)\neq m_{zz}$,即式(a)、式(b)、式(c)是不成立的,因为纯弯曲(或扭转)体内无正应力(剪应力)。这里只是用来说明现行弹性力学本身也认为缺少力矩的边界条件,理论上推导不出来,只好用凑合法凑合出来,这是违背科学的。

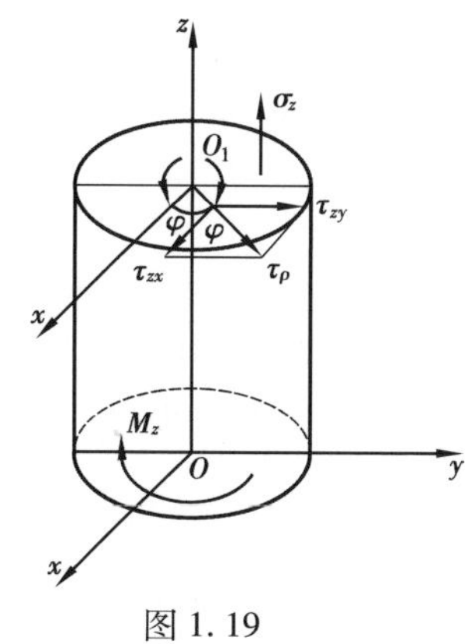

图1.19

1.13　外力简化到单位面积上的力矩的极限不为零

1.13.1　外力简化到单位面积上的力矩的极限不为零

现行弹性力学认为"单位面积上的力矩(应矩 $\vec{m}_\alpha$,为了方便,使用 m_α 代替 $\vec{m}_\alpha$,ΔM 代替 $\Delta\vec{M}$)的极限为零",即

$$\lim_{\Delta A\to 0}\frac{\Delta M}{\Delta A}=0 \tag{1.47}$$

其理由:某一点的内力矩 ΔM 等于微面积上的作用力 F 与 F 到该点垂直距离 $\Delta\gamma$ 的乘积,当 $\Delta\gamma\to 0$ 时,$\lim\limits_{\Delta\gamma\to 0}\Delta M=\lim\limits_{\Delta\gamma\to 0}F\Delta\gamma=0$,因此,$\lim\limits_{\Delta A\to 0}\Delta M/\Delta A=0$。其错误出现在:$\Delta M$ 不是由内力产生的矩,它是由外力向该点简化得到的,ΔM 与内力无关,作用到某微面 ΔA 上的 ΔM 不随 $\Delta A\to 0$ 而变成零。因此,$\Delta A\to 0$ 时 $\lim\limits_{\Delta\gamma\to 0}\Delta M\neq 0$,应矩的极限也是不为零的,即

$$\lim_{\Delta A\to 0}\frac{\Delta M}{\Delta A}=m_\alpha\qquad(m_\alpha\neq 0) \tag{1.48}$$

因此,式(1.47)结论明显违背了理论力学最基本原理"物体受力向一点简化,得到主矢 R 和主矩 M"的结论。

所谓"点",在数学上的概念就是微面积 $\Delta A\to 0$。

如果承认式(1.47)存在,则力向一点简化只能得到主矢,而得不到主矩。这不仅违背了力向一点简化的基本原理,也混淆了力和力矩最基本的性质。理论力学的结论:力使物体或质点产生移动效果(直线伸长或缩短),力矩使物体产生转动效果(扭转变形和弯曲变形)。把矩化成力后,物体(或质点)只有移动效果,而无转动效果。

1.13.2　应矩 m_α 的极限不为零的直接证明

把力向一点简化得到的应矩 m_α 可分解成扭应矩和弯应矩

$$m_\alpha=m_n+m_w \tag{a}$$

式中　m_α——单位面积上的力矩的极限——应矩;

m_n——扭应矩;

m_w——弯应矩。

下面证明 m_n 和 m_w 的存在。

设圆轴纯扭转横截面上的扭矩为 M_n，其扭应矩为 m_n（单位面积上的扭矩的极限），明显有下面的平衡方程成立

$$M_n = \iint_A m_n \mathrm{d}A \tag{b}$$

式中　A——横截面圆的面积。

若式(b)中 $m_n=0$，则 $M_n=0$，这与原假设相矛盾；只有 m_n 不为零，则 M_n 才存在。

同理，圆轴弯曲时，下式成立

$$M_w = \iint_A m_w \mathrm{d}A \tag{c}$$

如果 m_w 为零，而横截面面积不为零，只有弯矩 $M_w=0$，这也与原假设相矛盾；只有 $m_w \neq 0$，才有 M_w 存在。

根据极限的定义，式(a)可表示为

$$\lim_{\Delta A \to 0} \frac{\Delta M}{\Delta A} = \lim_{\Delta A \to 0} \frac{\Delta M_n}{\Delta A} + \lim_{\Delta A \to 0} \frac{\Delta M_w}{\Delta A}$$

即

$$\lim_{\Delta A \to 0} \frac{\Delta M}{\Delta A} = m_n + m_w \tag{d}$$

当弯曲和扭转同时作用时，由于纯扭转时 $m_n \neq 0$，纯弯曲时 $m_w \neq 0$，故

$$\lim_{\Delta A \to 0} \frac{\Delta M}{\Delta A} = m_\alpha \neq 0$$

而弹性力学在求圆轴纯扭转时，横截面上的剪应力与扭矩的关系采用下面的等式

$$M_n = \iint_A \rho\, \tau_\rho \mathrm{d}A \tag{e}$$

式中　M_n——横截面上的扭矩；

τ_ρ——横截面上任一点的剪应力；

ρ——距圆心的半径。

其不同之处为横截面上剪应力 τ 的方向不符合力的定义：力有大小、方向和作用点。某一点受力方向指其直线方向而圆轴扭转体内剪应力却被认为是圆周方向（曲线切线方向），即不是直线固定方向。现行弹性力学用圆周的切线方向代替力的方向违背了力的定义，也混淆了力的性质。应力只能使质点产生直线位移，按力的性质，受剪应力作用的质点，应该沿着切线方向移动，不能使质点产生曲线位移，只有力矩才能使其横截面上质点产生绕圆心 O 的转动，如图1.20所示。正是因为力与力矩的作用效果不同，所以它们不能互相转化。扭转体内只有存在扭应矩 m_n 时，才能保证 $M_n \neq 0$。

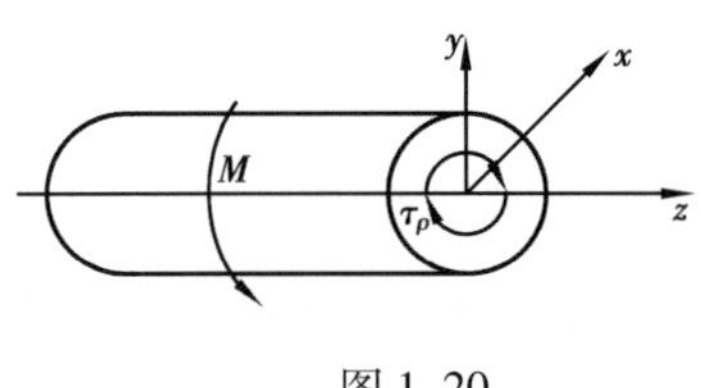

图1.20

1.13.3　应矩的基本性质

总结前面的论述，应矩具有如下基本性质：

①某点的应矩 m_α 表示外力、外力偶向物体内该点简化得到的主矩 M 的集度，使该点产生转动效果。

②应矩 m_α 是矢量，符合矢量的一切运算法则和性质。

③当应矩 m_α（或主矩 M）与应力 p（或主矢 R）同时向某一坐标投影时，如果考虑转动效果，则 m_α（或 M）的投影起作用，而 p（或 R）的投影对转动效果不起作用（因为投影与该轴平行），即 p 的投影为零；如果考虑对该点的移动效果，则 p（或 R）起作用，而 m_α（或 M）对移动效果不起作用，即投影为零。

④应矩 m_α 是基本的独立的物理量，不能再分解为力和垂直距离的乘积，有扭应矩 m_n 和弯应矩

m_w 两种。

⑤应矩和应力一样,使物体产生变形和破坏,即力不是唯一使物体产生变形和破坏的原因。

1.14 现行弹性理论不能保证解的唯一性

1.14.1 设圆轴扭转体内剪应力有无穷多组解

圆轴纯扭转本应有唯一一组解,然而下面可找出无限多组解,既满足平衡微分方程又满足原始边界条件,这就破坏了解的唯一性。

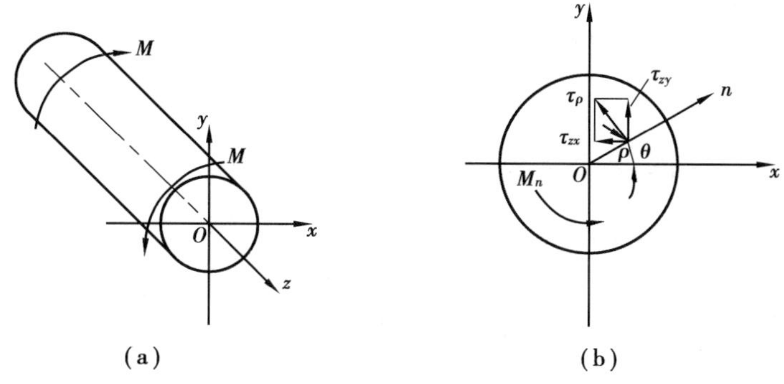

图1.21 纯扭转圆轴

纯扭转圆轴如图1.21(a)所示,M_n 为横截面扭矩,R 为半径,ρ 为圆心到横截面上任一点 P 的半径,n 为圆柱侧面的外法线。设侧面任一条法线 n 与 x 轴的夹角为 θ,任一点 P 的坐标为(x,y),则

$$\cos(n,x)=\cos\theta,\cos(n,y)=\cos\left(\frac{\pi}{2}-\theta\right)=\sin\theta$$

而

$$x=\rho\cos\theta,y=\rho\sin\theta$$

则应力分量为

$$\tau_{zy}=\tau_{yz}=\frac{M_n\rho}{I_\rho}\cos\theta=\frac{M_n}{I_\rho}x \tag{1.49a}$$

$$\tau_{zx}=\tau_{xz}=\frac{M_n\rho}{I_\rho}\sin\theta=-\frac{M_n}{I_\rho}y \tag{1.49b}$$

其余应力为

$$\tau_{xy}=\tau_{yx}=\sigma_x=\sigma_y=\sigma_z=0$$

式(1.49)为唯一一组解。如果将此解乘上任意可变实数 C(C 可取无穷多个实数),则其剪应力 τ_{zy},τ_{zx}也将有无穷多个,即

$$\tau_{zy}=\tau_{yz}=c\frac{M_n}{I_\rho}x \tag{1.50a}$$

$$\tau_{zx}=\tau_{xz}=-c\frac{M_n}{I_\rho}y \tag{1.50b}$$

式(1.50)即为有无穷多组解的纯扭转剪应力分量。

1.14.2 无穷多组解满足平衡微分方程

平衡微分方程为[详见第2章2.1节中式(2.1)*]

$$\frac{\partial \sigma_x}{\partial x}+\frac{\partial \tau_{yx}}{\partial y}+\frac{\partial \tau_{zx}}{\partial z}=0$$

$$\frac{\partial \tau_{xy}}{\partial x}+\frac{\partial \sigma_y}{\partial y}+\frac{\partial \tau_{zy}}{\partial z}=0$$

$$\frac{\partial \tau_{xz}}{\partial x}+\frac{\partial \tau_{yz}}{\partial y}+\frac{\partial \sigma_z}{\partial z}=0$$

把式(1.50)代入平衡微分方程式(2.1)*验证

式(2.1a)*： $0+0+\frac{\partial}{\partial z}\left(-c\frac{M_n}{I_\rho}y\right)=0+0-0=0$

式(2.1b)*： $0+0+\frac{\partial}{\partial z}\left(c\frac{M_n}{I_\rho}x\right)=0+0+0=0$

（等直杆纯扭转沿长度 z 方向扭矩等于常量，故导数为零）

式(2.1c)*： $\frac{\partial}{\partial x}\left(-c\frac{M_n}{I_\rho}y\right)+\frac{\partial}{\partial y}\left(c\frac{M_n}{I_\rho}x\right)+0=0+0+0=0$

可见，式(1.50)满足3个平衡微分方程。

1.14.3 无限组解满足原始边界条件

(1)圆柱外表面 $n=0, l\neq 0, m\neq 0$

边界条件式(1.44)简化为

$$\overline{X}=\sigma_x l+\tau_{yx}m \tag{a}$$

$$\overline{Y}=\tau_{xy}l+\sigma_y m \tag{b}$$

$$\overline{Z}=\tau_{xz}l+\tau_{yz}m \tag{c}$$

由于 $\tau_{xy}=\tau_{yx}=\sigma_x=\sigma_y=\sigma_z=0$，圆柱外表面上 $\overline{X}=\overline{Y}=\overline{Z}=0$，则式(a)、式(b)、式(c)成为

$$\overline{X}=0$$

$$\overline{Y}=0$$

$$\overline{Z}=\tau_{xz}l+\tau_{yz}m$$

显然，式(a)和式(b)得到满足，而式(c)右边为

$$\begin{aligned}&-c\frac{M_n}{I_\rho}y\cos(n,x)+c\frac{M_n}{I_\rho}x\cos(n,y)\\&=-c\frac{M_n}{I_\rho}\rho\sin\theta\cos\theta+c\frac{M_n}{I_\rho}\rho\cos\theta\sin\theta\\&=0\end{aligned}$$

所以圆柱外表面的边界条件得到满足。

(2)验证端面 $z=0$ 和 $z=1$ 的边界条件

其边界条件为

$$\overline{X}=\sigma_x l+\tau_{yx}m+\tau_{zx}n$$

$$\overline{Y}=\tau_{xy}l+\sigma_y m+\tau_{zy}n$$

$$\overline{Z}=\tau_{xz}l+\tau_{yz}m+\sigma_z n$$

在端面上，$l=0, m=0, n=\pm 1$。因此，边界条件式(1.44)简化为

$$\overline{X}=\tau_{zx}n$$

$$\overline{Y}=\tau_{zy}n$$

$$\overline{Z}=\sigma_z n$$

扭转时，$\overline{X}=0,\overline{Y}=0,\overline{Z}=0$。

根据圣文南原理边界条件可放松为积分形式，则上式表示为

$$\iint_A \tau_{zx} \mathrm{d}A = 0 \tag{d}$$

$$\iint_A \tau_{zy} \mathrm{d}A = 0 \tag{e}$$

$$\iint_A \sigma_z \mathrm{d}A = 0 \tag{f}$$

现行弹性力学用凑合法，还有 3 个力矩的边界条件

$$\iint_A \sigma_z x \mathrm{d}A = 0$$

$$\iint_A \sigma_z y \mathrm{d}A = 0$$

$$\iint_A (\tau_{zy} x - \tau_{zx}) y \mathrm{d}A = M_z$$

本章 1.12 节已论述，此力矩的 3 个边界条件是凑合出来的，不属于现行弹性力学的边界条件，因此本证明不宜用此 3 个边界条件。

把$\tau_{zx} = -c\dfrac{M_n}{I_\rho}y$ 代入式(d)，可得

$$\begin{aligned}\iint_A \tau_{zx} \mathrm{d}A &= -\iint_A c\frac{M_n}{I_p} y \mathrm{d}A \\ &= -c\frac{M_n}{I_\rho}\iint_A \rho\ \sin\ \theta\ \rho \mathrm{d}\rho \mathrm{d}\theta \\ &= -c\frac{M_n}{I_\rho}\int_0^{2\pi} \sin\ \theta \mathrm{d}\theta \int_0^R \rho^2 \mathrm{d}\rho = 0\end{aligned}$$

可见满足边界条件式(d)。

把$\tau_{zy} = c\dfrac{M_n}{J_\rho}x$ 代入式(e)，可得

$$\begin{aligned}\iint_A \tau_{zy} \mathrm{d}A &= \iint_A c\frac{M_n}{I_\rho} x \mathrm{d}A \\ &= c\frac{M_n}{I_\rho}\iint_F \rho\ \cos\ \theta\rho \mathrm{d}\rho \mathrm{d}\theta \\ &= c\frac{M_n}{I_\rho}\int_0^{2\pi} \cos\ \theta \mathrm{d}\theta \int_0^R \rho^2 \mathrm{d}\rho = 0\end{aligned}$$

可见满足边界条件式(e)。

因为 $\sigma_z = 0$，显然边界条件式(f)得到满足，故

$$\tau_{zx} = -c\frac{M_n}{I_\rho}y$$

$$\tau_{zy} = c\frac{M_n}{I_\rho}x$$

是满足推导出来的原始边界条件的解。

可见无穷多组解

$$\tau_{zy} = \tau_{yz} = c\frac{M_n}{I_\rho}x$$

$$\tau_{zx} = \tau_{xz} = -c\frac{M_n}{I_\rho}y$$

满足所有的边界条件。

无穷多组解既能满足所有的平衡微分方程又能满足所有的边界条件，这就破坏了解的唯一性。为什么出现这种结果呢？这是因为平衡微分方程缺少 3 个应矩的平衡微分方程，同时缺少 3 个应矩的边界条件。新弹性理论推导出圆轴纯扭转体内只有扭应矩，其公式满足 6 个平衡微分方程和 6 个边界条件，这才是扭转体的唯一正确解（详见第 5 章 5.3 节圆轴扭转扭应矩公式是唯一正确解）。

第 2 章 应力、应矩理论

2.1 物体内微元体上的应力、应矩状态

现行弹性理论在物体内取微正六面体,用 9 个应力分量($\sigma_x,\sigma_y,\sigma_z,\tau_{xy},\tau_{yx},\tau_{xz},\tau_{zx},\tau_{yz},\tau_{zy}$)来描写微单元体的应力状态,如图 2.1(a)所示。其中,σ 表示正应力;τ表示剪应力;下标第一个字母表示应力作用于与该坐标轴垂直的平面,第二个下标表示应力平行于该轴。

有了新物理量应矩后,用 9 个应矩分量($m_{xx},m_{yy},m_{zz},m_{xy},m_{yx},m_{xz},m_{zx},m_{yz},m_{zy}$)来描写微正六面体的应矩状态,如图 2.1(b)所示。其中,m_{xx},m_{yy},m_{zz}分别表示垂直 x,y,z 轴平面的扭应矩;$m_{xy},m_{yx},m_{xz},m_{zx},m_{yz},m_{zy}$中,第一个下标表示应矩作用于垂直该轴的平面上,第二个下标表示应矩与该轴平行的方向上(下标的意义与剪应力下标相同)。

在应力和应矩共同作用下的应力应矩状态如图 2.1(c)所示。实心黑箭头表示应力,空心白箭头表示应矩,这样就构成两个张量。

一个应力张量为

$$\begin{pmatrix} \sigma_x & \tau_{xy} & \tau_{xz} \\ \tau_{yx} & \sigma_y & \tau_{yz} \\ \tau_{zx} & \tau_{zy} & \sigma_z \end{pmatrix} \tag{a}$$

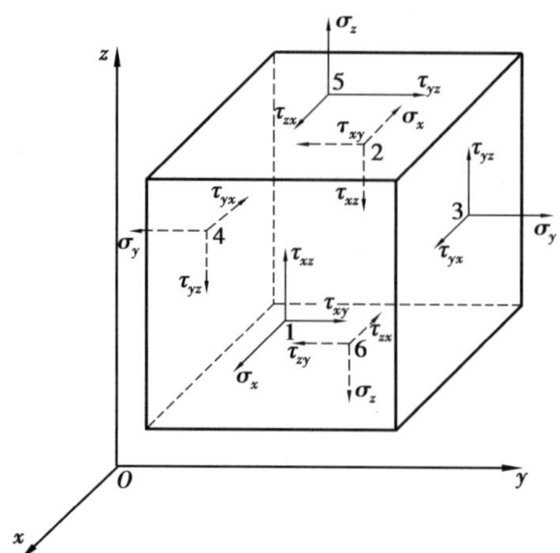

(a) 微单元体的应力状态

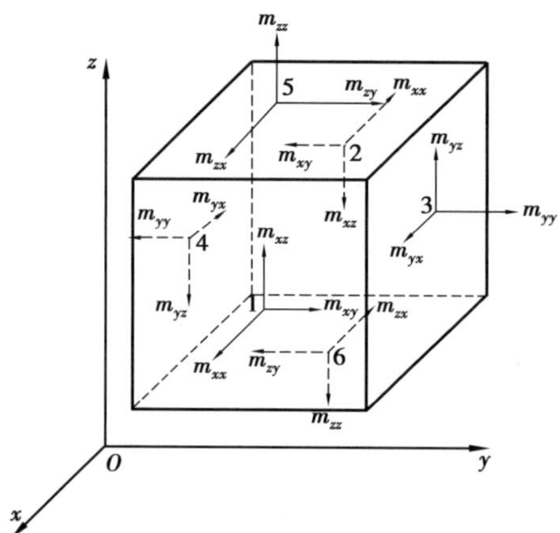

(b) 微单元体的应矩状态

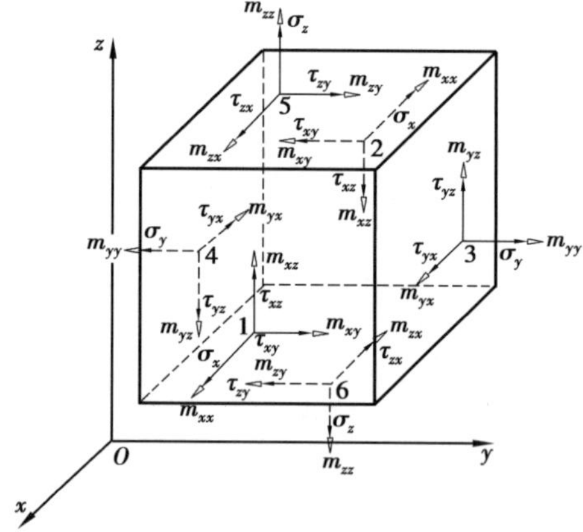

(c) 微单元体的应力应矩状态

图 2.1

另一个应矩张量为

$$
\begin{pmatrix}
m_{xx} & m_{xy} & m_{xz} \\
m_{yx} & m_{yy} & m_{yz} \\
m_{zx} & m_{zy} & m_{zz}
\end{pmatrix} \tag{b}
$$

2.2　平衡微分方程与剪应力互等定理

2.2.1　平衡微分方程的推导

在物体内取微正六面体,其边长为 dx,dy,dz,以通过坐标原点的 3 个面为基面,如图 2.2 所示。设作用在后基面上的应力分量为 $\sigma_x,\tau_{xy},\tau_{yx}$,用泰勒级数展开保留一级微量,可得作用于前微面的应力分量及其增量分别为

$$\left(\sigma_x+\frac{\partial\sigma_x}{\partial x}\mathrm{d}x\right),\left(\tau_{xy}+\frac{\partial\tau_{xy}}{\partial x}\mathrm{d}x\right),\left(\tau_{xz}+\frac{\partial\tau_{xz}}{\partial x}\mathrm{d}x\right)$$

作用在前微面上的应矩分量及其增量分别为

$$\left(m_{xx}+\frac{\partial m_{xx}}{\partial x}\mathrm{d}x\right),\left(m_{xy}+\frac{\partial m_{xy}}{\partial x}\mathrm{d}x\right),\left(m_{xz}+\frac{\partial m_{xz}}{\partial x}\mathrm{d}x\right)$$

同理,可求得上微面及右微面的应力分量、增量及应矩的分量、增量,如图 2.3 所示。

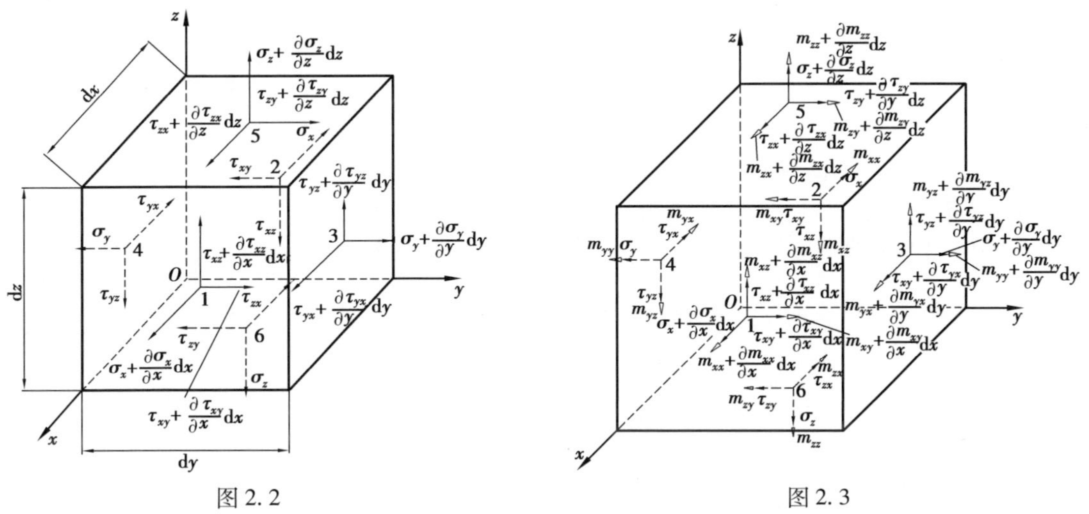

图 2.2　　　　图 2.3

设微正六面体的体积力在 x,y,z 轴的分量为(f_x,f_y,f_z),则有静力学平衡方程

$$\sum x=0$$

$$\sum y=0$$

$$\sum z=0$$

考虑力的投影时,力矩的投影等于零,可得出与现行弹性力学完全相同的 3 个平衡微分方程

$$\frac{\partial\sigma_x}{\partial x}+\frac{\partial\tau_{yx}}{\partial y}+\frac{\partial\tau_{zx}}{\partial z}+f_x=0 \qquad (2.1\mathrm{a})^*$$

$$\frac{\partial\tau_{xy}}{\partial x}+\frac{\partial\sigma_y}{\partial y}+\frac{\partial\tau_{zy}}{\partial z}+f_y=0 \qquad (2.1\mathrm{b})^*$$

$$\frac{\partial\tau_{xz}}{\partial x}+\frac{\partial\tau_{yz}}{\partial y}+\frac{\partial\sigma_z}{\partial z}+f_z=0 \qquad (2.1\mathrm{c})^*$$

由力矩平衡 $\sum M_x=0$,可得

$$\left(\tau_{xz}+\frac{\partial\tau_{xz}}{\partial x}\mathrm{d}x-\tau_{xz}\right)\mathrm{d}y\mathrm{d}z\,\frac{\mathrm{d}y}{2}-\left(\tau_{xy}+\frac{\partial\tau_{xy}}{\partial x}\mathrm{d}x-\tau_{xy}\right)\mathrm{d}y\mathrm{d}z\,\frac{\mathrm{d}z}{2}-$$

$$\left(\sigma_y + \frac{\partial\sigma_y}{\partial y}\mathrm{d}y - \sigma_y\right)\mathrm{d}x\mathrm{d}z\,\frac{\mathrm{d}z}{2} + \left(\tau_{yz} + \frac{\partial\tau_{yz}}{\partial y}\mathrm{d}y\right)\mathrm{d}x\mathrm{d}z\mathrm{d}y +$$
$$\left(\sigma_z + \frac{\partial\sigma_z}{\partial z}\mathrm{d}z - \sigma_z\right)\mathrm{d}x\mathrm{d}y\,\frac{\mathrm{d}y}{2} - \left(\tau_{zy} + \frac{\partial\tau_{zy}}{\partial z}\mathrm{d}z\right)\mathrm{d}y\mathrm{d}x\mathrm{d}z -$$
$$(f_y\mathrm{d}x\mathrm{d}y\mathrm{d}z)\frac{\mathrm{d}z}{2} + (f_z\mathrm{d}x\mathrm{d}y\mathrm{d}z)\frac{\mathrm{d}y}{2} + \left(m_{zx} + \frac{\partial m_{zx}}{\partial z}\mathrm{d}z - m_{zx}\right)\mathrm{d}y\mathrm{d}x +$$
$$\left(m_{yx} + \frac{\partial m_{yx}}{\partial y}\mathrm{d}y - m_{yx}\right)\mathrm{d}z\mathrm{d}x + \left(m_{xx} + \frac{\partial m_{xx}}{\partial x}\mathrm{d}x - m_{xx}\right)\mathrm{d}y\mathrm{d}z = 0$$

化简后，得

$$\frac{\partial\tau_{xz}}{\partial x}\cdot\frac{\mathrm{d}y}{2} - \frac{\partial\tau_{xy}}{\partial x}\cdot\frac{\mathrm{d}z}{2} - \frac{\partial\sigma_y}{\partial y}\cdot\frac{\mathrm{d}z}{2} + \frac{\partial\tau_{yz}}{\partial y}\mathrm{d}y + \frac{\partial\sigma_z}{\partial z}\cdot\frac{\mathrm{d}y}{2} - \frac{\partial\tau_{zy}}{\partial z}\mathrm{d}z -$$
$$\tau_{zy} + \tau_{yz} - f_y\frac{\mathrm{d}z}{2} + f_z\cdot\frac{\mathrm{d}y}{2} + \frac{\partial m_{zx}}{\partial z} + \frac{\partial m_{yx}}{\partial y} + \frac{\partial m_{xx}}{\partial x} = 0$$

整理合并后，得

$$\left(\frac{\partial\tau_{xz}}{\partial x} + \frac{\partial\tau_{yz}}{\partial y} + \frac{\partial\sigma_z}{\partial z} + f_z\right)\frac{\mathrm{d}y}{2} + \frac{\partial\tau_{yz}}{\partial y}\cdot\frac{\mathrm{d}y}{2} - \tau_{zy} + \tau_{yz} -$$
$$\left(\frac{\partial\tau_{xy}}{\partial x} + \frac{\partial\sigma_y}{\partial y} + \frac{\partial\tau_{zy}}{\partial_z} + f_y\right)\frac{\mathrm{d}z}{2} - \frac{\partial\tau_{zy}}{\partial z}\cdot\frac{\mathrm{d}z}{2} + \left(\frac{\partial m_{zx}}{\partial z} + \frac{\partial m_{yx}}{\partial y} + \frac{\partial m_{xx}}{\partial x}\right) = 0$$

把式(2.1b)*和式(2.1c)*代入上式，则上式变为

$$\frac{\partial\tau_{yz}}{\partial y}\cdot\frac{\mathrm{d}y}{2} - \frac{\partial\tau_{zy}}{\partial z}\cdot\frac{\mathrm{d}z}{2} + \tau_{yz} - \tau_{zy} + \frac{\partial m_{xx}}{\partial x} + \frac{\partial m_{yx}}{\partial y} + \frac{\partial m_{zx}}{\partial z} = 0$$

当 $\mathrm{d}y\to 0, \mathrm{d}z\to 0$ 时，则

$$\frac{\partial\tau_{yz}}{\partial y}\cdot\frac{\mathrm{d}y}{2} = 0, \frac{\partial\tau_{zy}}{\partial z}\cdot\frac{\mathrm{d}z}{2} = 0$$

可得

$$\tau_{yz} - \tau_{zy} + \left(\frac{\partial m_{xx}}{\partial x} + \frac{\partial m_{yx}}{\partial y} + \frac{\partial m_{zx}}{\partial z}\right) = 0 \qquad (2.2\mathrm{a})^*$$

同理，由 $\sum M_y = 0$ 可得

$$\tau_{xy} - \tau_{yx} + \left(\frac{\partial m_{xz}}{\partial x} + \frac{\partial m_{yz}}{\partial y} + \frac{\partial m_{zz}}{\partial z}\right) = 0 \qquad (2.2\mathrm{b})^*$$

由 $\sum M_z = 0$ 可得

$$\tau_{zx} - \tau_{xz} + \left(\frac{\partial m_{xy}}{\partial x} + \frac{\partial m_{yy}}{\partial y} + \frac{\partial m_{zy}}{\partial z}\right) = 0 \qquad (2.2\mathrm{c})^*$$

式(2.2a)*、式(2.2b)*、式(2.2c)*为互相垂直(且垂直于同一坐标轴)两平面上的剪应力和该坐标轴平行的应矩(扭应矩、弯应矩)间的关系。此处一共6个平衡微分方程，比现行弹性理论多了3个应力应矩平衡微分方程。

2.2.2 剪应力互等定理存在的条件

由式(2.2a)*、式(2.2b)*、式(2.2c)*可知，要使剪应力互等定理成立，必须要满足

$$\frac{\partial m_{xx}}{\partial x} + \frac{\partial m_{yx}}{\partial y} + \frac{\partial m_{zx}}{\partial z} = 0 \quad 或 \quad \frac{\partial m_{xx}}{\partial x} = \frac{\partial m_{yx}}{\partial y} = \frac{\partial m_{zx}}{\partial z} = 0$$
$$\frac{\partial m_{xz}}{\partial x} + \frac{\partial m_{yz}}{\partial y} + \frac{\partial m_{zz}}{\partial z} = 0 \quad 或 \quad \frac{\partial m_{xz}}{\partial x} = \frac{\partial m_{yz}}{\partial y} = \frac{\partial m_{zz}}{\partial z} = 0$$

$$\frac{\partial m_{xy}}{\partial x}+\frac{\partial m_{yy}}{\partial y}+\frac{\partial m_{zy}}{\partial z}=0 \quad 或 \quad \frac{\partial m_{xy}}{\partial x}=\frac{\partial m_{yy}}{\partial y}=\frac{\partial m_{zy}}{\partial z}=0$$

这样才有$\tau_{yz}=\tau_{zy}$，$\tau_{xy}=\tau_{yx}$，$\tau_{zx}=\tau_{xz}$。

这表明要使剪应力互等定理存在，必须有下列4种状态：

①作用在物体上的扭应矩和弯应矩都为零。这种情况有简单拉伸应力状态和纯剪切应力状态（不同于纯扭转应力状态），即纯拉伸和纯剪切存在剪应力互等定理，而有扭转和弯曲时不存在剪应力互等定理。

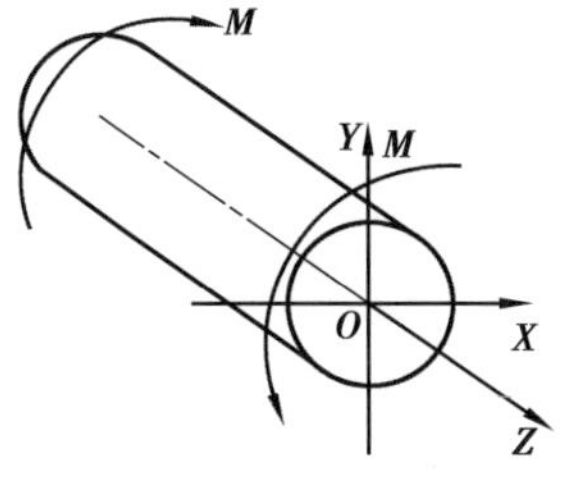

图2.4　纯扭转的直轴

纯扭转的直轴（见图2.4），没有弯矩，只有扭矩。式(2.2b)[*]中$\partial m_{xz}/\partial x=0$，$\partial m_{yz}/\partial y=0$；而扭应矩$m_{zz}$是$x,y$的函数$m_{zz}=f(x,y)$，故$\partial m_{zz}/\partial z=0$。剪应力互等定理成立：$\tau_{xy}=\tau_{yx}$。但对纯扭转而言，体内无剪应力，剪应力互等定理没有意义；如果扭转体内有剪应力，就不是纯扭转，互等定理也不成立。

②对纯弯曲的梁，如图2.5(a)所示。从弯矩图2.5(d)中可知，CD段弯矩为常量，且此段中没有剪应力，如图2.5(c)所示。因此，剪应力互等定理在纯弯曲状态中无意义。而只要有剪应力存在的就不是纯弯曲，也就不存在剪应力互等定理。

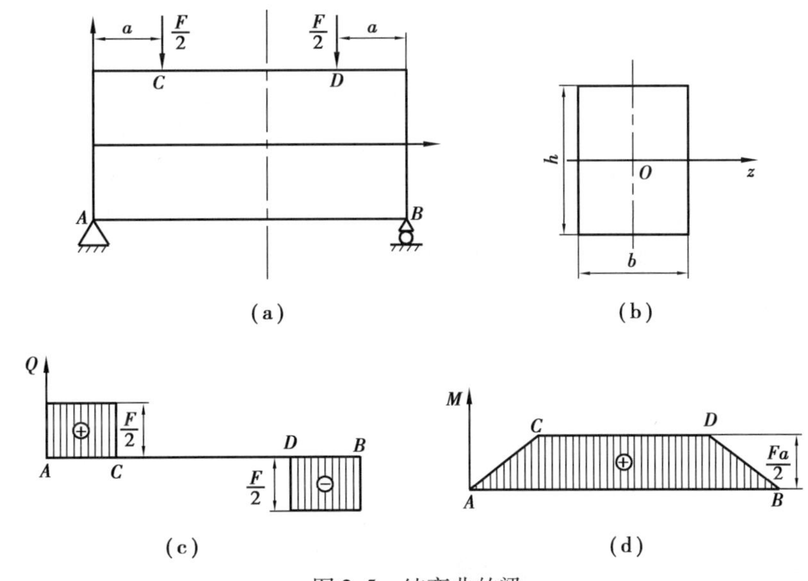

图2.5　纯弯曲的梁

梁在受集中力F、均布载荷q或力偶m作用或联合作用时，从弯矩图中可知，弯矩等于常数的很少，其相应的偏微分不能为零，不可能出现剪应力互等定理。

③由式(2.2a)[*]可知，只有扭应矩m_{xx}对x的偏微分、弯应矩m_{yx}对y的偏微分与弯应矩m_{zx}对z的偏微分的代数和为零时，才有$z_{yz}=\tau_{zy}$，即剪应力互等定理成立。这种应力应矩状态很少有，尤其是其偏微分之和恰好为零是不易出现的情况，这说明扭转和弯曲都不存在剪应力互等定理。

④设式(2.2)[*]各式中的第一项剪应力为外力作用下产生的剪应力τ_{yz}，τ_{xy}，τ_{zx}，则第二项是由剪应力互等定理产生的剪应力τ_{zy}，τ_{yx}，τ_{xz}。明显可知，括号内应矩的偏微分的正负号与第二项剪应力正负号相反。由于第二项剪应力是由第一项剪应力互等定理得到的，而第一项剪应力与第二项剪应力之间没有正与负的区别（因为两个剪应力互相垂直）。由此得到结论，第一项的剪应力与括号内应矩的偏微分的正负号也是相反的。

结论：平衡微分方程中的剪应力的正负号与应矩偏微分的正负号总是相反的。

2.2.3 应力应矩综合平衡微分方程

由式(2.2)* 和式(2.1)* 联立,消去τ_{zy},τ_{yx}和τ_{xz},可得到 3 个由正应力、剪应力、扭应矩及弯应矩共同作用的平衡微分方程

$$\frac{\partial \sigma_x}{\partial x}+\frac{\partial \tau_{zx}}{\partial z}+\frac{\partial}{\partial y}\left(\tau_{xy}+\frac{\partial m_{xz}}{\partial x}+\frac{\partial m_{yz}}{\partial y}+\frac{\partial m_{zz}}{\partial z}\right)+f_x=0 \tag{2.3a*}$$

$$\frac{\partial \sigma_y}{\partial y}+\frac{\partial \tau_{xy}}{\partial x}+\frac{\partial}{\partial z}\left(\tau_{yz}+\frac{\partial m_{xx}}{\partial x}+\frac{\partial m_{yx}}{\partial y}+\frac{\partial m_{zx}}{\partial z}\right)+f_y=0 \tag{2.3b*}$$

$$\frac{\partial \sigma_z}{\partial z}+\frac{\partial \tau_{yz}}{\partial y}+\frac{\partial}{\partial x}\left(\tau_{zx}+\frac{\partial m_{xy}}{\partial x}+\frac{\partial m_{yy}}{\partial y}+\frac{\partial m_{zy}}{\partial z}\right)+f_z=0 \tag{2.3c*}$$

由 6 个平衡方程中消去τ_{yz},τ_{xy},τ_{zx},可得到另 3 个应力应矩综合平衡微分方程

$$\frac{\partial \sigma_x}{\partial x}+\frac{\partial \tau_{yx}}{\partial y}+\frac{\partial}{\partial z}\left(\tau_{xz}-\frac{\partial m_{xy}}{\partial x}-\frac{\partial m_{yy}}{\partial y}-\frac{\partial m_{zy}}{\partial z}\right)+f_x=0 \tag{2.4a*}$$

$$\frac{\partial \sigma_y}{\partial y}+\frac{\partial \tau_{zy}}{\partial z}+\frac{\partial}{\partial x}\left(\tau_{yx}-\frac{\partial m_{xz}}{\partial x}-\frac{\partial m_{yz}}{\partial y}-\frac{\partial m_{zz}}{\partial z}\right)+f_y=0 \tag{2.4b*}$$

$$\frac{\partial \sigma_z}{\partial z}+\frac{\partial \tau_{xz}}{\partial x}+\frac{\partial}{\partial y}\left(\tau_{zy}-\frac{\partial m_{xx}}{\partial x}-\frac{\partial m_{yx}}{\partial y}-\frac{\partial m_{zx}}{\partial z}\right)+f_z=0 \tag{2.4c*}$$

式(2.3)* 和式(2.4)* 是有拉、剪、弯、扭同时作用时的综合平衡微分方程。

以上偏微分方程把 9 个应力分量和 9 个应矩分量联系在一起,完全不同于现行弹性理论:把扭矩和弯矩转化成不同量纲的应力。实际上应矩转化得到的"应力",其实质不是"应力",只是"相当应力",是用应力的形式表明弯应矩产生的变形相当于多大正应力,扭应矩产生的变形相当于多大剪应力。把"相当应力"当做真实应力,是弯曲和扭转不平衡的根本原因。

由此得出重要结论:力不是使物体变形和破坏的唯一原因,"矩"也是使物体变形和破坏的原因。因为"矩"是独立物理量,不能再转化为量纲不同的力,只是在数量上等于力和力臂的乘积。

2.3 物体内微元体斜截面上的应力应矩

2.3.1 任意方向斜截面上的应力应矩分量

现在求介质中微元体 M 斜截面(ABC)上任意方向上的应力矢量 $P_\alpha(X,Y,Z)$ 和应矩矢量 m_α ($m_{\alpha x}$,$m_{\alpha y}$,$m_{\alpha z}$)。n 为平面法线方向。设微元体 M 上应力分量是 σ_x,σ_y,σ_z,σ_{xy},σ_{xz},σ_{yx},σ_{zy},σ_{zx},σ_{yz},应矩分量是 m_{xx},m_{xy},m_{xz},m_{yy},m_{yx},m_{yz},m_{zx},m_{zy},m_{zz},如图 2.6 所示。

设$\triangle ABC$ 面积为 Δs,$\triangle MBC$,$\triangle MCA$,$\triangle MAB$ 的面积分别为 Δs_1,Δs_2 和 Δs_3。则 M-ABC 的体积为 $\Delta v=\frac{1}{3}h\Delta s$,其中 h 为 M 点到平面(ABC)的距离。

设 l,m,n 为平面(ABC)法线方向余弦,$l=\cos(n,x)$,$m=\cos(n,y)$,$n=\cos(n,z)$,则

$$\left.\begin{aligned}\Delta s_1&=l\Delta s\\ \Delta s_2&=m\Delta s\\ \Delta s_3&=n\Delta s\end{aligned}\right\} \tag{a}$$

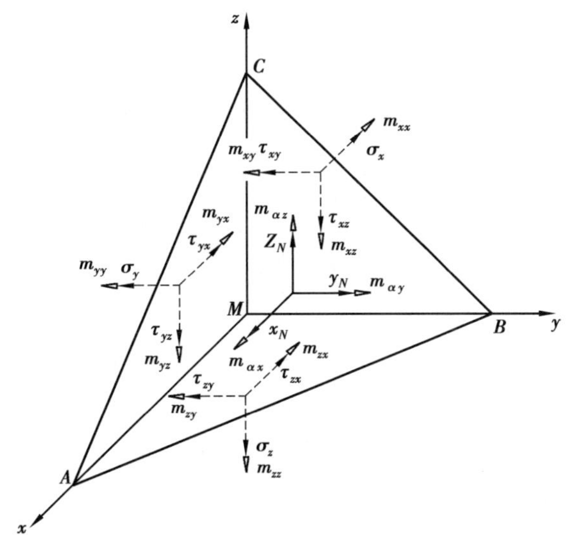

图2.6

设单位体积力为f,在x,y,z轴上的分量为f_x,f_y,f_z,则由平衡方程

$$\sum x=0$$

可得

$$f_x\frac{1}{3}h\Delta s+X_n\Delta s-\sigma_x\Delta s_1-\tau_{yx}\Delta s_2-\tau_{zx}\Delta s_3=0$$

把式(a)代入上式,可得

$$f_x\frac{1}{3}h+X_n-\sigma_x l-\tau_{yx}m-\tau_{zx}n=0$$

当$h\to 0$时,可得

$$X_n=\sigma_x l+\tau_{yx}m+\tau_{zx}n \tag{2.5a}$$

同理,由$\sum y=0$,可得

$$Y_n=\tau_{xy}l+\sigma_y m+\tau_{zy}n \tag{2.5b}$$

由$\sum z=0$,可得

$$Z_n=\tau_{xz}l+\tau_{yz}m+\sigma_z n \tag{2.5c}$$

式(2.5)就是物体内任一微元体任意斜截面的应力公式,其截面的总应力为

$$P_\alpha^2=X_n^2+Y_n^2+Z_n^2 \tag{2.6}$$

考虑力矩的平衡,且当微面$\Delta s\to 0$时,其体力和所有面力对其坐标轴之矩为零。故由

$$\sum M_x=0$$

可得

$$-m_{\alpha x}\Delta s+m_{xx}\Delta s_1+m_{yx}\Delta s_2+m_{zx}\Delta s_3=0$$

即

$$m_{\alpha x}=m_{xx}l+m_{yx}m+m_{zx}n \tag{2.7a}$$

同理,可得

$$m_{\alpha y}=m_{xy}l+m_{yy}m+m_{zy}n \tag{2.7b}$$

$$m_{\alpha z}=m_{xz}l+m_{yz}m+m_{zz}n \tag{2.7c}$$

式(2.7)就是物体内任一微元体任意斜截面上的应矩公式,其总应矩为

$$m_\alpha^2=m_{\alpha x}^2+m_{\alpha y}^2+m_{\alpha z}^2 \tag{2.8}$$

2.3.2 任意截面法线方向上的正应力和剪应力

将任意斜截面上的应力 X_n, Y_n, Z_n 向法线 n 投影,可求得斜截面上的正应力

$$\sigma_n = x_n l + y_n m + z_n n \tag{2.9}$$

将式(2.5)代入式(2.9),可得

$$\begin{aligned}\sigma_n &= (\sigma_x l + \tau_{yx} m + \tau_{zx} n) l + (\tau_{xy} l + \sigma_y m + \tau_{zy} n) m + (\tau_{xz} l + \tau_{yz} m + \sigma_z n) n \\ &= \sigma_x l^2 + \sigma_y m^2 + \sigma_z n^2 + \tau_{xy} lm + \tau_{yx} lm + \tau_{xz} ln + \tau_{zx} ln + \tau_{yz} mn + \tau_{zy} mn\end{aligned} \tag{2.10}$$

斜截面上的剪应力τ_n 为

$$\left.\begin{aligned} P_\alpha^2 &= \sigma_n^2 + \tau_n^2 \\ \tau_n^2 &= P_\alpha^2 - \sigma_n^2 \end{aligned}\right\} \tag{2.11}$$

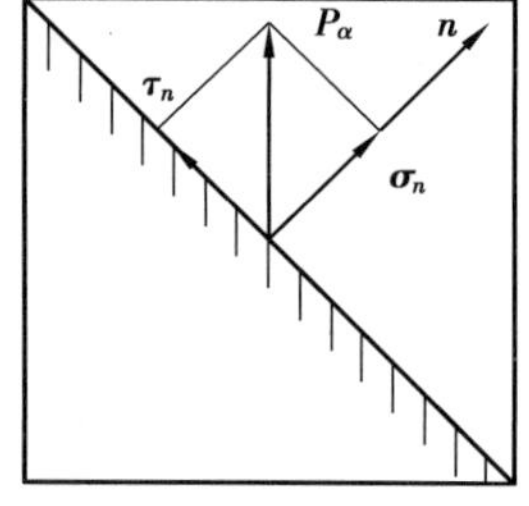

图 2.7

式中 σ_n, τ_n——微元体任意斜截面上的正应力与剪应力,它们是保持该微元体平衡的应力,而不是其截面上质点平衡的应力。

其几何意义如图 2.7 所示。

2.3.3 微元体任意方向的斜截面上扭应矩和弯应矩

设任意截面的法线方向为 n,与 x, y, z 轴的方向余弦用 l, m, n 表示,如图 2.8 所示。

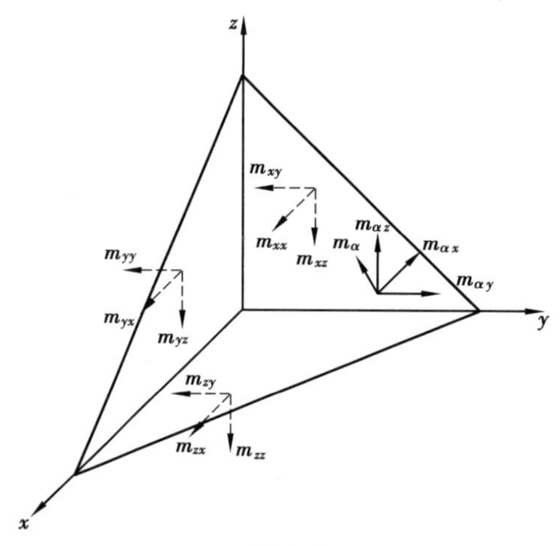

图 2.8

由式(2.7)、式(2.8)可得

$$m_\alpha = \sqrt{(m_{xx} l + m_{yx} m + m_{zx} n)^2 + (m_{xy} l + m_{yy} m + m_{zy} n)^2 + (m_{xz} l + m_{yz} m + m_{zz} n)^2} \tag{2.12}$$

将 $m_{\alpha x}, m_{\alpha y}, m_{\alpha z}$ 向法线 n 投影,可求得斜截面上的扭应矩为

$$m_n = m_{\alpha x} l + m_{\alpha y} m + m_{\alpha z} n \tag{2.13}$$

式(2.13)与式(2.9)类似。将式(2.7)代入式(2.13),则有

$$\begin{aligned} m_n &= (m_{xx} l + m_{yx} m + m_{zx} n) l + (m_{xy} l + m_{yy} m + m_{zy} n) m + (m_{xz} l + m_{yz} m + m_{zz} n) n \\ &= m_{xx} l^2 + m_{yy} m^2 + m_{zz} n^2 + m_{yx} ml + m_{zx} nl + m_{xy} lm + m_{zy} nm + m_{xz} ln + m_{yz} mn \end{aligned} \tag{2.14}^*$$

式(2.14)* 与式(2.10)类似。

由图 2.9 可知,n 方向上的弯应矩由下式可求得

$$m_w^2 = m_\alpha^2 - m_n^2 \tag{2.15}^*$$

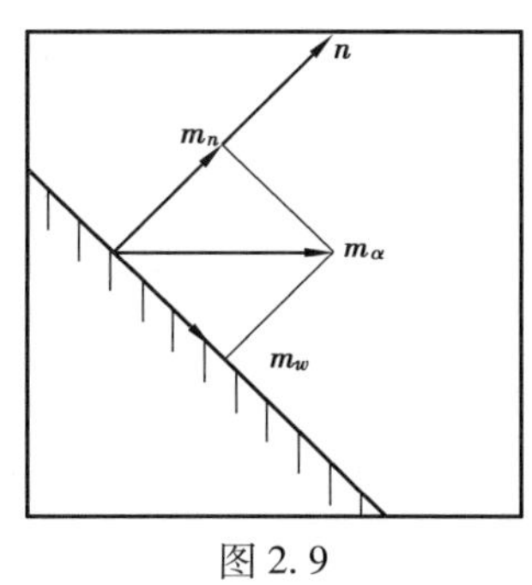

图2.9

2.4　任一质点的质点平衡应矩(详见本章2.11节应矩状态分析)

由于单元体的应矩状态与应力状态形式上完全相同(见第1章1.5节),由此可推知,任一点的平衡应矩为

$$m^* = \sqrt{m_x^2 + m_y^2 + m_z^2} \tag{2.16}^*$$

式中　m_x, m_y, m_z——微元体在各个面上受到的扭应矩和弯应矩在 x, y, z 轴上的投影,即

$$m_x = m_{yx} + m_{zx} + m_{xx} \tag{2.17a}^*$$

$$m_y = m_{xy} + m_{zy} + m_{yy} \tag{2.17b}^*$$

$$m_z = m_{xz} + m_{yz} + m_{zz} \tag{2.17c}^*$$

用单元体上的主应矩 m_1, m_2, m_3 表示质点平衡应矩为

$$m^* = \sqrt{m_1^2 + m_2^2 + m_3^2} \tag{2.18}^*$$

质点平衡应矩与3个主应矩间的夹角为

$$\alpha_1 = \arctan \frac{\sqrt{m_2^2 + m_3^2}}{m_1} \tag{2.19a}$$

$$\alpha_2 = \arctan \frac{\sqrt{m_1^2 + m_3^2}}{m_2} \tag{2.19b}$$

$$\alpha_3 = \arctan \frac{\sqrt{m_1^2 + m_2^2}}{m_3} \tag{2.19c}$$

由式(2.16)* 和式(2.17)* 可知,质点平衡应矩与方向余弦无关。

2.5　边界条件的修正

如果将2.3.1小节图2.6中斜截面(ABC)看成是外表面,其上作用的应力和应矩也看成表面力和矩,即为边界条件的应力应矩状态。设 $\overline{P}(\overline{X}, \overline{Y}, \overline{Z})$ 为物体表面微面上所受的外应力,$\vec{n}$ 为微面的法线方向,l, m, n 为其方向余弦。设 $\overline{M_n}(\overline{M_x}, \overline{M_y}, \overline{M_z})$ 为物体表面上所受的应矩。由式(2.5)可得出应力的边界条件为(推导过程与2.3节相同,只是把微元体内的斜面看成是外表面。这里不再详述)

$$\overline{X} = \sigma_x l + \tau_{yx} m + \tau_{zx} n \tag{2.20a}^*$$

$$\overline{Y} = \tau_{xy} l + \sigma_y m + \tau_{zy} n \tag{2.20b}^*$$

$$\overline{Z} = \tau_{xz} l + \tau_{yz} m + \sigma_z n \tag{2.20c}^*$$

由式(2.7)可得出应矩的边界条件为

$$\overline{M_x} = m_{xx}l + m_{yx}m + m_{zx}n \tag{2.21a}^*$$

$$\overline{M_y} = m_{xy}l + m_{yy}m + m_{zy}n \tag{2.21b}^*$$

$$\overline{M_z} = m_{xz}l + m_{yz}m + m_{zz}n \tag{2.21c}^*$$

2.6 应力的坐标变换

2.6.1 应力的坐标变换

设原直角坐标为 $Oxyz$,其应力分量为 $\sigma_x,\sigma_y,\sigma_z,\tau_{xy},\tau_{yx},\tau_{yz},\tau_{zy},\tau_{zx},\tau_{xz}$;新直角坐标为 $Ox'y'z'$,其应力分量为 $\sigma_x',\sigma_y',\sigma_z',\tau_{xy}',\tau_{yx}',\tau_{yz}',\tau_{zy}',\tau_{zx}',\tau_{xz}'$。把新坐标看成是本章2.5节分析的一个斜截面,则坐标 x' 是 $y'z'$ 坐标面的法线方向,同样,y' 和 z' 也分别是 $x'z'$ 坐标面和 $x'y'$ 坐标面的法线方向。新坐标轴 x',y',z' 对原坐标系的方向余弦分别为

$$\cos(x',x),\cos(x',y),\cos(x',z)$$
$$\cos(y',x),\cos(y',y),\cos(y',z)$$
$$\cos(z',x),\cos(z',y),\cos(z',z)$$

(1)新坐标下的正应力

将以上方向余弦代入式(2.10)得

$$\begin{aligned}\sigma_x' = {} & \sigma_x\cos^2(x',x) + \sigma_y\cos^2(x',y) + \sigma_z\cos^2(x',z) + \tau_{xy}\cos(x',x)\cos(x',y) + \\ & \tau_{yx}\cos(x',x)\cos(x',y) + \tau_{xz}\cos(x',x)\cos(x',z) + \tau_{zx}\cos(x',x)\cos(x',z) + \\ & \tau_{yz}\cos(x',y)\cos(x',z) + \tau_{zy}\cos(x',y)\cos(x',z)\end{aligned} \tag{2.22}$$

$$\begin{aligned}\sigma_y' = {} & \sigma_x\cos^2(y',x) + \sigma_y\cos^2(y',y) + \sigma_z\cos^2(y',z) + \tau_{xy}\cos(y',x)\cos(y',y) + \\ & \tau_{yx}\cos(y',x)\cos(y',y) + \tau_{xz}\cos(y',x)\cos(y',z) + \tau_{zx}\cos(y',x)\cos(y',z) + \\ & \tau_{yz}\cos(y',y)\cos(y',z) + \tau_{zy}\cos(y',y)\cos(y',z)\end{aligned} \tag{2.23}$$

$$\begin{aligned}\sigma_z' = {} & \sigma_x\cos^2(z',x) + \sigma_y\cos^2(z',y) + \sigma_z\cos^2(z',z) + \tau_{xy}\cos(z',x)\cos(z',y) + \\ & \tau_{yx}\cos(z',x)\cos(z',y) + \tau_{xz}\cos(z',x)\cos(z',z) + \tau_{zx}\cos(z',x)\cos(z',z) + \\ & \tau_{yz}\cos(z',y)\cos(z',z) + \tau_{zy}\cos(z',y)\cos(z',z)\end{aligned} \tag{2.24}$$

(2)作用在新坐标轴下的剪应力

①作用于 $y'z'$ 坐标面上的两个剪应力分量 $\tau_{x'y'}$,$\tau_{x'z'}$ 可从 x' 方向总应力分量 $F_{x'x}$,$F_{x'y}$,$F_{x'z}$ 向坐标轴 y',z' 投影得到。由式(2.5)可得,x' 方向上的总应力分量为

$$F_{x'x} = \sigma_x\cos(x',x) + \tau_{yx}\cos(x',y) + \tau_{zx}\cos(x',z)$$
$$F_{x'y} = \tau_{xy}\cos(x',x) + \sigma_y\cos(x',y) + \tau_{zy}\cos(x',z)$$
$$F_{x'z} = \tau_{xz}\cos(x',x) + \tau_{yz}\cos(x',y) + \sigma_z\cos(x',z)$$

x' 方向总分量向 y' 轴的投影 $\tau_{x'y'}$ 为

$$\begin{aligned}\tau_{x'y'} &= F_{x'x}\cos(y',x) + F_{x'y}\cos(y',y) + F_{x'z}\cos(y',z) \\ &= \sigma_x\cos(x',x)\cos(y',x) + \tau_{yx}\cos(x',y)\cos(y',x) + \tau_{zx}\cos(x',z)\cos(y',x) + \\ &\quad \tau_{xy}\cos(x',x)\cos(y',y) + \sigma_y\cos(x',y)\cos(y',y) + \tau_{zy}\cos(x',z)\cos(y',y) + \\ &\quad \tau_{xz}\cos(x',x)\cos(y',z) + \tau_{yz}\cos(x',y)\cos(y',z) + \sigma_z\cos(x',z)\cos(y',z)\end{aligned} \tag{2.25}$$

x' 方向总分量向 z' 轴的投影 $\tau_{x'z'}$ 为

$$\tau_{x'z'} = F_{x'x}\cos(z',x) + F_{x'y}\cos(z',y) + F_{x'z}\cos(z',z)$$

$$
\begin{aligned}
&=\sigma_x\cos(x',x)\cos(z',x)+\tau_{yx}\cos(x',y)\cos(z',x)+\tau_{zx}\cos(x',z)\cos(z',x)+\\
&\quad\tau_{xy}\cos(x',x)\cos(z',y)+\sigma_y\cos(x',y)\cos(z',y)+\tau_{zy}\cos(x',z)\cos(z',y)+\\
&\quad\tau_{xz}\cos(x',x)\cos(z',z)+\tau_{yz}\cos(x',y)\cos(z',z)+\sigma_z\cos(x',z)\cos(z',z)
\end{aligned}
\tag{2.26}
$$

②$\tau_{y'x'}$和$\tau_{y'z'}$（垂直 y'轴的平面为 $x'Oy'$）可从 y'方向总应力分量向坐标轴 x',z'投影得到。y'方向上总的应力分量为

$$
\begin{aligned}
F_{y'x}&=\sigma_x\cos(y',x)+\tau_{yx}\cos(y',y)+\tau_{zx}\cos(y',z)\\
F_{y'y}&=\tau_{xy}\cos(y',x)+\sigma_y\cos(y',y)+\tau_{zy}\cos(y',z)\\
F_{y'z}&=\tau_{xz}\cos(y',x)+\tau_{yz}\cos(y',y)+\sigma_z\cos(y',z)
\end{aligned}
$$

y'方向上总应力分量向 x'轴的投影$\tau_{y'x'}$为

$$
\begin{aligned}
\tau_{y'x'}&=F_{y'x}\cos(x',x)+F_{y'y}\cos(x',y)+F_{y'z}\cos(x',z)\\
&=\sigma_x\cos(y',x)\cos(x',x)+\tau_{yx}\cos(y',y)\cos(x',x)+\tau_{zx}\cos(y',z)\cos(x',x)+\\
&\quad\tau_{xy}\cos(y',x)\cos(x',y)+\sigma_y\cos(y',y)\cos(x',y)+\tau_{zy}\cos(y',z)\cos(x',y)+\\
&\quad\tau_{xz}\cos(y',x)\cos(x',z)+\tau_{yz}\cos(y',y)\cos(x',z)+\sigma_z\cos(y',z)\cos(x',z)
\end{aligned}
\tag{2.27}
$$

y'方向上总应力分量向 z'轴的投影$\tau_{y'z'}$为

$$
\begin{aligned}
\tau_{y'z'}&=F_{y'x}\cos(z',x)+F_{y'y}\cos(z',y)+F_{y'z}\cos(z',z)\\
&=\sigma_x\cos(y',x)\cos(z',x)+\tau_{yx}\cos(y',y)\cos(z',x)+\tau_{zx}\cos(y',z)\cos(z',x)+\\
&\quad\tau_{xy}\cos(y',x)\cos(z',y)+\sigma_y\cos(y',y)\cos(z',y)+\tau_{zy}\cos(y',z)\cos(z',y)+\\
&\quad\tau_{xz}\cos(y',x)\cos(z',z)+\tau_{yz}\cos(y',y)\cos(z',z)+\sigma_z\cos(y',z)\cos(z',z)
\end{aligned}
\tag{2.28}
$$

③$\tau_{z'x'}$和$\tau_{z'y'}$（垂直 z'轴的平面为 $x'Oy'$）可从 z'方向总应力分量向坐标轴 x',y'的投影得到,z'方向上总的应力分量为

$$
\begin{aligned}
F_{z'x}&=\sigma_x\cos(z',x)+\tau_{yx}\cos(z',y)+\tau_{zx}\cos(z',z)\\
F_{z'y}&=\tau_{xy}\cos(z',x)+\sigma_y\cos(z',y)+E_{zy}\cos(z',z)\\
F_{z'z}&=\tau_{xz}\cos(z',x)+\tau_{yz}\cos(z',z)+\sigma_z\cos(z',z)
\end{aligned}
$$

z'方向上总应力分量向 x'轴的投影$\tau_{z'x'}$为

$$
\begin{aligned}
\tau_{z'x'}&=F_{z'x}\cos(x',x)+F_{z'y}\cos(x',y)+F_{z'z}\cos(x',z)\\
&=\sigma_x\cos(z',x)\cos(x',x)+\tau_{yx}\cos(z',y)\cos(x',x)+\tau_{zx}\cos(z',z)\cos(x',x)+\\
&\quad\tau_{xy}\cos(z',x)\cos(x',y)+\sigma_y\cos(z',y)\cos(x',y)+\tau_{zy}\cos(z',z)\cos(x',y)+\\
&\quad\tau_{xz}\cos(z',x)\cos(x',z)+\tau_{yz}\cos(z',y)\cos(x',z)+\sigma_z\cos(z',z)\cos(x',z)
\end{aligned}
\tag{2.29}
$$

④z'方向上总应力分量向 y'轴的投影$\tau_{z'y'}$为

$$
\begin{aligned}
\tau_{z'y'}&=F_{z'x}\cos(y',x)+F_{z'y}\cos(y',y)+F_{z'z}\cos(y',z)\\
&=\sigma_x\cos(z',x)\cos(y',x)+\tau_{yx}\cos(z',y)\cos(y',x)+\tau_{zx}\cos(z',z)\cos(y',x)+\\
&\quad\tau_{xy}\cos(z',x)\cos(y',y)+\sigma_y\cos(z',y)\cos(y',y)+\tau_{zy}\cos(z',z)\cos(y',y)+\\
&\quad\tau_{xz}\cos(z',x)\cos(y',z)+\tau_{yz}\cos(z',y)\cos(y',z)+\sigma_z\cos(z',z)\cos(y',z)
\end{aligned}
\tag{2.30}
$$

2.6.2　特殊坐标变换下的应力转化公式

①新坐标绕原坐标任一轴转动时,如图 2.10 所示。

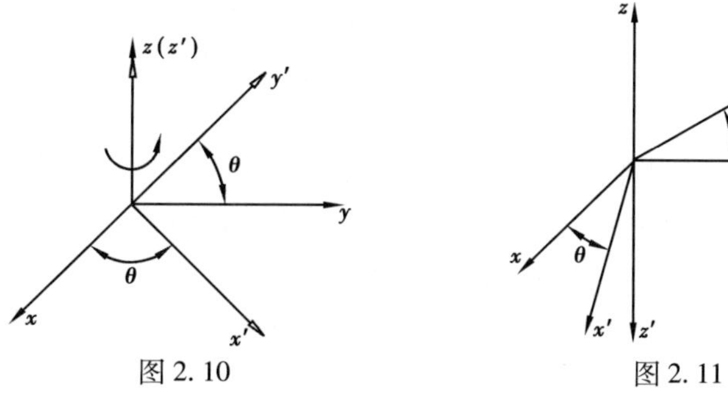

图 2.10　　图 2.11

坐标绕 z 轴转动 θ 角，且 z 与 z' 重合，则新坐标的方向余弦为

$$\cos(x',x)=\cos\theta,\qquad \cos(x',y)=\sin\theta$$
$$\cos(x',z)=0,\qquad \cos(y',x)=-\sin\theta$$
$$\cos(y',y)=\cos\theta,\qquad \cos(y',z)=0$$
$$\cos(z',x)=0,\qquad \cos(z',y)=0$$
$$\cos(z',z)=1$$

将以上方向余弦值代入式(2.22)—式(2.30)，可得

$$\sigma_{x'}=\sigma_x\cos^2\theta+\sigma_y\sin^2\theta+\tau_{xy}\sin\theta\cos\theta+\tau_{yx}\sin\theta\cos\theta \tag{2.31}$$
$$\sigma_{y'}=\sigma_x\sin^2\theta+\sigma_y\cos^2\theta-\tau_{xy}\sin\theta\cos\theta-\tau_{yx}\sin\theta\cos\theta \tag{2.32}$$
$$\sigma_z'=\sigma_z \tag{2.33}$$
$$\tau_{x'y'}=(\sigma_y-\sigma_x)\sin\theta\cos\theta+\tau_{xy}\cos^2\theta-\tau_{yx}\sin^2\theta \tag{2.34}$$
$$\tau_{x'z'}=\tau_{xz}\cos\theta+\tau_{yz}\sin\theta \tag{2.35}$$
$$\tau_{y'x'}=(\sigma_y-\sigma_x)\sin\theta\cos\theta+\tau_{yx}\cos^2\theta-\tau_{xy}\sin^2\theta \tag{2.36}$$
$$\tau_{y'z'}=\tau_{yz}\cos\theta+\tau_{xz}\sin\theta \tag{2.37}$$
$$\tau_{z'x'}=\tau_{zx}\cos\theta+\tau_{zy}\sin\theta \tag{2.38}$$
$$\tau_{z'y'}=\tau_{zy}\cos\theta-\tau_{zx}\sin\theta \tag{2.39}$$

以上 9 式为常用二维应力转轴公式。

②当新坐标 z'轴与 z 轴反向，且转 θ 角时，如图 2.11 所示，由于$\cos(z',z)=-1$，其余方向余弦不变，故改变的应力只有

$$\tau_{x'z'}=-\tau_{xz}\cos\theta-\tau_{yz}\sin\theta \tag{2.40}$$
$$\tau_{y'z'}=\tau_{xz}\sin\theta-\tau_{yz}\cos\theta \tag{2.41}$$
$$\tau_{z'x'}=-\tau_{yz}\sin\theta-\tau_{zx}\cos\theta \tag{2.42}$$
$$\tau_{z'y'}=\tau_{zx}\sin\theta-\tau_{zy}\cos\theta \tag{2.43}$$

$\sigma_{x'},\sigma_{y'},\sigma_{z'},\tau_{x'y'},\tau_{y'x'}$仍分别由式(2.31)、式(2.32)、式(2.33)、式(2.34)、式(2.36)确定。

以上推导表明，应力转换时，与改向轴有联系的剪应力要变号。

2.7 应矩的坐标变换

2.7.1 新坐标下的扭应矩

在新坐标 x'方向上，把原坐标中斜截面的 n 方向换成 x'，如图 2.12 所示。

由式(2.14)* 可知，新坐标轴 x'方向的扭应矩为

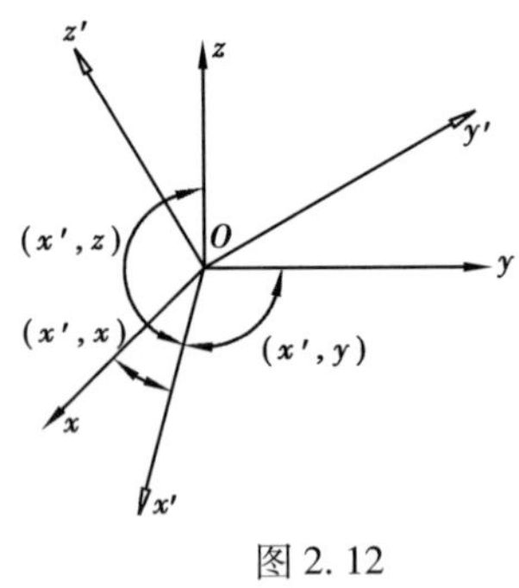

图 2.12

$$\begin{aligned}m_{x'}=\;&m_{xx}\cos^2(x',x)+m_{yx}\cos(x',x)\cos(x',y)+\\&m_{zx}\cos(x',x)\cos(x',z)+m_{xy}\cos(x',x)\cos(x',y)+\\&m_{yy}\cos^2(x',y)+m_{zy}\cos(x',z)\cos(x',y)+\\&m_{xz}\cos(x',x)\cos(x',z)+m_{yz}\cos(x',y)\cos(x',z)+m_{zz}\cos^2(x',z)\end{aligned} \tag{2.44}$$

同理，y'方向上的扭应矩为

$$\begin{aligned}m_{y'}=\;&m_{xx}\cos^2(y',x)+m_{yx}\cos(y',y)\cos(y',x)+m_{zx}\cos(y',z)\cos(y',x)+\\&m_{xy}\cos(y',x)\cos(y',y)+m_{yy}\cos^2(y',y)+m_{zy}\cos(y',z)\cos(y',y)+\\&m_{xz}\cos(y',x)\cos(y',z)+m_{yz}\cos(y',y)\cos(y',z)+m_{zz}\cos^2(y',z)\end{aligned} \tag{2.45}$$

z'方向上的扭应矩为

$$
\begin{aligned}
m_{z'} = {} & m_{xx}\cos^2(z',x) + m_{yz}\cos(z',y)\cos(z',x) + m_{zx}\cos(z',z)\cos(z',x) + \\
& m_{xz}\cos(z',x)\cos(z',y) + m_{yy}\cos^2(z',y) + m_{zy}\cos(z',z)\cos(z',y) + \\
& m_{xz}\cos(z',x)\cos(z',z) + m_{yz}\cos(z',y)\cos(z',z) + m_{zz}\cos^2(z',z)
\end{aligned}
\tag{2.46}
$$

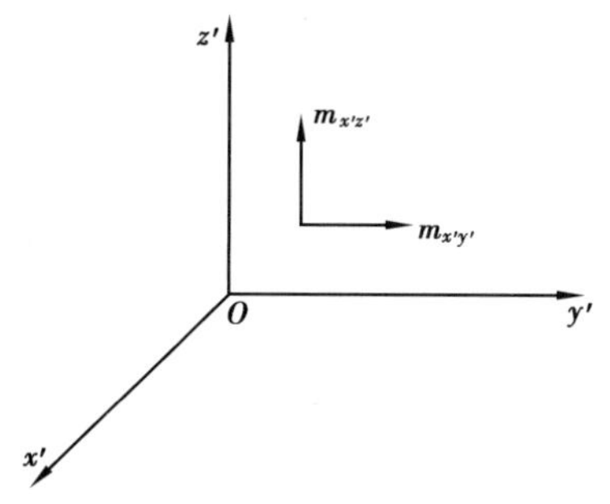

图 2.13

2.7.2　新坐标轴下的弯应矩

①作用到新坐标面 $Oz'y'$ 上的弯应矩 $m(x'y')$ 和 $m(x'z')$，可从 x'方向总应矩分量 $M_{x'x'}$，$M_{x'y'}$和 $M_{x'z'}$向 y'和 z'坐标轴投影得到，如图 2.13 所示。由式(2.7)可得

$$
\begin{aligned}
M_{x'x'} &= m_{xx}\cos(x',x) + m_{yx}\cos(x',y) + m_{zx}\cos(x',z) \\
M_{x'y'} &= m_{xy}\cos(x',x) + m_{yy}\cos(x',y) + m_{zy}\cos(x',z) \\
M_{x'z'} &= m_{xz}\cos(x',x) + m_{yz}\cos(x',y) + m_{zz}\cos(x',z)
\end{aligned}
$$

a. y'轴的方向余弦为 $\cos(y',x)$，$\cos(y',y)$，$\cos(y',z)$，故

$$
\begin{aligned}
m_{x'y'} &= M_{x'x'}\cos(y',x) + M_{x'y'}\cos(y',y) + M_{x'z'}\cos(y',z) \\
&= m_{xx}\cos(x',x)\cos(y',x) + m_{yx}\cos(x',y)\cos(y',x) + m_{zx}\cos(x',z)\cos(y',x) + \\
&\quad m_{xy}\cos(x',x)\cos(y',y) + m_{yy}\cos(x',y)\cos(y',y) + m_{zy}\cos(x',z)\cos(y',y) + \\
&\quad m_{xz}\cos(x',x)\cos(y',z) + m_{yz}\cos(x',y)\cos(y',z) + m_{zz}\cos(x',z)\cos(y',z)
\end{aligned}
\tag{2.47}
$$

b. z'轴的方向余弦为 $\cos(z',x)$，$\cos(z',y)$，$\cos(z',z)$，故

$$
\begin{aligned}
m_{x'z'} &= M_{x'x}\cos(z',x) + M_{x'y}\cos(z',y) + M_{x'z}\cos(z',z) \\
&= m_{xx}\cos(x',x)\cos(z',x) + m_{yx}\cos(x',y)\cos(z',x) + m_{zx}\cos(x',z)\cos(z',x) + \\
&\quad m_{xy}\cos(x',x)\cos(z',y) + m_{yy}\cos(x',y)\cos(z',y) + m_{zy}\cos(x',z)\cos(z',y) + \\
&\quad m_{xz}\cos(x',x)\cos(z',z) + m_{yz}\cos(x',y)\cos(z',z) + m_{zz}\cos(x',z)\cos(z',z)
\end{aligned}
\tag{2.48}
$$

②作用到 $Ox'z'$新坐标面上的弯应矩 $m_{y'z'}$和 $m_{y'x'}$，可从 y'方向的总应矩分量 $M_{y'x'}$，$M_{y'y'}$和 $M_{y'z'}$向x'和 z'坐标轴投影得到，如图 2.14 所示。

a. z'轴方向余弦为 $\cos(z',x)$，$\cos(z',y)$，$\cos(z',z)$，故

$$
\begin{aligned}
m_{y'z'} &= M_{y'x'}\cos(z',x) + M_{y'y'}\cos(z',y) + M_{y'z'}\cos(z',z) \\
&= m_{xx}\cos(y',x)\cos(z',x) + m_{yx}\cos(y',y)\cos(z',x) + m_{zx}\cos(y',z)\cos(z',x) + \\
&\quad m_{xy}\cos(y',x)\cos(z',y) + m_{yy}\cos(y',y)\cos(z',y) + m_{zy}\cos(y',z)\cos(z',y) + \\
&\quad m_{xz}\cos(y',x)\cos(z',z) + m_{yz}\cos(y',y)\cos(z',z) + m_{zz}\cos(y',z)\cos(z',z)
\end{aligned}
\tag{2.49}
$$

b. x'坐标轴的方向余弦为 $\cos(x',x)$，$\cos(x',y)$，$\cos(x',z)$，故

$$
\begin{aligned}
m_{y'x'} &= M_{y'x'}\cos(x',x) + M_{y'y'}\cos(x',y) + M_{y'z'}\cos(x',z) \\
&= m_{xx}\cos(y',x)\cos(x',x) + m_{yx}\cos(y',y)\cos(x',x) + m_{zx}\cos(y',z)\cos(x',x) + \\
&\quad m_{xy}\cos(y',x)\cos(x',y) + m_{yy}\cos(y',y)\cos(x',y) + m_{zy}\cos(y',z)\cos(x',y) + \\
&\quad m_{xz}\cos(y',x)\cos(x',z) + m_{yz}\cos(y',y)\cos(x',z) + m_{zz}\cos(y',z)\cos(x',z)
\end{aligned}
\tag{2.50}
$$

③作用在 $Ox'y'$新坐标面上弯应矩 $m_{z'x'}$和 $m_{z'y'}$，可从 z'方向的总应矩分量 $m_{z'x'}$，$m_{z'y'}$和 $m_{z'z'}$向 x'和y'坐标轴投影得到，如图 2.15 所示。

a. x'坐标轴的方向余弦为 $\cos(x',x)$，$\cos(x',y)$，$\cos(x',z)$，故

$$
\begin{aligned}
m_{z'x'} &= M_{z'x'}\cos(x',x) + M_{z'y'}\cos(x',y) + M_{z'z'}\cos(x',z) \\
&= m_{xx}\cos(z',x)\cos(x',x) + m_{yx}\cos(z',y)\cos(x',x) + m_{zx}\cos(z',z)\cos(x',x) + \\
&\quad m_{xy}\cos(z',x)\cos(x',y) + m_{yy}\cos(z',y)\cos(x',y) + m_{zy}\cos(z',z)\cos(x',y) + \\
&\quad m_{xz}\cos(z',x)\cos(x',z) + m_{yz}\cos(z',y)\cos(x',z) + m_{zz}\cos(z',z)\cos(x',z)
\end{aligned}
\tag{2.51}
$$

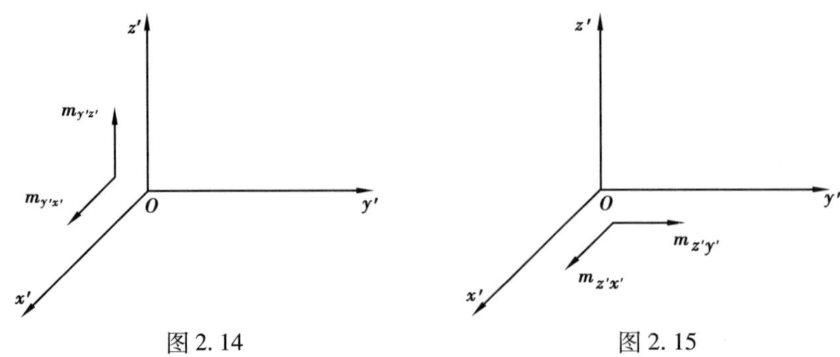

图 2.14　　图 2.15

b. y'坐标轴的方向余弦为 $\cos(y',x)$，$\cos(y',y)$，$\cos(y',z)$，故

$$\begin{aligned}m_{z'y'} &= M_{z'x'}\cos(y',x) + M_{z'y'}\cos(y',y) + M_{z'z'}\cos(y',z)\\ &= m_{xx}\cos(z',x)\cos(y',x) + m_{yx}\cos(z',y)\cos(y',x) + m_{zx}\cos(z',z)\cos(y',x)\\ &\quad m_{xy}\cos(z',x)\cos(y',y) + m_{yy}\cos(z',y)\cos(y',y) + m_{zy}\cos(z',z)\cos(y',y)\\ &\quad m_{xz}\cos(z',x)\cos(y',z) + m_{yz}\cos(z',y)\cos(y',z) + m_{zz}\cos(z',z)\cos(y',z)\end{aligned} \tag{2.52}$$

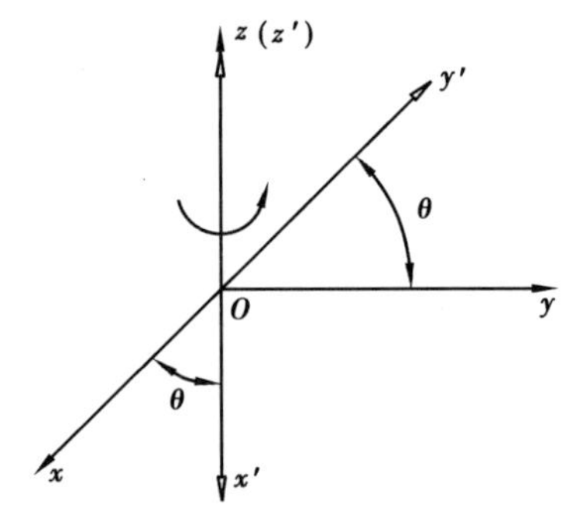

图 2.16

2.7.3　特殊坐标变换下的应矩转化公式

①新坐标绕原坐标一轴转动，且两坐标轴方向相同。

新坐标绕 z 轴顺时针转动 θ 角，且 z 与 z'同向时，如图 2.16 所示，已知原坐标 $Oxyz$ 的应矩分量为 $m_{xx}, m_{yy}, m_{zz}, m_{xy}, m_{xz}, m_{yz}, m_{yx}, m_{zx}, m_{zy}$，求新坐标系 $Ox'y'z'$ 上的应矩分量 $m_{x'x'}, m_{y'y'}, m_{z'z'}, m_{x'y'}, m_{x'z'}, m_{y'z'}, m_{y'x'}, m_{z'x'}, m_{z'y'}$。

新坐标系的方向余弦为

$$\cos(x',x) = \cos\theta, \cos(x',y) = \sin\theta, \cos(x',z) = 0$$
$$\cos(y',x) = -\sin\theta, \cos(y',y) = \cos\theta, \cos(y',z) = 0$$
$$\cos(z',x) = 0, \cos(z',y) = 0, \cos(z',z) = 1$$

将上式代入式(2.44)—式(2.52)，可得

$$m_{x'} = m_{xx}\cos^2\theta + m_{yy}\sin^2\theta + m_{xy}\sin\theta\cos\theta + m_{yx}\sin\theta\cos\theta \tag{2.53}$$
$$m_{y'} = m_{xx}\sin^2\theta + m_{yy}\cos^2\theta - m_{xy}\sin\theta\cos\theta - m_{yx}\sin\theta\cos\theta \tag{2.54}$$
$$m_{z'} = m_{zz} \tag{2.55}$$
$$m_{x'y'} = (m_{yy} - m_{xx})\sin\theta\cos\theta + m_{xy}\cos^2\theta - m_{yx}\sin^2\theta \tag{2.56}$$
$$m_{x'z'} = m_{xz}\cos\theta + m_{yz}\sin\theta \tag{2.57}$$
$$m_{y'z'} = m_{yz}\cos\theta + m_{xz}\sin\theta \tag{2.58}$$
$$m_{y'x'} = (m_{yy} - m_{xx})\sin\theta\cos\theta + m_{yx}\cos^2\theta - m_{xy}\sin^2\theta \tag{2.59}$$
$$m_{z'x'} = m_{zx}\cos\theta + m_{zy}\sin\theta \tag{2.60}$$
$$m_{z'y'} = m_{zy}\cos\theta - m_{zx}\sin\theta \tag{2.61}$$

以上各式为二维应矩常用的转轴公式。

②新坐标绕原坐标轴转动，且两坐标轴方向相反时，如图 2.17 所示。

由于 $\cos(z',z) = -1$，其余方向余弦不变，故改变的应矩只有下列各式

$$m_{x'z'} = -m_{xz}\cos\theta - m_{yz}\sin\theta \tag{2.62}$$
$$m_{y'z'} = m_{xz}\sin\theta - m_{yz}\cos\theta \tag{2.63}$$

$$m_{z'x'} = -m_{yz}\sin\theta - m_{zx}\cos\theta \tag{2.64}$$

$$m_{z'y'} = m_{zx}\sin\theta - m_{zy}\cos\theta \tag{2.65}$$

其他应矩分量不变,即

$$m_{x'} = m_{xx}\cos^2\theta + m_{yy}\sin^2\theta + m_{xy}\sin\theta\cos\theta + m_{yx}\sin\theta\cos\theta \tag{2.66}$$

$$m_{y'} = m_{xx}\sin^2\theta + m_{yy}\cos^2\theta - m_{xy}\sin\theta\cos\theta - m_{yx}\sin\theta\cos\theta \tag{2.67}$$

$$m_{z'} = m_{zz} \tag{2.68}$$

$$m_{x'y'} = (m_{yy} - m_{xx})\sin\theta\cos\theta + m_{xy}\cos^2\theta + m_{yx}\sin^2\theta \tag{2.69}$$

$$m_{y'x'} = (m_{yy} - m_{xx})\sin\theta\cos\theta + m_{yx}\cos^2\theta - m_{xy}\sin^2\theta \tag{2.70}$$

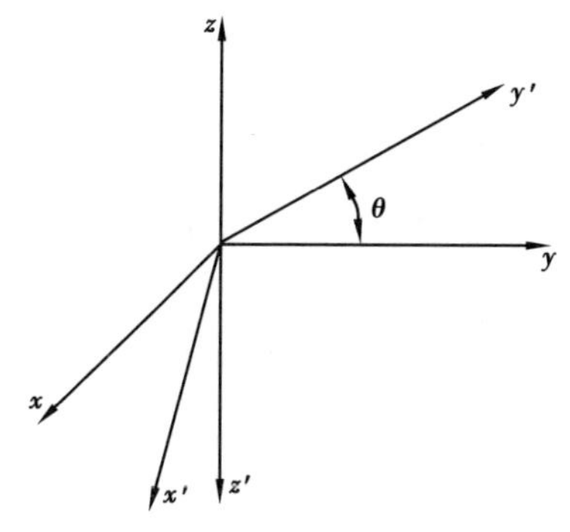

图 2.17

2.8　主应力与应力状态不变量

微分体在应力和应矩共同作用的状态下,当只研究应力投影时,应矩的投影不起作用,故此时微分体的应力状态与无应矩作用的应力状态结果相同,这里不再重新推导。

设 p_n 为任一截面法线 n 方向上的总应力,则 $p_n = \sigma_n$,且截面上所有剪应力都为零,如图 2.18 所示。l, m, n 为法线与 X, Y, Z 轴的方向余弦。

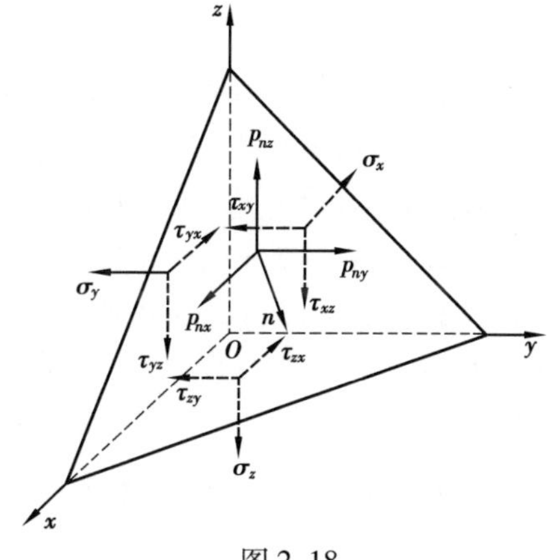

图 2.18

总应力 p_n 在坐标轴方向上的分量为

$$\left.\begin{aligned} p_{nx} &= \sigma_n l \\ p_{ny} &= \sigma_n m \\ p_{nz} &= \sigma_n n \end{aligned}\right\} \tag{2.71}$$

由式(2.5)可得

$$\left.\begin{aligned} p_{nx} &= \sigma_x l + \tau_{yx} m + \tau_{zx} n \\ p_{ny} &= \tau_{xy} l + \sigma_y m + \tau_{zy} n \\ p_{nz} &= \tau_{xz} l + \tau_{yz} m + \sigma_z n \end{aligned}\right\} \tag{2.72}$$

将式(2.71)代入式(2.72),可得

$$\left.\begin{aligned}(\sigma_x-\sigma_n)l+\tau_{yx}m+\tau_{zx}n=0\\ \tau_{xy}l+(\sigma_y-\sigma_n)m+\tau_{zy}n=0\\ \tau_{xz}l+\tau_{yz}m+(\sigma_z-\sigma_n)n=0\end{aligned}\right\}\tag{2.73}$$

式(2.73)中的方向余弦必须满足

$$l^2+m^2+n^2=1\tag{2.74}$$

要使式(2.73)中的 l,m,n 有非零解，则其线性代数方程的系数所构成的行列式为零

$$\begin{vmatrix}\sigma_x-\sigma_n & \tau_{yx} & \tau_{zx}\\ \tau_{xy} & \sigma_y-\sigma_n & \tau_{zy}\\ \tau_{xz} & \tau_{yz} & \sigma_z-\sigma_n\end{vmatrix}=0\tag{2.75}$$

解行列式得到

$$\sigma_n^3-I_1\sigma_n^2+I_2\sigma_n-I_3=0\tag{2.76}$$

在应力与应矩共同作用下，不存在剪应力互等定理时，式中 I_1,I_2,I_3 分别为

$$\left.\begin{aligned}I_1&=\sigma_x+\sigma_y+\sigma_z\\ I_2&=\begin{vmatrix}\sigma_x & \tau_{yx}\\ \tau_{xy} & \sigma_y\end{vmatrix}+\begin{vmatrix}\sigma_y & \tau_{zy}\\ \tau_{yz} & \sigma_z\end{vmatrix}+\begin{vmatrix}\sigma_z & \tau_{zx}\\ \tau_{xz} & \sigma_x\end{vmatrix}\\ &=\sigma_x\sigma_y+\sigma_y\sigma_z+\sigma_z\sigma_x-\tau_{xy}\tau_{yx}-\tau_{yz}\tau_{zy}-\tau_{xz}\tau_{zx}\\ I_3&=\begin{vmatrix}\sigma_x & \tau_{yx} & \tau_{zx}\\ \tau_{xy} & \sigma_y & \tau_{zy}\\ \tau_{xz} & \tau_{yz} & \sigma_z\end{vmatrix}\\ &=\sigma_x\sigma_y\sigma_z+\tau_{yx}\tau_{zy}\tau_{xz}+\tau_{xy}\tau_{yz}\tau_{zx}-\sigma_x\tau_{yz}\tau_{zy}-\sigma_y\tau_{zx}\tau_{xz}-\sigma_z\tau_{xy}\tau_{yx}\end{aligned}\right\}\tag{2.77}$$

解此方程得到 σ_n 的 3 个实根 $\sigma_1,\sigma_2,\sigma_3$，即得到 3 个主应力，它们的方向余弦分别为

$$\cos(1,x),\cos(1,y),\cos(1,z)$$
$$\cos(2,x),\cos(2,y),\cos(2,z)$$
$$\cos(3,x),\cos(3,y),\cos(3,z)$$

式中　1,2,3——主应力 $\sigma_1,\sigma_2,\sigma_3$ 的方向。

因为 $\sigma_1,\sigma_2,\sigma_3$ 必满足式(2.75)，故

$$(\sigma_n-\sigma_1)(\sigma_n-\sigma_2)(\sigma_n-\sigma_3)=0\tag{2.78}$$

展开得

$$\sigma_n^3-(\sigma_1+\sigma_2+\sigma_3)\sigma_n^2+(\sigma_1\sigma_2+\sigma_2\sigma_3+\sigma_3\sigma_1)\sigma_n-\sigma_1\sigma_2\sigma_3=0\tag{2.78′}$$

由式(2.76)、式(2.77)、式(2.78)可得

$$\left.\begin{aligned}I_1&=\sigma_1+\sigma_2+\sigma_3\\ I_2&=\sigma_1\sigma_2+\sigma_2\sigma_3+\sigma_3\sigma_1\\ I_3&=\sigma_1\sigma_2\sigma_3\end{aligned}\right\}\tag{2.77′}$$

由式(2.77′)可知，在给定的应力状态下，$\sigma_1,\sigma_2,\sigma_3$ 不变时，不论坐标如何变换，I_1,I_2,I_3 不随坐标变换而改变，故 I_1,I_2,I_3 被分别称为应力第一、第二、第三状态不变量。

将 p_{nx},p_{ny},p_{nz} 向法线 n 方向投影，即可求得斜截面上的正应力为

$$\sigma_n=p_{nx}l+p_{ny}m+p_{nz}n\tag{2.79}$$

将式(2.71)代入式(2.79)，可得正应力表达式为

$$\sigma_n=\sigma_xl^2+\sigma_ym^2+\sigma_zn^2+\tau_{xy}lm+\tau_{yx}lm+\tau_{yz}mn+\tau_{zy}mn+\tau_{zx}nl+\tau_{xz}nl\tag{2.79′}$$

2.9　任一截面上的应力与主应力间的关系

设微元体在主应力状态下，其主应力为 $\sigma_1,\sigma_2,\sigma_3$；直角坐标轴分别与其方向相同，取 $\sigma_1=\sigma_x$，$\sigma_2=\sigma_y,\sigma_3=\sigma_z$；所有剪应力都为零。由式(2.79)可得，以 n 为法线的任一截面上的正应力为

$$\sigma_n=\sigma_1\cos^2(n,1)+\sigma_2\cos^2(n,2)+\sigma_3\cos^2(n,3) \tag{2.80}$$

且

$$\cos^2(n,1)+\cos^2(n,2)+\cos^2(n,3)=1 \tag{2.81}$$

消去一个方向余弦，则式(2.80)成为

$$\sigma_n=\sigma_1-(\sigma_1-\sigma_2)\cos^2(n,2)-(\sigma_1-\sigma_3)\cos^2(n,3) \tag{2.82a}$$

或者

$$\sigma_n=(\sigma_1-\sigma_3)\cos^2(n,1)+(\sigma_2-\sigma_3)\cos^2(n,2)+\sigma_3 \tag{2.82b}$$

由于式(2.82a)和式(2.82b)相等，且$(\sigma_1-\sigma_2)$，$(\sigma_1-\sigma_3)$和$(\sigma_2-\sigma_3)$都为正数，余弦的平方也是正数，分析可得

$$\sigma_1\geqslant\sigma_n\geqslant\sigma_3 \tag{2.83}$$

式(2.83)说明，所有斜截面上的正应力，介于最大主应力 σ_1 和最小主应力 σ_3 之间，且最大主应力 σ_1 也就是正应力的最大值，最小主应力 σ_3 也就是正应力的最小值。

2.9.1　任一斜截面上的总应力的另一表达式

由式(2.71)可得

$$\left.\begin{aligned}p_{n1}&=\sigma_1\cos(n,1)\\p_{n2}&=\sigma_2\cos(n,2)\\p_{n3}&=\sigma_3\cos(n,3)\end{aligned}\right\} \tag{2.71'}$$

式中　p_{n1},p_{n2},p_{n3}——法线方向上的应力，在主应力方向上的投影。

法线方向总应力为

$$p_n^2=p_{n1}^2+p_{n2}^2+p_{n3}^2 \tag{2.84}$$

因此法线方向总应力表达式为

$$p_n^2=\sigma_1^2\cos^2(n,1)+\sigma_2^2\cos^2(n,2)+\sigma_3^2\cos^2(n,3) \tag{2.85a}$$

消去一个方向余弦，可得

$$p_n^2=\sigma_1^2-(\sigma_1^2-\sigma_2^2)\cos^2(n,2)-(\sigma_1^2-\sigma_3^2)\cos^2(n,3) \tag{2.85b}$$

或者

$$p_n^2=(\sigma_1^2-\sigma_3^2)\cos^2(n,1)+(\sigma_2^2-\sigma_3^2)\cos^2(n,2)+\sigma_3^2 \tag{2.85c}$$

由式(2.85b)和式(2.85c)相等可得应力状态的第二个特点，设

$$|\sigma_1|\geqslant|\sigma_2|\geqslant|\sigma_3|$$

则

$$|\sigma_1|\geqslant|p_n|\geqslant|\sigma_3| \tag{2.86}$$

式(2.86)说明，任一截面上总应力的绝对值介于最大主应力的绝对值与最小主应力的绝对值之间。

2.9.2　任一截面上总应力、正应力、剪应力、主应力、方向余弦之间的关系

总应力、正应力、剪应力之间的关系为

$$p_n^2 = \sigma_n^2 + \tau_n^2 \tag{2.87}$$

由式(2.80)、式(2.85)、式(2.87)可得

$$\left.\begin{aligned}&\sigma_1\cos^2(n,1)+\sigma_2\cos^2(n,2)+\sigma_3\cos^2(n,3)=\sigma_n\\&\cos^2(n,1)+\cos^2(n,2)+\cos^2(n,3)=1\\&\sigma_1^2\cos^2(n,1)+\sigma_2^2\cos^2(n,2)+\sigma_3^2\cos^2(n,3)=\sigma_n^2+\tau_n^2\end{aligned}\right\} \tag{2.88}$$

从式(2.88)中解出方向余弦的表达式为

$$\cos^2(n,1)=\frac{\tau_n^2+(\sigma_n-\sigma_2)(\sigma_n-\sigma_3)}{(\sigma_1-\sigma_2)(\sigma_1-\sigma_3)} \tag{2.89a}$$

$$\cos^2(n,2)=\frac{\tau_n^2+(\sigma_n-\sigma_3)(\sigma_n-\sigma_1)}{(\sigma_2-\sigma_3)(\sigma_2-\sigma_1)} \tag{2.89b}$$

$$\cos^2(n,3)=\frac{\tau_n^2+(\sigma_n-\sigma_1)(\sigma_n-\sigma_2)}{(\sigma_3-\sigma_1)(\sigma_3-\sigma_2)} \tag{2.89c}$$

2.9.3 应力圆的表达式

设$\sigma_1\geqslant\sigma_2\geqslant\sigma_3$，则由式(2.89)可知，余弦的平方大于零。又因为式(2.89a)中分母$(\sigma_1-\sigma_2)(\sigma_1-\sigma_3)\geqslant 0$，因此有$\tau_n^2+(\sigma_n-\sigma_2)(\sigma_n-\sigma_3)\geqslant 0$。同理，可得

$$\left.\begin{aligned}&\tau_n^2+(\sigma_n-\sigma_2)(\sigma_n-\sigma_3)\geqslant 0\\&\tau_n^2+(\sigma_n-\sigma_3)(\sigma_n-\sigma_1)\leqslant 0\\&\tau_n^2+(\sigma_n-\sigma_1)(\sigma_n-\sigma_2)\geqslant 0\end{aligned}\right\} \tag{2.90}$$

式(2.90)可改写为

$$\left.\begin{aligned}&\tau_n^2+\left(\sigma_n-\frac{\sigma_2+\sigma_3}{2}\right)^2\geqslant\left(\frac{\sigma_2-\sigma_3}{2}\right)^2\\&\tau_n^2+\left(\sigma_n-\frac{\sigma_1+\sigma_3}{2}\right)^2\leqslant\left(\frac{\sigma_1-\sigma_3}{2}\right)^2\\&\tau_n^2+\left(\sigma_n-\frac{\sigma_1+\sigma_2}{2}\right)^2\geqslant\left(\frac{\sigma_1-\sigma_2}{2}\right)^2\end{aligned}\right\} \tag{2.90'}$$

式(2.90′)即为平面应力圆的表达式，其平面应力图如图2.19所示。

由图2.19可直接得到式(2.83)和式(2.86)的结果。

任意截面上的主应力都在圆的阴影面积之内，可见最大剪应力为

$$\tau_{n\max}=\frac{\sigma_1-\sigma_3}{2} \tag{2.91*}$$

即最大剪应力为最大主应力与最小主应力之差的1/2。

这时，截面上的正应力为

$$\sigma_n=\frac{\sigma_1+\sigma_3}{2} \tag{2.92*}$$

截面的法线方向与1,2,3轴的夹角可由式(2.89)求得

$$\left.\begin{aligned}&\cos(n,1)=\pm\frac{\sqrt{2}}{2}\rightarrow(n,1)=\pm\frac{\pi}{4}\\&\cos(n,2)=0\rightarrow(n,2)=\pm\frac{\pi}{2}\\&\cos(n,3)=\pm\frac{\sqrt{2}}{2}\rightarrow(n,3)=\pm\frac{\pi}{4}\end{aligned}\right\} \tag{2.93}$$

由式(2.93)可知,最大剪应力所在的平面的法线 n,在坐标轴 1,3 所确定的平面内,且与 1 和 3 的夹角都为 $\pm\frac{\pi}{4}$,如图 2.20 所示。

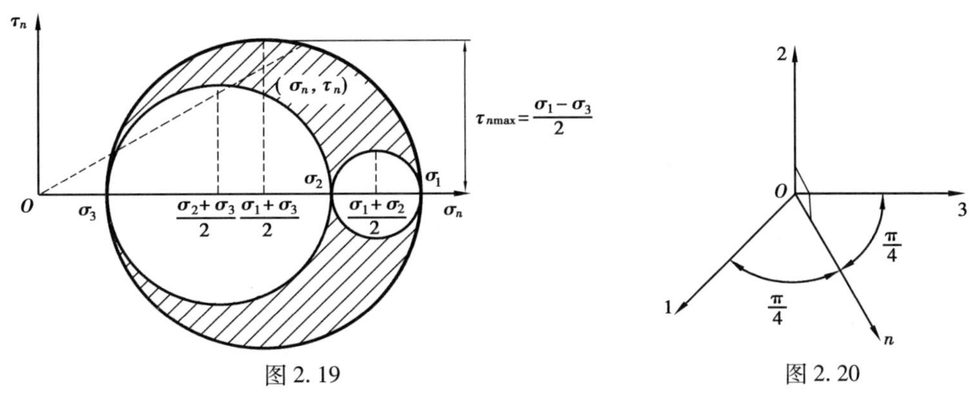

图 2.19　　　　图 2.20

2.10　主应矩与应矩状态不变量

从图 2.18 与图 2.21 可知,应力矢量与应矩矢量状态图形式完全一样,因此可仿照应力的分析(详见本章 2.8 节)来推导出主应矩及应矩状态的不变量。

任一截面的法线方向为 $\vec{n}$,截面只有法线方向扭应矩 m_n,其弯应矩为零,则 m_n 为主应矩,如图 2.21所示。

方向余弦在满足 $\cos^2(n,x)+\cos^2(n,y)+\cos^2(n,z)=1$ 的条件时,主应矩 m_n 满足行列式

$$\begin{vmatrix} (m_{xx}-m_n) & m_{yx} & m_{zx} \\ m_{xy} & (m_{yy}-m_n) & m_{zy} \\ m_{xz} & m_{yz} & (m_{zz}-m_n) \end{vmatrix}=0 \tag{2.94}$$

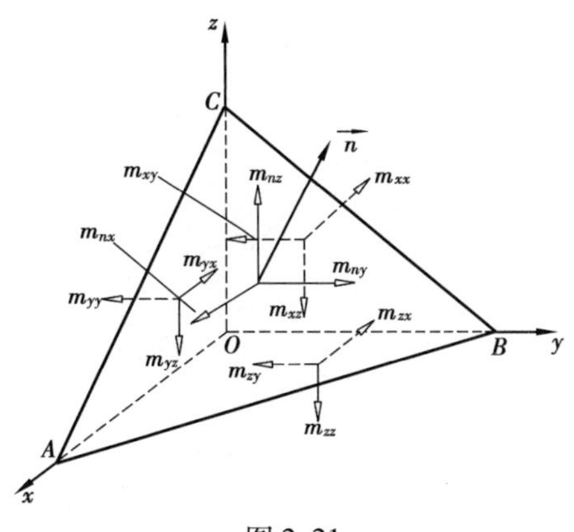

图 2.21

展开行列式(2.94)得

$$m_n^3-A_1m_n^2+A_2m_n-A_3=0 \tag{2.95}$$

式中

$$\left.\begin{aligned} A_1 &= m_{xx} + m_{yy} + m_{zz} \\ A_2 &= \begin{vmatrix} m_{xx} & m_{yx} \\ m_{xy} & m_{yy} \end{vmatrix} + \begin{vmatrix} m_{yy} & m_{zy} \\ m_{yz} & m_{zz} \end{vmatrix} + \begin{vmatrix} m_{zz} & m_{zx} \\ m_{xz} & m_{xx} \end{vmatrix} \\ &= m_{xx}m_{yy} + m_{yy}m_{zz} + m_{zz}m_{xx} - m_{xy}m_{yx} - m_{yz}m_{zy} - m_{xz}m_{zx} \\ A_3 &= \begin{vmatrix} m_{xx} & m_{yx} & m_{zx} \\ m_{xy} & m_{yy} & m_{zy} \\ m_{xz} & m_{yz} & m_{zz} \end{vmatrix} \\ &= m_{xx}m_{yy}m_{zz} + m_{xy}m_{yz}m_{zx} + m_{yx}m_{zy}m_{xz} - m_{xx}m_{yz}m_{zy} - \\ &\quad m_{yy}m_{zx}m_{xz} - m_{zz}m_{xy}m_{yx} \end{aligned}\right\} \tag{2.96}$$

与主应力一样,设互相垂直的 3 个主应矩为 m_1, m_2, m_3,则它们也是式(2.95)的 3 个根,故可将方程写为

$$(m_n - m_1)(m_n - m_2)(m_n - m_3) = 0 \tag{2.97a}$$

展开式(2.97a)可得

$$m_n^3 - (m_1 + m_2 + m_3)m_n^2 - (m_1m_2 + m_2m_3 + m_3m_1)m_n - m_1m_2m_3 = 0 \tag{2.97b}$$

由式(2.97b)与式(2.95)可得

$$\left.\begin{aligned} A_1' &= m_1 + m_2 + m_3 \\ A_2' &= m_1m_2 + m_2m_3 + m_3m_1 \\ A_3' &= m_1m_2m_3 \end{aligned}\right\} \tag{2.98}$$

A_1, A_2, A_3 和 A_1', A_2', A_3' 与应力状态不变量 I_1, I_2, I_3 一样,不随坐标变换而改变,故相应地分别称其为应矩第一、第二、第三状态不变量。

2.11 应矩状态分析

2.11.1 任意截面上的扭应矩与主应矩间的关系

任意截面上的扭应矩为 m_α,m_n 为法线 n 方向上的应矩分量,截面的弯应矩为零,如图 2.22 所示。

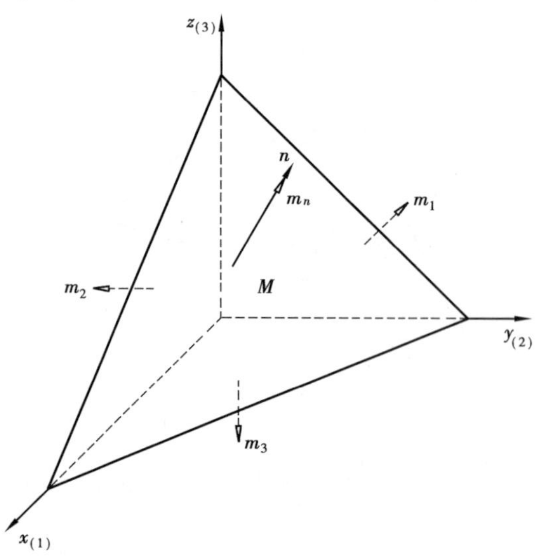

图 2.22

设应矩状态的 3 个主应矩为 m_1,m_2,m_3，且 $m_1=m_{xx},m_2=m_{yy},m_3=m_{zz}$。$x,y,z$ 坐标选择与 m_1，m_2,m_3 方向一致，则

$$m_\alpha = m_n$$

$$m_{xy}=m_{yx}=m_{yz}=m_{zy}=m_{xz}=m_{zx}=0$$

根据任意截面上的应力与主应力间的关系式(2.80)类比，可得

$$m_n = m_1\cos^2(n,1)+m_2\cos^2(n,2)+m_3\cos^2(n,3) \tag{2.99a}$$

消去一个方向余弦

$$m_n = m_1-(m_1-m_2)\cos^2(n,2)-(m_1-m_3)\cos^2(n,3) \tag{2.99b}$$

或者

$$m_n=(m_1-m_3)\cos^2(n,1)+(m_2-m_3)\cos^2(n,2)+\cos^2(n,3) \tag{2.99c}$$

由于式(2.99b)和式(2.99c)相等，分析可得

$$m_1 \geqslant m_n \geqslant m_3 \tag{2.100}$$

式(2.100)说明，斜截面上的扭应矩介于最大主应矩 m_1 和最小主应矩 m_3 之间，并且得出最大主应矩 m_1 也是主应矩的最大值；最小主矩 m_3 也是主应矩的最小值。

由式(2.8)可得，截面上总扭应矩为

$$m_n^2=(m_1 l)^2+(m_2 m)^2+(m_3 n)^2 \tag{2.101a}$$

消去一个方向余弦，则

$$m_n^2=m_1^2-(m_1^2-m_2^2)\cos^2(n,2)-(m_1^2-m_3^2)\cos^2(n,3) \tag{2.101b}$$

或者

$$m_n^2=(m_1^2-m_3^2)\cos^2(n,1)+(m_2^2-m_3^2)\cos^2(n,2)+m_3^2 \tag{2.101c}$$

分析式(2.101)可得出应矩状态的第一个特点，设

$$|m_1| \geqslant |m_2| \geqslant |m_3|$$

则

$$|m_1| \geqslant |m_n| \geqslant |m_3| \tag{2.102}$$

式(2.102)说明，任意斜截面上的总应矩的绝对值介于最大主应矩的绝对值与最小主应矩的绝对值之间。

2.11.2　任意截面上主应矩(扭应矩)与微元体主应矩间的关系

图 2.22 中，把任意斜面上的扭应矩 m_α 向该平面法线方向 $\vec{n}$ 投影，可得到主应矩 m_n(扭应矩)，类比任意斜截面上的主应力式(2.80)可得

$$m_n=m_1 l^2+m_2 m^2+m_3 n^2 \tag{2.103a}$$

同时，方向余弦必须满足

$$l^2+m^2+n^2=1 \tag{2.104}$$

消去一个方向余弦，则式(2.103a)可表示为

$$m_n=m_1-(m_1-m_2)m^2-(m_1-m_3)n^2 \tag{2.103b}$$

或者

$$m_n=(m_1-m_3)l^2+(m_2-m_3)m^2+m_3 \tag{2.103c}$$

分析可得，若

$$|m_1| \geqslant |m_2| \geqslant |m_3|$$

则

$$|m_1| \geqslant |m_n| \geqslant |m_3| \tag{2.105}$$

式(2.105)说明,3 个主应矩之中 m_1 是最大值,m_3 是最小值,任一斜截面上的主应矩介于最大值和最小值之间。

2.11.3 任意斜截面上的弯应矩的求法

任意斜截面上的弯应矩的求法为

$$m_w^2 = m_\alpha^2 - m_n^2 \tag{2.106}$$

方向余弦可由式(2.103a)、式(2.103b)和式(2.104)联立求得

$$\left.\begin{aligned}&m_1^2\cos^2(n,1)+m_2^2\cos^2(n,2)+m_3^2\cos^2(n,3)=m_n^2+m_w^2\\&m_1\cos^2(n,1)+m_2\cos^2(n,2)+m_3\cos^2(n,3)=m_n\\&\cos^2(n,1)+\cos^2(n,2)+\cos^2(n,3)=1\end{aligned}\right\} \tag{2.107}$$

由式(2.107),解出方向余弦表达式为

$$\left.\begin{aligned}\cos^2(n,1)&=\frac{m_w^2+(m_n-m_2)(m_n-m_3)}{(m_1-m_2)(m_1-m_3)}\\\cos^2(n,2)&=\frac{m_w^2+(m_n-m_3)(m_n-m_1)}{(m_2-m_3)(m_2-m_1)}\\\cos^2(n,3)&=\frac{m_w^2+(m_n-m_1)(m_n-m_2)}{(m_3-m_1)(m_3-m_2)}\end{aligned}\right\} \tag{2.108}$$

任意斜截面上的应矩可用应矩圆表示,其表达式推导如下:

设 $m_1>m_2>m_3$,则由式(2.108)推出下面结论

$$\left.\begin{aligned}m_w^2+(m_n-m_2)(m_n-m_3)\geqslant 0\\m_w^2+(m_n-m_3)(m_n-m_1)\leqslant 0\\m_w^2+(m_n-m_1)(m_n-m_2)\geqslant 0\end{aligned}\right\} \tag{2.109}$$

式(2.109)可改写为

$$\left.\begin{aligned}m_w^2+\left(m_n-\frac{m_2+m_3}{2}\right)^2\geqslant\left(\frac{m_2-m_3}{2}\right)^2\\m_w^2+\left(m_n-\frac{m_1+m_3}{2}\right)^2\leqslant\left(\frac{m_1-m_3}{2}\right)^2\\m_w^2+\left(m_n-\frac{m_1+m_2}{2}\right)^2\geqslant\left(\frac{m_1-m_2}{2}\right)^2\end{aligned}\right\} \tag{2.110}$$

式(2.110)就是应矩圆的表达式,其平面应矩图如图 2.23 所示。

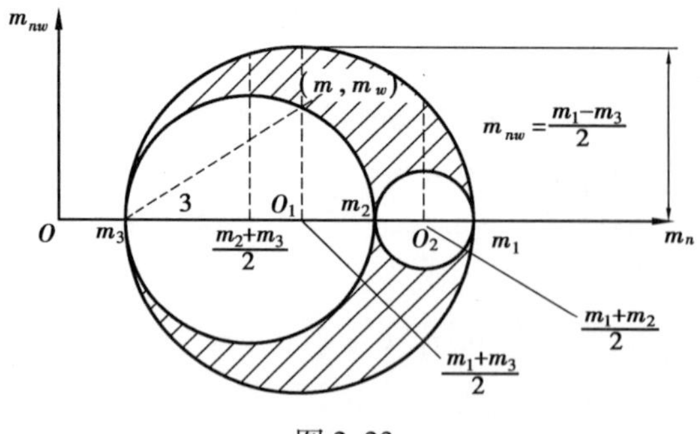

图 2.23

由图 2.23 可得

$$m_1\geqslant m_n\geqslant m_3 \tag{2.111}$$

式(2.111)说明,任意截面上的主应矩介于最大正应矩和最小正应矩之间,且有

$$|m_1| \geqslant |m_\alpha| \geqslant |m_3| \tag{2.112}$$

任意截面上的主应矩都在圆的阴影面积之内,可知最大弯应矩为

$$m_{w\max} = \frac{m_1 - m_3}{2} \tag{2.113}^*$$

即最大弯应矩为最大主应矩与最小主应矩之差的 1/2。

此时的正应矩(扭应矩)为

$$m_n = \frac{m_1 + m_3}{2} \tag{2.114}^*$$

而其截面的方向余弦,可从式(2.108)中求得

$$\left.\begin{aligned} &\cos(n,1) = \pm\frac{\sqrt{2}}{2} \rightarrow (n,1) = \pm\frac{\pi}{4} \\ &\cos(n,2) = 0 \rightarrow (n,2) = \frac{\pi}{2} \\ &\cos(n,3) = \pm\frac{\sqrt{2}}{2} \rightarrow (n,3) = \pm\frac{\pi}{4} \end{aligned}\right\} \tag{2.115}$$

式(2.115)表明,主平面法线 n 在(1,3)平面内,且与 1 和 3 夹角都为 $\pm\frac{\pi}{4}$,n 与 2 的夹角为 $\frac{\pi}{2}$,如图 2.20 所示。

第 3 章 变形几何理论

由于现行弹性力学中的变形理论只是从几何学观点出发,分析研究物体的变形,而不涉及产生变形的原因和材料的物理性质,因此,变形的一切结论都适用于新弹性理论。为了运用方便,把重要结论和公式摘录于本章。详细推导过程,请参考钱伟长、叶开沅《弹性力学》。

3.1 位移与应变量

3.1.1 位 移

设物体内任一点 A 变形后移到 A',如图 3.1 所示。设位移为 AA',沿坐标轴 x,y,z 的位移分量为 u,v,w,则有

$$\left.\begin{aligned}u&=u(x,y,z)\\v&=v(x,y,z)\\w&=w(x,y,z)\end{aligned}\right\}\tag{3.1}$$

3.1.2 正应变分量

微正六面体($\mathrm{d}x\mathrm{d}y\mathrm{d}z$),微小变形后边长为$(\mathrm{d}x+\Delta\mathrm{d}x)$,$(\mathrm{d}y+\Delta\mathrm{d}y)$,$(\mathrm{d}z+\Delta\mathrm{d}z)$,如图 3.2 所示,则 x,y,z 方向的正应变分量为

$$\left.\begin{aligned}\varepsilon_x&=\frac{\Delta\mathrm{d}x}{\mathrm{d}x}\\\varepsilon_y&=\frac{\Delta\mathrm{d}y}{\mathrm{d}y}\\\varepsilon_z&=\frac{\Delta\mathrm{d}z}{\mathrm{d}z}\end{aligned}\right\}\tag{3.2}$$

微单元体各面间直角的改变量称为角应变,如图 3.3 所示。角应变 $\gamma_{xy}=\gamma_{yx}=\alpha+\beta$,规定直角减小时角应变为正,直角增大时角应变为负,则

$$\left.\begin{aligned}\gamma_{xy}&=\gamma_{yx}\\\gamma_{yz}&=\gamma_{zy}\\\gamma_{xz}&=\gamma_{zx}\end{aligned}\right\}\tag{3.3}$$

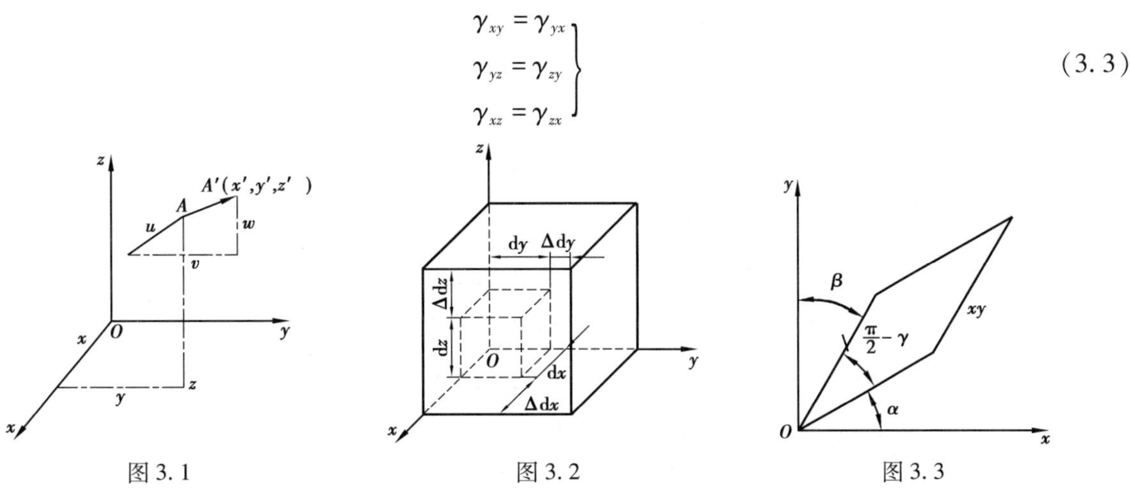

图3.1　　图3.2　　图3.3

3.2　应变分量与位移分量间的微分关系

现行弹性力学推导出应变分量与位移分量之间的关系为

$$\left.\begin{aligned}\varepsilon_x&=\frac{\partial u}{\partial x},\gamma_{xy}=\gamma_{yx}=\frac{\partial V}{\partial x}+\frac{\partial u}{\partial y}\\\varepsilon_y&=\frac{\partial V}{\partial y},\gamma_{yz}=\gamma_{zy}=\frac{\partial w}{\partial y}+\frac{\partial V}{\partial z}\\\varepsilon_z&=\frac{\partial w}{\partial z},\gamma_{xz}=\gamma_{zx}=\frac{\partial u}{\partial z}+\frac{\partial w}{\partial x}\end{aligned}\right\}\tag{3.4}$$

式(3.4)称为几何方程。

3.3　应变分析

设物体内任一点 P 的 $\varepsilon_x,\varepsilon_y,\varepsilon_z,\gamma_{xy},\gamma_{yz},\gamma_{zx}$ 为已知(见图3.4),求 P 点沿 $\vec{n}$ 方向任一微段 PN 的正应变 ε_n。

设 PN 的方向余弦为

$$\cos(n,x)=l$$
$$\cos(n,y)=m$$
$$\cos(n,z)=n$$

设变形后的方向余弦为

$$\cos(n_1,x),\cos(n_1,y),\cos(n_1,z)$$

则

$$\mathrm{d}x=\mathrm{d}s\cos(n,x),\mathrm{d}y=\mathrm{d}s\cos(n,y),\mathrm{d}z=\mathrm{d}s\cos(n,z)\tag{3.5}$$

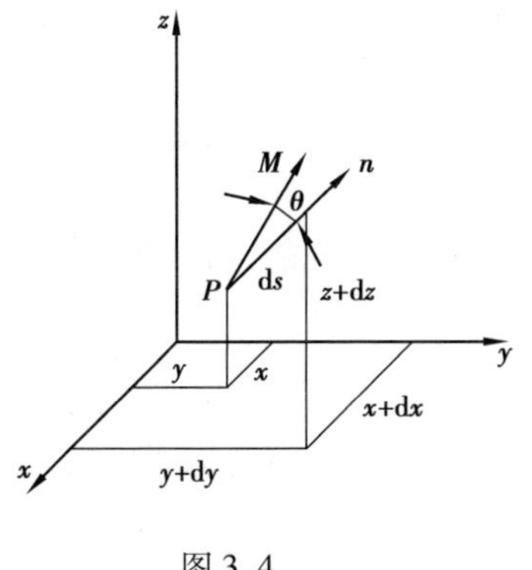

图3.4

正应变 ε_n 为

$$\varepsilon_n=\varepsilon_x l^2+\varepsilon_y m^2+\varepsilon_z n^2+\gamma_{xy}lm+\gamma_{yz}mn+\gamma_{xz}ln\tag{3.6}$$

详细推导过程见《弹性力学应变分析》。

现在求 P 点两个微段 PN 与 PM 间夹角的改变量,设 PM 的方向余弦为

$$\cos(m,x),\cos(m,y),\cos(m,z)$$

则变形后的方向余弦为

$$\left.\begin{aligned}
\cos(n_1,x) &= \frac{\mathrm{d}x+\frac{\partial u}{\partial x}\mathrm{d}x+\frac{\partial u}{\partial y}\mathrm{d}y+\frac{\partial u}{\partial z}\mathrm{d}z}{\mathrm{d}s(1+\varepsilon_n)}\\
\cos(n_1,y) &= \frac{\mathrm{d}y+\frac{\partial v}{\partial x}\mathrm{d}x+\frac{\partial v}{\partial y}\mathrm{d}y+\frac{\partial v}{\partial z}\mathrm{d}z}{\mathrm{d}s(1+\varepsilon_n)}\\
\cos(n_1,z) &= \frac{\mathrm{d}z+\frac{\partial w}{\partial x}\mathrm{d}x+\frac{\partial w}{\partial y}\mathrm{d}y+\frac{\partial w}{\partial z}\mathrm{d}z}{\mathrm{d}s(1+\varepsilon_n)}
\end{aligned}\right\}\tag{3.7}$$

把式(3.5)代入式(3.7),并注意到 ε_n 是微量,可得

$$\left.\begin{aligned}
\cos(n_1,x) &= \left(1-\varepsilon_n+\frac{\partial u}{\partial x}\right)l+\frac{\partial u}{\partial y}m+\frac{\partial u}{\partial z}n\\
\cos(n_1,y) &= \frac{\partial v}{\partial x}l+\left(1-\varepsilon_n+\frac{\partial v}{\partial y}\right)m+\frac{\partial v}{\partial z}n\\
\cos(n_1,z) &= \frac{\partial w}{\partial x}l+\frac{\partial w}{\partial y}m+\left(1-\varepsilon_n+\frac{\partial w}{\partial z}\right)n
\end{aligned}\right\}\tag{3.8}$$

设 PM 变形后的方向余弦为

$$\cos(m_1,x),\cos(m_1,y),\cos(m_1,z)$$

则

$$\left.\begin{aligned}
\cos(m_1,x) &= \cos(m,x)\left(1-\varepsilon_m+\frac{\partial u}{\partial x}\right)+\cos(m,y)\frac{\partial u}{\partial y}+\cos(m,z)\frac{\partial u}{\partial z}\\
\cos(m_1,y) &= \cos(m,x)\frac{\partial v}{\partial x}+\cos(m,y)\left(1-\varepsilon_m+\frac{\partial v}{\partial y}\right)+\cos(m,z)\frac{\partial v}{\partial z}\\
\cos(m_1,z) &= \cos(m,x)\frac{\partial w}{\partial x}+\cos(m,y)\frac{\partial w}{\partial y}+\cos(m,z)\left(1-\varepsilon_m+\frac{\partial w}{\partial z}\right)
\end{aligned}\right\}\tag{3.9}$$

式中　ε_m——PM 的正应变。

令 PN 和 PM 变形后夹角为 θ_1,则

$$\cos\theta_1=\cos(n_1,x)\cos(m_1,x)+\cos(n_1,y)\cos(m_1,y)+\cos(n_1,z)\cos(m_1,z)\tag{3.10}$$

把式(3.8)、式(3.9)代入式(3.10),并注意到微小变量 ε_n 和 ε_m,且设

$$\cos(m,x)=l_m,\ \cos(m,y)=m_m,\ \cos(m,z)=n_m$$

得

$$\begin{aligned}
\cos\theta_1 =& (ll_m+mm_m+nn_m)(1-\varepsilon_n-\varepsilon_m)+2\left(ll_m\frac{\partial u}{\partial x}+mm_m\frac{\partial v}{\partial y}+nn_m\frac{\partial w}{\partial z}\right)+\\
&(lm_m+ml_m)\left(\frac{\partial v}{\partial x}+\frac{\partial u}{\partial y}\right)+(mn_m+nm_m)\left(\frac{\partial w}{\partial y}+\frac{\partial v}{\partial z}\right)+\\
&(ln_m+nl_m)\left(\frac{\partial u}{\partial z}+\frac{\partial w}{\partial x}\right)
\end{aligned}\tag{3.11}$$

把式(3.4)及 $\cos\theta=ll_m+mm_m+nn_m$ 代入式(3.11),可得

$$\begin{aligned}
\cos\theta_1 =& (1-\varepsilon_n-\varepsilon_m)\cos\theta+2(ll_m\varepsilon_x+mm_m\varepsilon_y+nn_m\varepsilon_z)+\\
&(lm_m+l_m m)\gamma_{xy}+(mn_m+m_m n)\gamma_{yz}+(ln_m+nl_m)\gamma_{xz}
\end{aligned}\tag{3.12}$$

求出 θ_1,即可求得 PN 与 PM 间夹角的改变量 $\theta_1-\theta$。如果变形前 $PN\perp PM$,即 $\theta=\pi/2$,则剪应变为

$$\gamma_{mn}=\frac{\pi}{2}-\theta_1$$

因而

$$\cos\theta_1=\cos\left(\frac{\pi}{2}-\gamma_{mn}\right)=\sin\gamma_{mn}\approx\gamma_{mn}$$

把上式代入式(3.12)，且忽略微小量 ε_n 和 ε_m，可得

$$\gamma_{mn}=2(ll_m\varepsilon_x+mm_m\varepsilon_y+nn_m\varepsilon_z)+(lm_m+l_mm)\gamma_{xy}+(mn_m+m_mn)\gamma_{yz}+(ln_m+l_mn)\gamma_{xz}\tag{3.13}$$

通过以上分析，可得出以下两个结论：

①当物体内任一点 $\varepsilon_x,\varepsilon_y,\varepsilon_z,\gamma_{xy},\gamma_{yz},\gamma_{zx}$ 已知时，经过该点任一线段的正应变 ε_n 和经过该点任意两线间夹角的改变量都可求得。

②由于求任意方向的正应变 ε_n 和求任意截面上的正应力 σ_n 的公式在数学形式上相似，求 γ_{mn} 和求剪应力 τ_{mn} 的公式在数学形式上也相似(见 2.1 节式(a))。因此，应变也有和应力一样的张量形式，只不过把 σ 改成 ε，τ 改成 $\gamma/2$(角应变前乘以 1/2 是为了使应变张量的运算规律与应力张量的运算规律在数学形式上完全相似)。

$$\begin{vmatrix}\varepsilon_x & \frac{1}{2}\gamma_{xy} & \frac{1}{2}\gamma_{xz}\\ \frac{1}{2}\gamma_{yx} & \varepsilon_y & \frac{1}{2}\gamma_{yz}\\ \frac{1}{2}\gamma_{zx} & \frac{1}{2}\gamma_{zy} & \varepsilon_z\end{vmatrix}\tag{3.14}$$

应变张量也是二阶对称张量。

3.4　主应变、应变不变量、体积应变

3.4.1　主应变 ε_n

由于应变和应力张量形式一样，因此，任意方向的应变表达式有类似主应力的主应变，也有 3 个互相垂直的主方向和类似应力状态不变量的应变状态不变量。参照第 2 章 2.8 节求任意截面上正应力 σ_n 的行列式[式(2.75)]，则 ε_n 的主应变行列式为

$$\begin{vmatrix}\varepsilon_x-\varepsilon_n & \frac{1}{2}\gamma_{xy} & \frac{1}{2}\gamma_{zx}\\ \frac{1}{2}\gamma_{xy} & \varepsilon_y-\varepsilon_n & \frac{1}{2}\gamma_{yz}\\ \frac{1}{2}\gamma_{zx} & \frac{1}{2}\gamma_{yz} & \varepsilon_z-\varepsilon_n\end{vmatrix}=0\tag{3.15}$$

展开后可得

$$\varepsilon_n^3-J_1\varepsilon_n^2+J_2\varepsilon_n-J_3=0\tag{3.16}$$

3.4.2　应变状态不变量 J_1,J_2,J_3

由式(3.15)可得，式(3.16)中

$$\left.\begin{aligned}J_1&=\varepsilon_x+\varepsilon_y+\varepsilon_z\\J_2&=\varepsilon_x\varepsilon_y+\varepsilon_y\varepsilon_z+\varepsilon_z\varepsilon_x-\frac{1}{4}(\gamma_{xy}^2+\gamma_{xz}^2+\gamma_{yz}^2)\\J_3&=\varepsilon_x\varepsilon_y\varepsilon_z+\frac{1}{4}\gamma_{xy}\gamma_{yz}\gamma_{zx}-\frac{1}{4}(\varepsilon_x\gamma_{yz}^2+\varepsilon_y\gamma_{xz}^2+\varepsilon_z\gamma_{xy}^2)\end{aligned}\right\}\tag{3.17}$$

由以上3个公式可知，在给定的应变状态下，正应变与角应变给定时，不论坐标如何变化，J_1,J_2,J_3不随坐标变化而改变，故J_1,J_2,J_3分别称为应变状态第一、第二、第三不变量。

设$\varepsilon_1,\varepsilon_2,\varepsilon_3$为主应变，则式(3.16)可写为

$$(\varepsilon_n-\varepsilon_1)(\varepsilon_n-\varepsilon_2)(\varepsilon_n-\varepsilon_3)=0\tag{3.18}$$

式(3.17)可写为

$$\left.\begin{aligned}J_1&=\varepsilon_1+\varepsilon_2+\varepsilon_3\\J_2&=\varepsilon_1\varepsilon_2+\varepsilon_2\varepsilon_3+\varepsilon_3\varepsilon_1\\J_3&=\varepsilon_1\varepsilon_2\varepsilon_3\end{aligned}\right\}\tag{3.19}$$

仿照应力状态的应力圆建立应变圆，用ε代替σ，用$\frac{\gamma}{2}$代替τ可建立$\varepsilon-\frac{\gamma}{2}$对应关系的应变圆图(见图3.5)，对比应力圆图可得

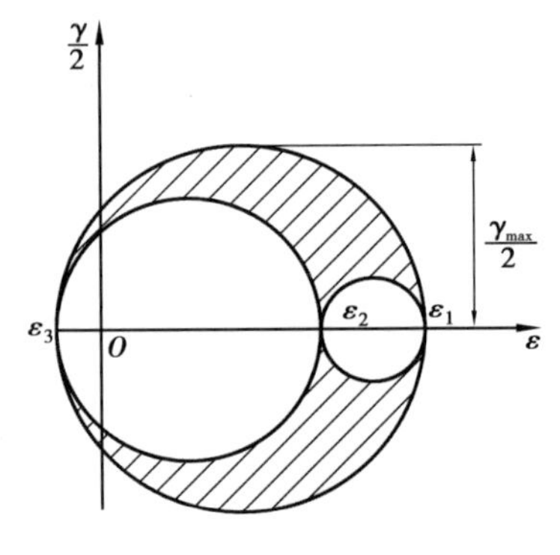

图3.5

$$\varepsilon_{n\max}=\varepsilon_1\tag{3.20}$$

$$\varepsilon_{n\min}=\varepsilon_3\tag{3.21}$$

$$\gamma_{\max}=\frac{\varepsilon_1-\varepsilon_3}{2}\times2=\varepsilon_1-\varepsilon_3\tag{3.22}^*$$

3.4.3 体积应变

设微正六面体变形前体积为$\mathrm{d}v=\mathrm{d}x\mathrm{d}y\mathrm{d}z$，将坐标轴$x,y,z$放在主应变1,2,3方向上。设微正六面体变形后体积为

$$\mathrm{d}v^*=\mathrm{d}x(1+\varepsilon_1)\mathrm{d}y(1+\varepsilon_2)\mathrm{d}z(1+\varepsilon_3)$$

则单位体积改变量e就是体积应变，即

$$e=\frac{\mathrm{d}v^*-\mathrm{d}v}{\mathrm{d}v}=\varepsilon_1+\varepsilon_2+\varepsilon_3+\varepsilon_1\varepsilon_2+\varepsilon_2\varepsilon_3+\varepsilon_3\varepsilon_1+\varepsilon_1\varepsilon_2\varepsilon_3\tag{3.23}$$

在小变形时

$$e=J_1=\varepsilon_1+\varepsilon_2+\varepsilon_3=\varepsilon_x+\varepsilon_y+\varepsilon_z\tag{3.24}$$

式(3.24)表明了应变第一不变量J_1的明显几何意义，它是体积应变或单位体积应变。

3.5 应变张量、球形张量和偏斜应变张量及不变量[2]

对比应力张量，将应变张量也分解为两个张量

$$\begin{pmatrix}\varepsilon_x&\frac{1}{2}\gamma_{xy}&\frac{1}{2}\gamma_{xz}\\\frac{1}{2}\gamma_{yx}&\varepsilon_y&\frac{1}{2}\gamma_{yz}\\\frac{1}{2}\gamma_{zx}&\frac{1}{2}\gamma_{zy}&\varepsilon_z\end{pmatrix}=\begin{pmatrix}\varepsilon_x-\varepsilon_m&\frac{1}{2}\gamma_{xy}&\frac{1}{2}\gamma_{xz}\\\frac{1}{2}\gamma_{yx}&\varepsilon_y-\varepsilon_m&\frac{1}{2}\gamma_{yz}\\\frac{1}{2}\gamma_{zx}&\frac{1}{2}\gamma_{zy}&\varepsilon_z-\varepsilon_m\end{pmatrix}+\begin{pmatrix}\varepsilon_m&0&0\\0&\varepsilon_m&0\\0&0&\varepsilon_m\end{pmatrix}\tag{3.25}$$

式中　$\varepsilon_m = \frac{1}{3}(\varepsilon_x + \varepsilon_y + \varepsilon_z)$——平均正应变分量。

式(3.25)右端第一个张量表示该微元体仅改变其形状,不改变其体积,称为偏斜应变张量。

式(3.25)右端第二个张量表示该微元体的各方向的正应变相同,仅改变其体积不改变其形状,称为球形应变张量。

根据式(3.24),体积应变为

$$\begin{aligned} e &= (\varepsilon_x - \varepsilon_m) + (\varepsilon_y - \varepsilon_m) + (\varepsilon_z - \varepsilon_m) \\ &= \varepsilon_x + \varepsilon_y + \varepsilon_z - 3\varepsilon_m \\ &= 0 \end{aligned}$$

与偏斜应力张量相类比,可写出偏斜应变张量 3 个不变量。

1)偏斜应变张量第一不变量

由于偏斜张量的 3 个正应变之和为零,故有

$$J_1' = 0 \tag{3.26}$$

2)偏斜应变张量第二不变量

与式(3.17)相类似,参照偏斜应力张量第二不变量,可得

$$J_2' = -\frac{1}{6}\left[(\varepsilon_x - \varepsilon_y)^2 + (\varepsilon_y - \varepsilon_z)^2 + (\varepsilon_z - \varepsilon_x)^2 + \frac{3}{2}(\gamma_{xy}^2 + \gamma_{yz}^2 + \gamma_{zx}^2)\right] \tag{3.27}$$

当坐标正好取主应变方向时,则式(3.27)成为

$$J_2' = -\frac{1}{6}[(\varepsilon_1 - \varepsilon_2)^2 + (\varepsilon_2 - \varepsilon_3)^2 + (\varepsilon_3 - \varepsilon_1)^2] \tag{3.28}$$

3)偏斜应变第三不变量

$$J_3' = \begin{pmatrix} \varepsilon_x - \varepsilon_m & \frac{1}{2}\gamma_{xy} & \frac{1}{2}\gamma_{xz} \\ \frac{1}{2}\gamma_{yx} & \varepsilon_y - \varepsilon_m & \frac{1}{2}\gamma_{yz} \\ \frac{1}{2}\gamma_{zx} & \frac{1}{2}\gamma_{zy} & \varepsilon_z - \varepsilon_m \end{pmatrix} \tag{3.29}$$

若将坐标轴取主应变方向,展开行列式得

$$\begin{aligned} J_3' &= (\varepsilon_1 - \varepsilon_m)(\varepsilon_2 - \varepsilon_m)(\varepsilon_3 - \varepsilon_m) \\ &= \frac{1}{3}[(\varepsilon_1 - \varepsilon_m)^3 + (\varepsilon_2 - \varepsilon_m)^3 + (\varepsilon_3 - \varepsilon_m)^3] \end{aligned} \tag{3.30}$$

因此,偏斜应变第三不变量等于主应变与 ε_m 之差的立方的平均值。

3.6　连续变形条件

弹性力学推导出的 6 个变形方程(其中只有 3 个是独立的)为

$$
\left.\begin{aligned}
&\frac{\partial^2 \varepsilon_x}{\partial y^2}+\frac{\partial^2 \varepsilon_y}{\partial x^2}=\frac{\partial^2 \gamma_{xy}}{\partial x \partial y}\\
&\frac{\partial^2 \varepsilon_y}{\partial z^2}+\frac{\partial^2 \varepsilon_z}{\partial y^2}=\frac{\partial^2 \gamma_{yz}}{\partial y \partial z}\\
&\frac{\partial^2 \varepsilon_z}{\partial x^2}+\frac{\partial^2 \varepsilon_x}{\partial z^2}=\frac{\partial^2 \gamma_{zx}}{\partial z \partial x}\\
&\frac{\partial}{\partial z}\left(\frac{\partial \gamma_{yz}}{\partial x}+\frac{\partial \gamma_{zx}}{\partial y}-\frac{\partial \gamma_{xy}}{\partial z}\right)=2\,\frac{\partial^2 \varepsilon_z}{\partial x \partial y}\\
&\frac{\partial}{\partial x}\left(\frac{\partial \gamma_{zx}}{\partial y}+\frac{\partial \gamma_{xy}}{\partial z}-\frac{\partial \gamma_{yz}}{\partial x}\right)=2\,\frac{\partial^2 \varepsilon_x}{\partial y \partial z}\\
&\frac{\partial}{\partial y}\left(\frac{\partial \gamma_{xy}}{\partial z}+\frac{\partial \gamma_{yz}}{\partial x}-\frac{\partial \gamma_{zx}}{\partial y}\right)=2\,\frac{\partial^2 \varepsilon_y}{\partial z \partial x}
\end{aligned}\right\} \tag{3.31}
$$

式(3.31)是微元体小变形连续的充分和必要条件,即6个应变分量不能任意给定,它们必须满足以上6个变形连续方程。式(3.31)的6个方程不都是完全独立的,只相当于3个独立方程,共有6个应变分量,单靠连续变形条件不能确定6个应变分量,必须引进物理条件,才能解决弹性力学问题。

第4章 应力与应变关系

4.1 正应力正应变间关系——广义拉伸胡克定律

由单向应力状态胡克定律

$$\sigma_x = E\varepsilon_x \tag{4.1}^*$$

及泊松系数的定义

$$\mu = -\frac{\varepsilon_y'}{\varepsilon_x} \tag{4.2}^*$$

式中 ε_y'——横向线应变，称为牵连线应变。

得出复杂应力状态下正应力与线应变关系（详见刘鸿文《材料力学》中广义胡克定律推导）为

$$\varepsilon_x = \frac{1}{E}[\sigma_x - \mu(\sigma_y + \sigma_z)] \tag{4.3a}^*$$

$$\varepsilon_y = \frac{1}{E}[\sigma_y - \mu(\sigma_x + \sigma_z)] \tag{4.3b}^*$$

$$\varepsilon_z = \frac{1}{E}[\sigma_z - \mu(\sigma_x + \sigma_y)] \tag{4.3c}^*$$

式(4.3)*称为广义拉伸胡克定律。

在二向应力状态时，$\sigma_z = 0$，则式(4.3)*化简为

$$\varepsilon_x = \frac{1}{E}(\sigma_x - \mu\sigma_y) \tag{4.4a}$$

$$\varepsilon_y = \frac{1}{E}(\sigma_y - \mu\sigma_x) \tag{4.4b}$$

$$\varepsilon'_{z,xy} = -\frac{\mu}{E}(\sigma_x + \sigma_y) \tag{4.4c}$$

由式(4.4c)可知，虽然 $\sigma_z = 0$，但是在 z 方向仍然产生由 σ_x 和 σ_y 拉伸（或压缩）引起的横向线应变 $\varepsilon_{z,xy}$，将 $\varepsilon_{z,xy}$ 称为牵连线应变。$\varepsilon'_{z,xy}$ 中的第一个下标 z 表示线应变的方向，第二、第三个下标 xy 表示作用力的方向。二向应力共同作用下产生的牵连线应变为

$$\left.\begin{aligned}\sigma_x=0\text{ 时}\qquad & \varepsilon'_{x,yz}=-\frac{\mu}{E}(\sigma_y+\sigma_z)\\ \sigma_y=0\text{ 时}\qquad & \varepsilon'_{y,xz}=-\frac{\mu}{E}(\sigma_x+\sigma_z)\\ \sigma_z=0\text{ 时}\qquad & \varepsilon'_{z,xy}=-\frac{\mu}{E}(\sigma_x+\sigma_y)\end{aligned}\right\}\tag{4.5}$$

在单向拉伸(压缩)时,牵连线应变为

$$\left.\begin{aligned}\varepsilon'_{x,y}=\varepsilon'_{z,y}=-\frac{\mu}{E}\sigma_y\\ \varepsilon'_{y,x}=\varepsilon'_{z,x}=-\frac{\mu}{E}\sigma_x\\ \varepsilon'_{x,z}=\varepsilon'_{y,z}=-\frac{\mu}{E}\sigma_z\end{aligned}\right\}\tag{4.6}$$

4.2 体积应变

把式(4.3)* 各式相加得

$$\begin{aligned}\varepsilon_x+\varepsilon_y+\varepsilon_z&=\frac{1}{E}[\sigma_x+\sigma_y+\sigma_z-2\mu(\sigma_x+\sigma_y+\sigma_z)]\\&=\frac{1-2\mu}{E}(\sigma_x+\sigma_y+\sigma_z)\end{aligned}\tag{4.7}$$

设 $e=\varepsilon_x+\varepsilon_y+\varepsilon_z$,$e$ 称为体积应变。把应力第一不变量

$$I_1=\sigma_x+\sigma_y+\sigma_z$$

代入式(4.7),可得

$$e=\frac{1-2\mu}{E}I_1\tag{4.8}$$

式(4.8)说明,体积应变与3个正应力之和成正比。

令

$$K=\frac{E}{1-2\mu}\tag{4.9}$$

则

$$I_1=Ke\tag{4.10}$$

式中 K——体积弹性模量。

式(4.10)与单向拉伸相似,I_1,e 都与转动无关。

设 $\overline{\sigma}=\dfrac{\sigma_x+\sigma_y+\sigma_z}{3}$,表示空间应力状态下的平均应力,则

$$I_1=3\overline{\sigma}\tag{4.11}$$

把式(4.11)代入式(4.8),可得

$$e=\frac{3(1-2\mu)}{E}\overline{\sigma}\tag{4.12a}$$

或

$$\overline{\sigma}=\frac{E}{3(1-2\mu)}e\tag{4.12b}$$

令

$$K' = \frac{E}{3(1-2\mu)} \tag{4.13}$$

得

$$\overline{\sigma} = K'e \tag{4.14}$$

由式(4.14)可知,体积应变与平均应力成正比。

4.3　广义胡克定律的变形形式

广义胡克定律式(4.3a)* 可变形为

$$\begin{aligned} \varepsilon_x &= \frac{1}{E}[(1+\mu)\sigma_x - \mu(\sigma_x+\sigma_y+\sigma_z)] \\ &= \frac{1}{E}\left[(1+\mu)\sigma_x - \frac{\mu E}{1-2\mu}e\right] \end{aligned} \tag{4.15}$$

则

$$\sigma_x = \frac{E}{1+\mu}\varepsilon_x + \frac{\mu E}{(1+\mu)(1-2\mu)}e \tag{4.16}$$

设

$$\lambda = \frac{\mu E}{(1+\mu)(1-2\mu)} \tag{4.17}$$

则式(4.16)变为

$$\sigma_x = \frac{E}{1+\mu}\varepsilon_x + \lambda e \tag{4.18}$$

式中　λ——拉梅常数。

因为剪切弹性模量[详见第 1 章 1.7 节式(1.39′)*]

$$G = \frac{E}{2(1+\mu)}$$

由此可得

$$\left.\begin{aligned} \sigma_x &= 2G\varepsilon_x + \lambda e \\ \sigma_y &= 2G\varepsilon_y + \lambda e \\ \sigma_z &= 2G\varepsilon_z + \lambda e \end{aligned}\right\} \tag{4.19}$$

只有拉伸和剪切时,存在剪应力互等定理,则剪切定理表示为

$$\begin{aligned} \tau_{yx} &= \tau_{xy} = G\gamma_{xy} \\ \tau_{zy} &= \tau_{yz} = G\gamma_{yz} \\ \tau_{zx} &= \tau_{xz} = G\gamma_{xz} \end{aligned}$$

由式(4.17)和式(1.39)可得

$$E = \frac{G(3\lambda+2G)}{\lambda+G} \tag{4.20}$$

$$\mu = \frac{\lambda}{2(\lambda+G)} \tag{4.21}$$

把式(4.21)代入式(4.9),可得

$$K = \frac{2}{3}G + \lambda \tag{4.22}$$

现行弹性理论共引进5个弹性常数:E,μ,λ,G,K,只适用于拉伸(压缩)和剪切。其中,只有两个是独立的。可将每个弹性常数用其中另两个表示,如表4.1所示。

表4.1　E,μ,λ,G,K 间的关系

弹性常数 / 量纲 / 用两个常数表示		E	μ	λ	G	K
量纲		力/长度^2	无量纲	力/长度^2	力/长度^2	力/长度^2
λ	G	$\frac{G(3\lambda+2G)}{(\lambda+G)}$	$\frac{\lambda}{2(\lambda+G)}$	—	—	$\frac{3\lambda+2G}{3}$
	E	—	$\frac{2\lambda}{A+E+\lambda}$	—	$\frac{A+E-3\lambda}{4}$	$\frac{A+E+3\lambda}{6}$
	μ	$\frac{\lambda(1+\mu)(1-2\mu)}{\mu}$	—	—	$\frac{\lambda(1-2\mu)}{2\mu}$	$\frac{\lambda(1+\mu)}{3\mu}$
	K	$\frac{9K(K-\lambda)}{3K-\lambda}$	$\frac{\lambda}{3K-\lambda}$	—	$\frac{3(K-\lambda)}{2}$	—
G	E	—	$\frac{E-2G}{2G}$	$\frac{G(2G-E)}{E-3G}$	—	$\frac{GE}{3(3G-E)}$
	μ	$2(1+\mu)G$	—	$\frac{2G\mu}{1-2\mu}$	—	$\frac{2G(1+\mu)}{3(1-2\mu)}$
	K	$\frac{9KG}{3K+G}$	$\frac{3K-2G}{2(3K+G)}$	$\frac{3K-2G}{3}$	—	—
E	μ	—	—	$\frac{\mu E}{(1+\mu)(1-2\mu)}$	$\frac{E}{2(1+\mu)}$	$\frac{E}{3(1-2\mu)}$
	K	—	$\frac{3K-E}{6K}$	$\frac{3K(3K-E)}{9K-E}$	$\frac{9EK}{9K-E}$	—
μ	K	$3K(1-2\mu)$	—	$\frac{3K\mu}{1+\mu}$	$\frac{3K(1-2\mu)}{2(1+\mu)}$	—

注:$A=\sqrt{(E+\lambda)^2+8\lambda^2}$。

4.4　剪应力与角应变间关系——剪切定理

4.4.1　纯扭转不存在剪切胡克定律

剪切胡克定律是通过薄壁圆筒的扭转实验得到的实验定律,“应力不超过剪切比例极限时,剪应力与角应变成正比”[详见第1章1.7节式(1.36)],即

$$\tau = Gv$$

而新弹性理论得出纯扭转体内无剪应力,可见,用薄壁圆筒扭转得出的剪切胡克定律是不正确的。薄壁圆筒扭转得出的结论实质上是扭转定律:“在弹性限度内,扭应矩与角应变成正比”[详见第5章5.1节式(5.9)*],即

$$m_n = G_n\gamma$$

而剪应力与角应变间的关系,可从等直杆拉伸的剪应力状态中直接推导出来[见第1章1.7节式(1.40)*],即

$$\tau = G\gamma$$

式中

$$G = \frac{E}{2(1+\mu)}$$

当存在剪应力互等定理，在拉伸和压缩时，其公式为

$$\left.\begin{aligned} \tau_{xy} = \tau_{yx} = G\gamma_{xy} = G\gamma_{yx} \\ \tau_{yz} = \tau_{zy} = G\gamma_{yz} = G\gamma_{zy} \\ \tau_{xz} = \tau_{zx} = G\gamma_{zx} = G\gamma_{xz} \end{aligned}\right\} \tag{4.23}$$

当有扭转和弯曲存在时，不存在剪应力互等定理，剪切定理的形式为

$$\left.\begin{aligned} \tau_{xy} = G\gamma_{xy} \\ \tau_{yx} = G\gamma_{yx} \\ \tau_{xz} = G\gamma_{xz} \\ \tau_{zx} = G\gamma_{zx} \\ \tau_{yz} = G\gamma_{yz} \\ \tau_{zy} = G\gamma_{zy} \end{aligned}\right\} \tag{4.24}$$

式(4.23)和式(4.24)称为剪切定理。

4.4.2　剪切弹性模量的理论推导

由式(1.39)可直接求得剪切弹性模量 G。已知低碳钢

$$E = (196 \sim 216)G \qquad \text{N/m}^2$$

取平均值

$$\overline{E} = \frac{1}{2}(196 + 216) = 206G \qquad \text{N/m}^2$$

$$\mu = (0.25 \sim 0.33)$$

取平均值

$$\overline{\mu} = \frac{1}{2}(0.25 + 0.33) = 0.29$$

则

$$G = \frac{E}{2(1+\mu)} = \frac{2.06 \times 10^{11}}{2 \times (1 + 0.29)}\ \text{N/m}^2 = 8 \times 10^{10}\ \text{N/m}^2 \tag{a}^*$$

式(a)* 就是低碳钢剪切模量的理论值。它只适用于剪切，而不适用于扭转。扭转时用扭转弹性模量 G_n，其值已由实验测得(详见第 15 章实验验证 1、实验验证 2、实验验证 3)。

低碳钢 Q_{235} 的扭转弹性模量

$$G_{n235} = 2.3 \times 10^8\ \text{N/m} \tag{b}^*$$

45 号中碳钢的扭转弹性模量

$$G_{n45} = 3 \times 10^8\ \text{N/m} \tag{c}^*$$

铸铁 HT200 的扭转弹性模量

$$G_{\text{HT200}} = 1.06 \times 10^8\ \text{N/m} \tag{d}^*$$

扭转要用扭转定律，而不能用剪切定理。

第 5 章 应矩理论下的扭转

5.1 新弹性理论下薄壁圆筒扭转实验结论的修正

5.1.1 扭转变形定律及新概念

受外力偶矩 M 作用而平衡的薄壁圆筒如图 5.1 所示。其横截面上扭矩 $M_n = M$。现行弹性理论认为，横截面圆环上的剪应力 τ 产生的扭矩为

$$M_n = \pi(R_2^2 - R_1^2)\tau R \tag{5.1}$$

设壁厚 $t = R_2 - R_1$，R_1 为内径，R_2 为外径，平均半径 $R = (R_1 + R_2)/2$，则式(5.1)可表示为

$$M_n = 2\pi R^2 t\tau \tag{5.2}$$

则剪应力为

$$\tau = \frac{M_n}{2\pi R^2 t} \tag{5.3}$$

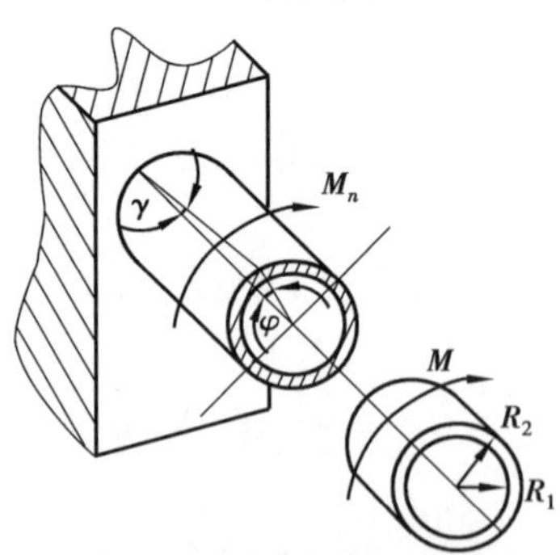

图 5.1　薄壁圆筒扭转实验

新弹性理论认为，纯扭转横截面上无剪应力，圆环上的扭矩 M_n 不是剪应力产生的，而是由扭应矩 m_n 构成的。当 t 很小时，可认为扭应矩 m_n 是沿圆环平均分布的，则扭矩为

$$M_n = 2\pi R t m_n \tag{5.4}$$

即

$$m_n = \frac{M_n}{2\pi Rt} \tag{5.5}$$

5.1.2　剪切胡克定律修正为扭转定律

剪切胡克定律的内容："剪应力低于材料比例极限时，剪应力与角应变成正比"，即（第1章式（1.36））

$$\tau = G\gamma$$

其实，该定律不是由实验直接测出来的，而是由实验结论"外力偶矩 M 与角应变 γ 成正比，即 $M = K\gamma$"推算出来的。因此，剪切胡克定律在新弹性理论下就必须加以修正。

因为 $M_n = M$，则

$$M_n = K\gamma \tag{5.6}$$

将式（5.6）代入式（5.5），可得

$$m_n = \frac{K}{2\pi Rt}\gamma \tag{5.7}$$

设

$$G_n = \frac{K}{2\pi Rt} \tag{5.8}$$

则

$$m_n = G_n\gamma \tag{5.9}^*$$

式中　G_n——新的物理量——扭转弹性模量，量纲为（N · m/m^2，简化为 N/m）。

由于式（5.8）中 K,π,R,t 都为常数，故 G_n 为常数。式（5.9）* 即为应矩理论下的扭转定律：扭应矩低于材料扭应矩比例极限时，扭应矩与角应变成正比。

5.2　圆轴扭转扭应矩与绝对变形计算

本节用应矩理论推导扭应矩与绝对扭转变形间的关系，代替剪应力与相对扭转变形间的关系，仍然采用平面假设。

5.2.1　扭转的3种变形形式

轴扭转时，根据约束可分为以下3种形式（见图5.2）：

①两端都可以自由变形。

②一端受约束，一端可自由变形。

③两端都受约束，中间部分可以变形。

5.2.2　轴扭转的中性面及绝对扭转变形

两端都可自由变形的长 l 的轴，在力偶 M 作用下，产生扭转变形（见图5.2（a）），在左端面 A 圆周上，a 点沿圆周转动到 a' 点；在右端面 B 圆周上的点 b（与 a 在同一母线上的点）沿圆周转动到 b' 点。把坐标选在 $l/2$ 处垂直面上，则扭转角 $\angle aO_1a' = \varphi_A$，$\angle bO_2b' = -\varphi_B$，且有 $|\varphi_A| = |\varphi_B|$。坐标轴左侧各横截面的扭转角 $|\varphi_{-x}|$ 从 O_1 到 O 逐渐减小；右侧各横截面上的扭转角 $|\varphi_{+x}|$ 从 O_2 到 O 也是逐渐减小；在 $l/2$ 处，$|\varphi_{-x}| = |\varphi_{+x}| = 0$。它表明，$l/2$ 处的 C 横截面为不变形的中性面，把坐标设在中性面

上,则扭转角 φ 都是对 C 中性面的绝对扭转角。对于一端固定及两端都固定的形式,若坐标设在固定端上,则其扭转角当然都是绝对扭转角,如图 5.2(b)、(c)所示。

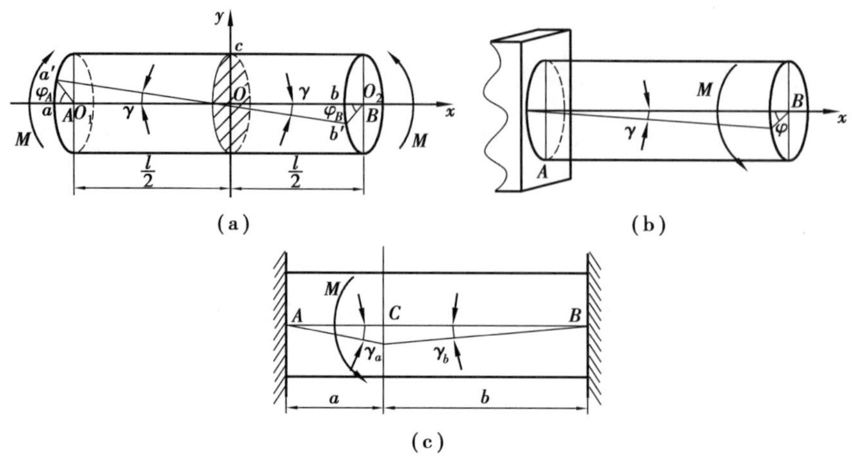

图 5.2 轴扭转的三种变形形式

5.2.3 两端自由变形的圆轴绝对扭转变形公式推导

长为 l 的圆轴,两端受力偶 M 作用产生扭转变形,$l/2$ 处垂直截面为中性面(用剖面线表示),点 a 是中性面与母线交点,如图 5.3(a)所示。距中性面 x 处,垂直截取 $\mathrm{d}x$ 段,b 点和 c 点分别为微段横截面的外圆与母线 mn 的交点。根据平面假设:除中性面不动外,所有平面都移动了一个角度:O_4 圆周上 m 点转到 m'点;O_1 圆周上 b 点转到 b'点,O_2 圆周上的 c 点转到 c'点;O_3 圆周上的 n 点转到 n'点。则点 m',a,b',c'和 n'共线,即变形后的新母线 $m'n'$是一条直线(由于变形很小,可认为是直线),两母线 mn 与 $m'n'$的夹角 γ 即为角应变。过 b'点作 $b'b''/\!/mn$,则 $\angle b''b'c'=\gamma$;连接 O_2c',则 $\angle b''O_2c'$为 $\mathrm{d}x$ 段的扭转角增量 $\mathrm{d}\varphi$;对于小变形,弧$\widehat{b'c'}=R\mathrm{d}\varphi=\gamma\mathrm{d}x$,由此可得

$$\gamma=\frac{R\mathrm{d}\varphi}{\mathrm{d}x} \tag{5.10}$$

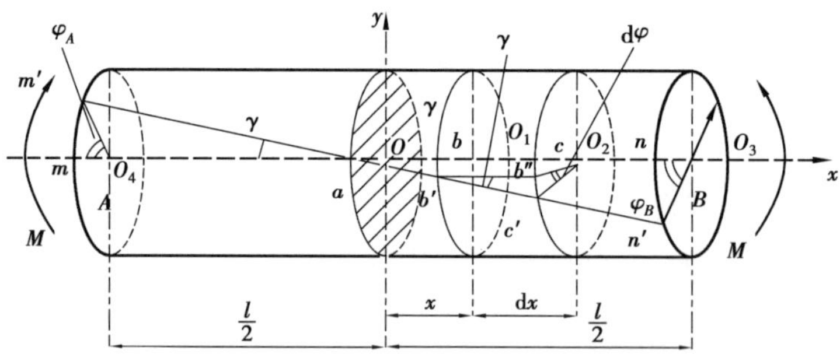

(a)半径R、角应变 γ 与绝对扭转角$\mathrm{d}\varphi$间的关系

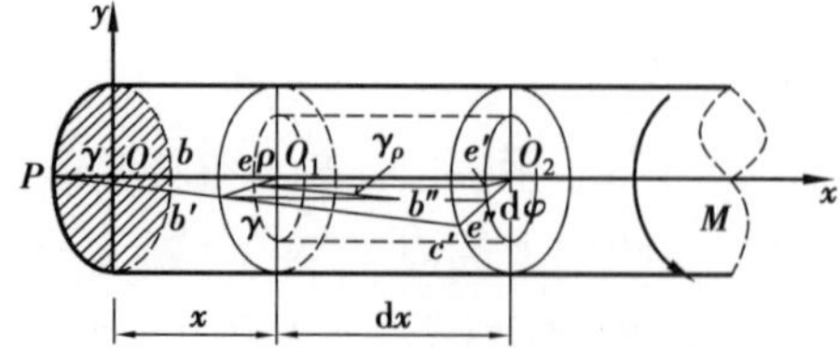

(b)半径 ρ、角应变 γ 与绝对扭转角$\mathrm{d}\varphi$间的关系

图 5.3

在 dx 段内，作一个任意半径 ρ 的内圆柱，如图 5.3(b)所示。在 dx 左端面，半径为 ρ 的小圆周与半径 O_1b'交点为 e；在 dx 右端面，半径为 ρ 的小圆周与半径 O_2b''的交点为 e'，与半径 O_2c'交点为 e''。连接 ee'及 ee''，则 $O_1e=O_2e'=O_2e''=\rho$，故$\angle e'ee''$为轴内任一点 $e(x,\rho)$的角应变 γ_ρ，弧$\overset{\frown}{e'e''}=\rho\mathrm{d}\varphi=r_\rho\mathrm{d}x$，由此可得

$$\gamma_\rho=\frac{\rho\mathrm{d}\varphi}{\mathrm{d}x} \tag{5.11}$$

式中　$\dfrac{\mathrm{d}\varphi}{\mathrm{d}x}$——单位长度绝对扭转角，对同一横截面为常量。

5.2.4　扭应矩计算公式的推导

由扭转定律

$$m_n=G_n\gamma$$

可得横截面上任一点的扭应矩 m_ρ 为

$$m_\rho=G_n\gamma_\rho \tag{5.12}$$

由式(5.11)、式(5.12)可得

$$m_\rho=G_n\rho\frac{\mathrm{d}\varphi}{\mathrm{d}x} \tag{5.13}$$

根据新弹性理论“横截面上的扭矩 M_n 是由扭应矩组成的”，设横截面面积为 A，则有

$$M_n=\iint_A m_\rho\mathrm{d}A \tag{5.14}$$

把式(5.13)代入式(5.14)，可得

$$M_n=G_n\frac{\mathrm{d}\varphi}{\mathrm{d}x}\iint_A\rho\mathrm{d}A \tag*{(5.15)*}$$

设

$$s_0=\iint_A\rho\mathrm{d}A \tag*{(5.16)*}$$

则式(5.15)*可写为

$$M_n=G_nS_0\frac{\mathrm{d}\varphi}{\mathrm{d}x} \tag{5.17}$$

式中　s_0——形心静矩。

对于实心圆轴

$$s_0=\iint_A\rho\mathrm{d}A=\frac{2\pi}{3}R^3=\frac{\pi}{12}D^3 \tag*{(5.18)*}$$

对空心圆轴

$$s_0=\iint_A\rho\mathrm{d}A=\frac{2\pi}{3}R^3(1-\alpha^3)=\frac{\pi}{12}D^3(1-\alpha^3) \tag*{(5.19)*}$$

式中

$$\alpha=\frac{\gamma}{R}=\frac{d}{D}$$

式(5.17)可变换为

$$\frac{\mathrm{d}\varphi}{\mathrm{d}x}=\frac{M_n}{G_nS_0}$$

将上式代入式(5.13)，可得

$$m_{\rho}=\frac{M_n}{s_0}\rho \tag{5.20}^*$$

式(5.20)* 即为扭应矩沿横截面分布的公式,它将取代扭转剪应力的公式。

把 $s_0=\frac{2}{3}\pi R^3$ 代入式(5.20)*,可得实心圆轴扭应矩在垂直横轴截面圆的分布规律,即

$$m_{\rho}=\frac{3M_n}{2\pi R^3}\rho \tag{5.21}^*$$

式(5.21)* 说明,扭应矩与半径成正比。

5.2.5 最大扭应矩及抗扭截面模量

由式(5.20)* 可知,最大扭应矩作用在圆周上,即 $\rho=R$ 时

$$m_{max}=\frac{M_n}{\frac{S_0}{R}} \tag{5.22}$$

设

$$W_n=\frac{s_0}{R} \tag{5.23}^*$$

则有

$$m_{\max}=\frac{M_n}{W_n} \tag{5.24}^*$$

式中 W_n——抗扭截面模量,W_n 越大则抗扭转的能力越强,因此,也可称为抗扭强度。

将式(5.17)、式(5.18)* 代入式(5.24)*,可得

对于实心圆轴

$$W_n=\frac{2}{3}\pi R^2=\frac{\pi}{6}D^2 \tag{5.25}^*$$

对于空心圆轴

$$W_n=\frac{2\pi}{3}R^2(1-\alpha^3)=\frac{\pi}{6}D^2(1-\alpha^3) \tag{5.26}^*$$

由式(5.22)可得,实心圆轴最大扭应矩

$$m_{\max}=\frac{3M_n}{2\pi R^2}=1.5\,\overline{m} \tag{5.27}^*$$

由式(5.27)* 可知,最大扭应矩是平均扭应矩 $\overline{m}$ 的 1.5 倍。

5.2.6 单位抗扭截面模量

为了对比实心圆轴与空心圆轴的抗扭强度,引入单位面积抗扭截面模量的概念,设单位抗扭截面模量为 ω_0,横截面积为 A,则

$$\omega_0=\frac{W_n}{A} \tag{5.28}$$

实心圆的单位抗扭截面模量为

$$\omega_0=\frac{\frac{2}{3}\pi R^2}{\pi R^2}=\frac{2}{3}\approx 0.67 \tag{5.29}$$

空心圆的单位抗扭截面模量为

$$\omega_\alpha = \frac{\frac{2}{3}\pi R^2(1-\alpha^3)}{\pi R^2(1-\alpha^2)} = \frac{2(1-\alpha^3)}{3(1-\alpha^2)} \tag{5.30}$$

式中

$$\alpha = \frac{\gamma}{R} = \frac{d}{D}$$

由于 $\alpha<1$，故式(5.30)中

$$1-\alpha^3 > 1-\alpha^2$$

即

$$\frac{1-\alpha^3}{1-\alpha^2} > 1$$

故

$$\omega_\alpha > \omega_0$$

上式说明，空心圆管的单位抗扭强度大于实心圆轴的单位抗扭强度。

例如，当 $\alpha = \frac{\gamma}{R} = 0.95$ 时，则

$$\omega_\alpha = \frac{2(1-0.95^3)}{3(1-0.95^2)} = \frac{2}{3}\times 1.5 = 1$$

将上式与式(5.29)对比可知，此时圆管的单位抗扭截面模量是实心圆轴的 1.5 倍。

5.2.7　扭转变形计算

由式(5.17)可求出不同变形形式的扭转角。

(1)有两个自由端时的绝对扭转角

把坐标选在中性面上，则两端面扭转角为

$$\varphi = \int_0^{\frac{l}{2}} \frac{M_n}{G_n S_0}\mathrm{d}x = \frac{M_n L}{2G_n S_0} \tag{5.31*}$$

距中性面任意位置的绝对扭转角为

$$\varphi = \int \frac{M_n}{G_n S_0}\mathrm{d}x + c \tag{5.32}$$

即

$$\varphi = \frac{M_n}{G_n S_0}x + c \tag{5.33}$$

在中性面上，$x=0$ 时，$\varphi=0$，则 $c=0$，代入式(5.33)可得

$$\varphi = \frac{M_n}{G_n S_0}x \tag{5.34}$$

式(5.34)即为距中性面为 x 处的扭转角。

(2)一端固定而另一端自由变形的绝对扭转角

坐标选在固定面上，则端面扭转角为

$$\varphi = \int_0^{l} \frac{M_n}{G_n S_0}\mathrm{d}x$$

即

$$\varphi = \frac{M_n L}{G_n S_0} \tag{5.35}$$

距固定端任意位置处的绝对扭转角为

$$\varphi = \frac{M_n}{G_n S_0} x \tag{5.36*}$$

将式(5.36)*与式(5.34)对比可知,任意截面上的扭转角公式形式相同,但是,选择的中性面不同,坐标原点不同。

(3)两端都固定的轴的绝对扭转角

这是一级静不定问题。把轴沿力偶作用处分开,构成两个一端固定,一端自由变形的轴。用式(5.36)*可求任意截面的绝对扭转角。

用绝对扭转变形求解静不定支反力,要比用相对扭转变形求解其支反力要简单、明了、易懂,如求图5.4(a)所示的支反力偶矩。

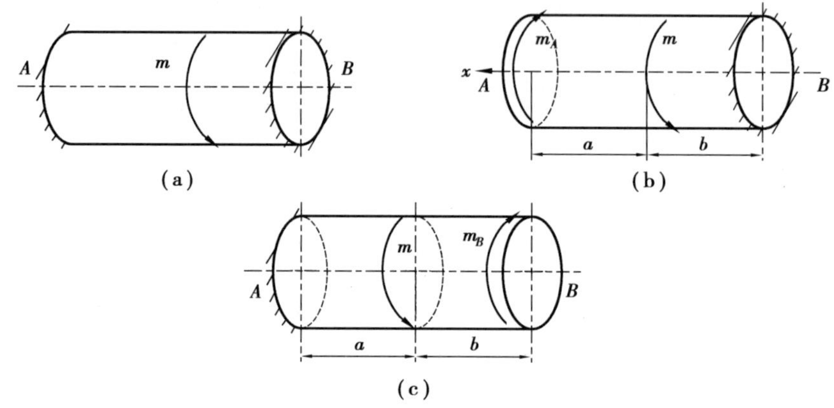

图5.4 两端都固定的轴的支反力偶矩

例5.1 两端固定的圆杆,受力偶的作用产生扭转变形(见图5.4(a)),求A,B两端的反力偶。

解 解除A端约束,代以反力偶矩m_A(见图5.4(b)),则B端为中性面,A端的绝对扭转角由式(5.36)*可得

$$\varphi_A = \frac{m_A(a+b) - mb}{G_n s_0} = 0$$

则

$$m_A = \frac{mb}{a+b}$$

同理,解除B端约束,代之以反力偶矩m_B,则B端的绝对扭转角为

$$\varphi_B = \frac{-m_B(a+b) + ma}{G_n s_0} = 0$$

则

$$m_B = \frac{ma}{a+b}$$

5.2.8 扭转弹性模量的测量

由一端固定、一端自由变形的绝对扭转角式(5.35),可得扭转弹性模量为

$$G_n = \frac{M_n L}{\varphi S_0}$$

利用上式结合实验可求得45号钢、3号钢和铸铁的扭转弹性模量值,这些值由哈尔滨工业大学和哈尔滨工程大学分别实验测得(详见第15章实验验证1、实验验证2、实验验证3)。

45 号钢的 G_n 值为

$$G_{n45}=(3.0\sim3.1)\times10^{8}\ \mathrm{N/m} \tag{5.37}$$

3 号钢的 G_n 值为

$$G_{n3}=2.3\times10^{8}\ \mathrm{N/m} \tag{5.37'}$$

铸铁的 G_n 值为

$$G_{nHT}=1.06\times10^{8}\ \mathrm{N/m} \tag{5.37''}$$

5.3　圆轴扭转扭应矩公式是唯一正确解

微分方程的特解条件:其解既满足所有的平衡微分方程,又满足所有的边界条件。这是检验解是否具有唯一性和正确性的根据。

5.3.1　满足应力应矩平衡微分方程验证

由式(5.20)* 可知,纯扭转,即只有扭应矩时

$$m_\rho=\frac{M_n}{S_0}\rho$$

其他所有的应力和应矩都为零。显然,式(2.1)* 的 3 个应力平衡方程都满足。下面验证是否满足应矩的微分方程(见图 5.5),则上式可表示为

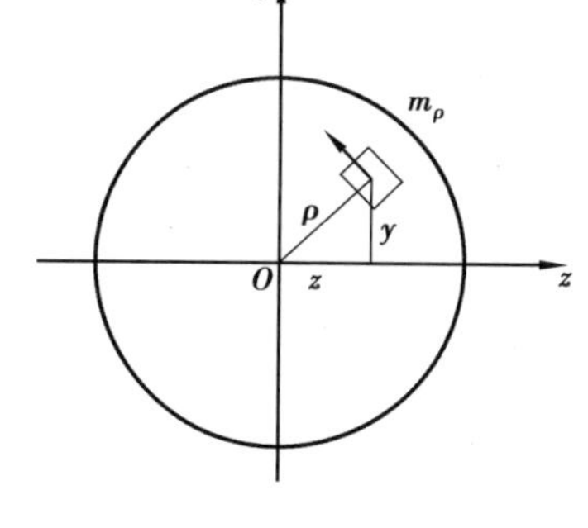

图 5.5

$$m_{xx}=\frac{M_n}{S_0}\rho=\frac{M_n}{S_0}\sqrt{y^2+z^2}$$

在此坐标下,$m_\rho=m_{xx}$。

把上式代入应矩的 3 个微分平衡方程式(2.2)* 中,式(2.2b)* 和式(2.2c)* 明显得到满足,式(2.2a)* 左边成为(直圆轴扭矩 M_n 沿 x 方向都相等)

$$\tau_{yz}-\tau_{zy}+\left(\frac{\partial m_{xx}}{\partial x}+\frac{\partial m_{yx}}{\partial y}+\frac{\partial m_{zx}}{\partial z}\right)=\frac{\partial m_{xx}}{\partial x}=\frac{\partial}{\partial x}\left(\frac{M_n}{S_0}\sqrt{y^2+z^2}\right)=0$$

因此,圆轴纯扭转时满足所有应矩平衡微分方程。

5.3.2　满足应力应矩边界条件的验证

由第 2 章 2.5 节式(2.20)* 可知,表面有应力作用的边界条件为

$$\overline{X}=\sigma_x l+\tau_{yx}m+\tau_{zx}n$$
$$\overline{Y}=\tau_{xy}l+\sigma_y m+\tau_{zy}n$$
$$\overline{Z}=\tau_{xz}l+\tau_{yz}m+\sigma_z n$$

由第 2 章 2.5 节式(2.21)* 可知,表面有应矩作用的边界条件为

$$\overline{M}_x=m_{xx}l+m_{yx}m+m_{zx}n$$
$$\overline{M}_y=m_{xy}l+m_{yy}m+m_{zy}n$$
$$\overline{M}_z=m_{xz}l+m_{yz}m+m_{zz}n$$

(1)验算应力边界条件

圆轴纯扭转时,所有表面应力都为零,即$\overline{X}=\overline{Y}=\overline{Z}=0$,且所有内力都为零。显然,应力边界条件式(2.20)* 得到满足。

(2)验算应矩的边界条件

1)柱体侧面

外应矩$\overline{M}_x = \overline{M}_y = \overline{M}_z = 0$,内应矩除 $m_{xx} \neq 0$ 外,其他都为零。

其方向余弦为

$$l = 0, \quad m \neq 0, \quad n \neq 0$$

代入应矩边界条件式(2.21)*得

$$\begin{cases} 0 = 0 \cdot m_{xx} + 0 + 0 = 0 \\ 0 = 0 + 0 + 0 = 0 \\ 0 = 0 + 0 + 0 = 0 \end{cases}$$

显然,应矩边界条件得到满足。

2)$x = 0$ 的端面

因

$$\overline{M}_y = \overline{M}_z = 0 \quad \overline{M}_x \neq 0$$

其方向余弦为

$$l = -1, m = n = 0$$

明显可知,应矩边界条件中,式(2.21b)*、式(2.21c)*得到满足。而式(2.21a)*中,表面应矩可表示为

$$-\iint_A m_{xx} \mathrm{d}A = -M_x$$

上式左端为

$$-\iint_A m_{xx} \mathrm{d}A = -\iint_A \frac{M_x}{S_0} \rho \mathrm{d}x \mathrm{d}y = -\frac{M_x}{S_0} \iint_A \rho \mathrm{d}x \mathrm{d}y = -\frac{M_x}{S_0} S_0 = -M_x$$

或者用极坐标积分可得

$$-\iint_A m_{xx} \mathrm{d}A = -\frac{M_x}{S_0} \int_0^{2\pi} \mathrm{d}\theta \int_0^R \rho^2 \mathrm{d}\rho = -\frac{M_x}{S_0} \left(\frac{2\pi}{3} R^3 \right) = -\frac{M_x}{S_0} S_0 = -M_x$$

而式(2.21a)*的右端为$-\overline{M}_x$。

显然,边界条件式(2.21a)*也得到满足。

3)$x = l$ 的端面

与 $x = 0$ 的端面一样,$\overline{M}_y = \overline{M}_z = 0$;只是 $l = 1, m = n = 0$,m_{xx}与M_x都为正值,式(2.21a)*得到满足。

结论:用应矩理论推导出来的扭应矩

$$m_{xx} = \frac{M_n}{S_0} \rho$$

满足 6 个平衡微分方程和 6 个边界条件。因此,m_{xx}是微分方程唯一的特解,满足了弹性力学解的唯一性定理,说明了应矩理论的正确性。

5.4 用综合平衡微分方程证明纯扭转体内无剪应力

现在用综合平衡微分方程来推导“纯扭转体内无剪应力”的结论。两端都可自由变形的圆轴,如图 1.19 所示。现行弹性理论认为,由于 z 轴方向的扭矩 M_z,在(xy)横截面上产生了剪应力τ_ρ,且

$$\tau_\rho = \frac{M_z}{I_P} \rho \tag{5.38}$$

设τ_ρ与 x 轴间夹角为 θ,则剪应力在 x,y 方向上的分量为

$$\tau_{zx} = \frac{M_z}{I_P}\rho \cos \theta = \frac{M_z}{I_P}x \tag{5.39}$$

$$\tau_{zy} = \frac{M_z}{I_P}\rho \sin \theta = \frac{M_z}{I_P}y \tag{5.40}$$

圆轴纯扭转时,扭应矩 $m_{zz} = \frac{M_z}{S_0}\rho = \frac{M_z}{S_0}\sqrt{x^2 + y^2}$,其余应力应矩都为零,忽略 f_x,假设$\tau_{zx} \neq 0$,$\tau_{zy} \neq 0$,则式(2.4a)* 为

$$0 + \frac{\partial \tau_{zx}}{\partial z} + \frac{\partial}{\partial y}\left[0 + 0 + 0 + \frac{\partial}{\partial z}\left(\frac{M_z}{S_0}\sqrt{x^2 + y^2}\right)\right] + 0 = 0 \tag{5.41}$$

式中,$M_z = M =$ 常量;S_0,$\sqrt{x^2 + y^2}$对 z 的偏微分都为常数,故

$$\frac{\partial}{\partial z}\left(\frac{M_z}{S_0}\sqrt{x^2 + y^2}\right) = 0 \tag{5.42}$$

则式(5.41)为

$$\frac{\partial \tau_{zx}}{\partial z} = 0$$

即

$$\tau_{zx} = C(x,y)\ (C\ 为常数) \tag{5.43}$$

式(5.43)说明,任一垂直 z 轴的横截面上,沿 z 轴方向的剪应力τ_{zx}都为同一常数。此结论也可由纯扭转扭矩图得出。

由边界条件可知,当 $x = 0$ 或 $x = 1$ 时,$\tau_{zx} = 0$,则

$$C(x,y) = 0$$

故式(5.43)为

$$\tau_{zx} = C(x,y) = 0 \tag{5.44}$$

式(5.44)说明,沿长为 l 的圆轴横截面上,其剪应力为常数,且该常数为零。同理,由综合平衡微分方程式(2.4b)* 可得

$$\tau_{zy} = C(x,y) = 0 \tag{5.45}$$

以上就是用综合平衡微分方程直接推导出的纯扭转体内无剪应力的结论,该结论也可用应力平衡微分方程式(2.2)* 及边界条件推导出来。

5.5　材料在扭转时的力学性质

圆轴扭转时,利用扭转试验机的自动绘图器记录出的扭矩 M_n 与转角 φ 间关系的曲线,如图 5.6 所示。

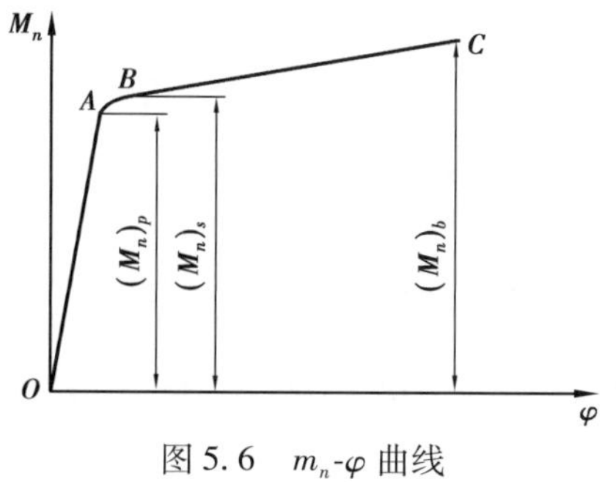

图 5.6　m_n-φ 曲线

图5.6中，OA 直线为比例极限，其扭矩就是扭矩比例极限$(M_n)_p$。B 点为屈服极限，其扭矩为扭矩屈服极限$(M_n)_s$。C 点为强度极限，其扭矩为扭矩强度极限$(M_n)_b$。

可根据 M_n-φ 曲线和表5.1中的低碳钢的扭转实验数据（哈尔滨工程大学在NJ-100B型扭转试验机上实验获得），推导出扭应矩屈服极限 m_s 和扭应矩的强度极限 m_b。

表5.1　低碳钢、铸铁扭转试验数据

数据/材料	试件直径/mm	屈服扭矩/(N·m)								平均值/(N·m)	断裂扭矩/(N·m)						屈服应矩 m_{sn}	断裂应矩 m_{bn}
低碳钢 Q235	10	38.8	37.0	38.3	42.6	39.0	41.7	39.2	40.1	39.6	85.53						5×10^5 /(N·m)	16.3×10^5
铸铁 HT200	10									45.2	44.5	54.0	42.3	48.0	39.6	42.6		8.6×10^5 /(N·m)

5.5.1　低碳钢扭应矩的屈服极限

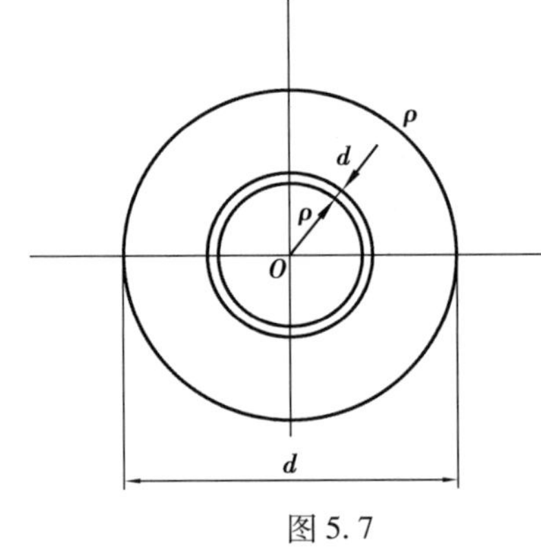

图5.7

如图5.7所示，设试样直径为 d，出现屈服时的扭矩为$(M_n)_s$，屈服应矩为 m_{sn}，在距圆心 O 为 ρ 处画圆环，其外径为 $\rho+\mathrm{d}\rho$，由平衡条件有

$$(M_n)_s=\iint_A m_{sn}\mathrm{d}A=\int_0^R m_{sn}2\pi\rho\mathrm{d}\rho=\pi R^2 m_{sn}$$

因为屈服是沿整个横截面进行的，故可认为 m_{sn} 为常数，可提出积分号外，则

$$m_{sn}=\frac{(M_n)_s}{\pi R^2}=\bar{m} \tag{5.46}$$

式(5.46)说明，屈服扭应矩等于屈服时扭矩的平均应矩。

查表5.1并代入数值，可得

$$m_{sn}=\frac{39.6}{\pi(5\times10^{-3})^2}\ \mathrm{N/m}=5\times10^5\ \mathrm{N/m} \tag{5.46′}$$

式(5.46′)即为低碳钢Q235的屈服应矩的实验值。

低碳钢的屈服应矩也可从理论上推导出来：

材料屈服时，应矩和相当剪应力（不是应力，只是表明产生和扭应矩相同角应变时，相当多大的剪应力）产生的角应变相等，则

$$\gamma_s=\frac{m_{sn}}{G_n}=\frac{\tau_s}{G}$$

即

$$m_{sn}=\frac{G_n}{G}\tau_s \tag{5.47}$$

由于屈服发生在 $\pi/4$ 的斜面上，故

$$\tau_s=\sigma_s\cos\frac{\pi}{4}=\frac{\sqrt{2}}{2}\sigma_s \tag{a}^*$$

对低碳钢Q235　$\sigma_s=235\times10^6\ \mathrm{N/m^2}$

$$\tau_s=\frac{\sqrt{2}}{2}\times235\times10^6\ \mathrm{N/m^2}\approx166\times10^6\ \mathrm{N/m^2}$$

又知，剪切弹性模量 $G=80\times10^9\ N/m^2$，低碳钢 Q235 的扭转弹性模量 $G_n=2.3\times10^8\ N/m$，45 号钢弹性模量 $G_{n45}=3.1\times10^8\ N/m$，45 号钢的 $\sigma_{s45}=353\ MPa$（详见第 15 章实验验证 2，扭转弹性模量 G_n 的测定）。

则低碳钢的屈服应矩为

$$m_s=\frac{2.3\times10^8}{80\times10^9}\times166\times10^6\ N/m\approx4.77\times10^5\ N/m\approx5\times10^5\ N/m \tag{b}^*$$

45 号钢的扭转屈服极限为

$$m_{s45}=\frac{3.1\times10^8}{80\times10^9}\times353\times10^6\times\frac{\sqrt{2}}{2}\ N/m=9.6\times10^5\ N/m \tag{c}^*$$

对比由实验测出和理论推导出的两个 m_{sn} 可知：

①Q235 低碳钢的屈服应矩实验值与理论值是相同的。

②各种材料的 m_{sn} 应由实验测得，并由式(5.46)进行计算。

有了扭应矩屈服极限后，就可确定许用扭应矩 $[m_n]$ 为

$$[m_n]=\frac{m_s}{n_s} \tag{5.48}^*$$

式中　n_s——按屈服强度确定的安全系数。对于塑性材料的静载荷一般取 $n_s=1.5\sim2.0$；对于脆性材料的动载荷一般取 $n_s=1.5\sim3.5$。

5.5.2　低碳钢扭应矩的强度极限

低碳钢屈服后，经过一段强化，达到强度极限 m_b。其应矩分布不能按平均分布计算，应按扭转定律计算，即

$$m_{bn}=\frac{(M_n)_b}{W_n}=\frac{(M_n)_b}{\frac{\pi D^2}{6}}=\frac{6(M_n)_b}{\pi D^2} \tag{5.49}$$

查表 5.1 并代入数值，可求得低碳钢的扭应矩极限强度为

$$m_{bn}=\frac{6(M_n)_b}{\pi D^2}=\frac{6\times85.53}{3.14\times(10\times10^{-3})^2}\ N/m=16.3\times10^5\ N/m \tag{5.49$'*$

式(5.49′)* 即为低碳钢的扭应矩强度极限。

低碳钢的许用扭应矩为

$$[m_b]=\frac{m_b}{n_m} \tag{5.50}$$

式中　n_m——扭转安全系数，中、低碳钢取 $n_m=2\sim3.5$。

5.5.3　脆性材料铸铁的扭应矩强度极限

由于铸铁没有屈服阶段，故扭应矩强度极限不能按均匀分布计算。其近似值可按服从扭转定律计算，即

$$m_{bn}=\frac{(M_n)_b}{W_n}=\frac{(M_n)_b}{\frac{2}{3}\pi R^2}=\frac{3(M_n)_b}{2\pi R^2}=\frac{6(M_n)_b}{\pi D^2} \tag{5.51}$$

查表 5.1 并代入数值，可求得铸铁 HT200 的扭应矩强度极限为

$$m_{bn}=\frac{3(M_n)_b}{2\pi R^2}=\frac{3\times45.2}{2\times3.14\times(5\times10^{-3})}\ N/m=8.6\times10^5\ N/m$$

铸铁的许用扭应矩为

$$[m_n]=\frac{m_{bn}}{n_b} \tag{5.52}$$

式中　n_b——脆性材料的安全系数，一般脆性材料安全系数取得比塑性材料大，取 $n_b=2.0\sim5.0$。

5.6　圆轴扭转时强度条件

有了许用扭应矩后，则可建立圆轴强度条件。

5.6.1　直圆轴扭转时强度条件

(1) 强度校核

强度校核为

$$m_{n\max}=\frac{M_{n\max}}{W_n}\leqslant[m_n] \tag{5.53}$$

(2) 设计实心轴截面

抗扭截面模量（或称系数）为

$$W_n=\frac{\pi D^2}{6}$$

1) 实心圆轴设计公式

$$\frac{M_{n\max}}{\dfrac{\pi D^2}{6}}\leqslant[m_n]$$

即

$$D_m\geqslant\sqrt{\frac{6M_{n\max}}{\pi[m_n]}} \tag{5.54}$$

2) 空心圆轴设计公式

设

$$\alpha=\frac{d}{D}$$

$$W_n=\frac{\pi D^2}{6}(1-\alpha^3)$$

则

$$D_m\geqslant\sqrt{\frac{6M_{n\max}}{\pi(1-\alpha^3)[m_n]}} \tag{5.55}^*$$

(3) 确定载荷

确定载荷为

$$M_{n\max}\leqslant[m_n]W_n \tag{5.56}$$

5.6.2　扭转强度实例计算

例 5.2　已知低碳钢轴承受最大扭矩为 155 N·m，许用剪应力 $[\tau]=4\times10^7$ N/m²，低碳钢的屈服应矩 $m_s=5\times10^5$ N/m，要求安全系数 $n_s=3$，按应力和应矩两种不同理论设计满足强度要求的轴径。

解　1)按应力理论设计轴径

由强度条件

$$\tau_{\max}=\frac{M_{n\max}}{W_\tau}\leqslant[\tau]$$

且

$$W_\tau=\frac{\pi}{16}D^3$$

得

$$D_\tau\geqslant\sqrt[3]{\frac{16M_{n\max}}{\pi[\tau]}}=\sqrt[3]{\frac{16\times155}{\pi\times40\times10^6}}\ \mathrm{m}=0.027\ \mathrm{m}$$

2)按应矩理论设计轴径

在保证安全系数相同的条件下来确定应矩理论下的轴径。

许用扭应矩由式(5.48)* 可得

$$[m_n]=\frac{m_s}{n_s}=\frac{5\times10^5}{3.0}\ \mathrm{N/m}=1.67\times10^5\ \mathrm{N/m}$$

轴径由式(5.54)可得

$$D_n\geqslant\sqrt{\frac{6M_{n\max}}{\pi[m_n]}}=\sqrt{\frac{6\times155}{\pi\times1.67\times10^5}}\ \mathrm{m}=\sqrt{17.7\times10^{-4}}\ \mathrm{m}=0.042\ \mathrm{m}$$

明显可知,$D_n>D_\tau$,其相差百分比为

$$i=\frac{D_n-D_\tau}{D_n}\times100\%=\frac{0.042-0.027}{0.042}\times100\%=36\%$$

说明按应力理论计算出的轴径,没有保证达到要求的安全系数,处在危险之中。

5.7　产生相同角应变时扭转相当剪应力与扭应矩间的关系

如图 5.8(a)所示为应力理论下剪应力τ产生的角应变 γ_τ,如图 5.8(b)所示为扭应矩 m_n 作用下产生的角应变 γ_n。应矩理论下的扭转是没有剪应力的,其应力只是相当应力,也就是说扭应矩产生的角应变,相当于多大的剪应力产生的相同的角应变,则

$$\gamma_\tau=\frac{\tau}{G}$$

根据扭转定律

$$\gamma_n=\frac{m_n}{G_n}$$

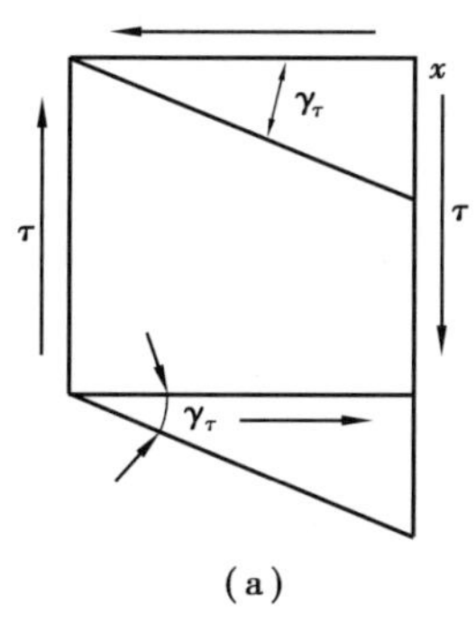

(a)

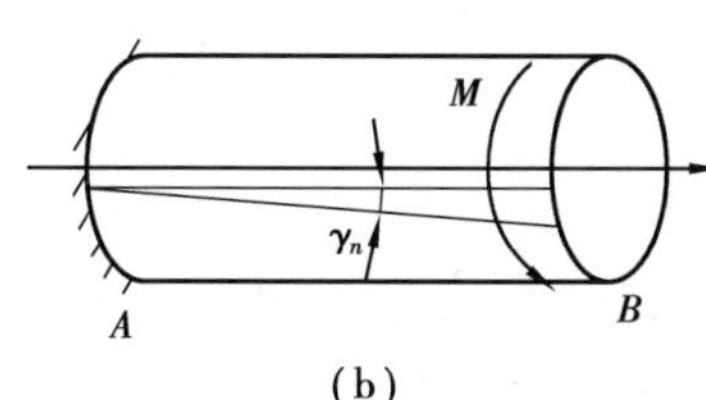

(b)

图 5.8

①当 $\gamma_\tau=\gamma_n=\gamma$ 时，即可求得产生相同角应变时相当剪应力和扭应矩间的关系，即

$$\gamma=\frac{\tau}{G}=\frac{m_n}{G_n}$$

从而

$$m_n=\frac{G_n}{G}\tau \tag{5.57}$$

对于中碳钢，$G=80\times10^9\ \mathrm{N/m^2}$，$G_n=3\times10^8\ \mathrm{N/m}$，代入式(5.57)得

$$m_n=\frac{3\times10^8}{80\times10^9}\tau=3.8\times10^{-3}\tau \tag{5.58}$$

式(5.58)为中碳钢扭应矩与相当剪应力间的当量关系。

对于低碳钢，$G_n=2.3\times10^8\ \mathrm{N/m}$，代入式(5.57)得

$$m_n=\frac{2.3\times10^8}{80\times10^9}\tau=2.9\times10^{-3}\tau \tag{5.59}$$

②当相同扭矩 M_n 作用时，则由 $\frac{M_n}{W_\tau}G_n=\frac{M_n}{W_n}G$ 得

$$\frac{G_n}{W_\tau}=\frac{G}{W_n}$$

将 $W_\tau=\frac{\pi D_\tau^3}{16}$ 和 $W_n=\frac{\pi D_m^2}{6}$ 代入上式得

$$\frac{\pi D_\tau^3}{16}G=\frac{\pi D_m^2}{6}G_n$$

因而

$$D_m=D_\tau\sqrt{\frac{3G}{8G_n}D_\tau} \tag{5.60}$$

式(5.60)即是在相同扭矩作用下，产生相同角应变时，应矩理论与应力理论下的圆轴扭转时直径间的当量关系。

对于中碳钢，已知剪切弹性模量 $G=80\times10^9\ \mathrm{N/m^2}$（纯扭转没有剪应力，因此它是相当剪切弹性模量），扭转弹性模量 $G_n=3\times10^8\ \mathrm{N/m}$。

把以上数据代入式(5.60)，可得到低碳钢的圆轴扭转时，两种理论下轴径间的当量关系为

$$D_m=D_\tau\sqrt{\frac{3\times80\times10^9}{8\times3\times10^8}D_\tau}=10D_\tau\sqrt{D_\tau} \tag{5.61}$$

式(5.61)表面上看不是直径的量纲 m，但该式在计算时，$\sqrt{\frac{G}{G_n}}$ 会产生一个量纲 $\frac{1}{\sqrt{\mathrm{m}}}$，正好与 $\sqrt{D_\tau}$ 产生的量纲 $\sqrt{\mathrm{m}}$ 抵消，故式(5.61)量纲是正确的。这里只代入数字计算，不代入量纲计算。本书中会有许多这样的公式，都如此处理，目的是为简化工程计算。

式(5.61)就是中碳钢扭转时，应力、应矩理论下轴径间的当量关系。

例 5.3 由应力理论强度设计的中碳钢圆轴扭转直径 $D=30$ mm 时，求用应矩理论设计时的直径。

解 由式(5.61)可得

$$D_m=10\times30\times10^{-3}\sqrt{30\times10^{-3}}\ \mathrm{m}=10\times30\times10^{-3}\times1.73\times10^{-1}\ \mathrm{m}=52\ \mathrm{mm}$$

可知应力理论设计的强度不够，相差百分比为

$$i=\frac{D_m-D_\tau}{D_m}\times 100\%=\frac{52-30}{52}\times 100\%\approx 42\%$$

5.8　圆轴扭转安全强度的临界直径

由式(5.61)可知，当直径 D_m 与 D_τ 相等时，此时 D_m 是安全直径，则 D_τ 当然也是安全直径，即为保证其强度安全的临界直径，由

$$D_m=10D_\tau\sqrt{D_\tau}$$

得

$$D_\tau^*=10^{-2}\ \mathrm{m}=10\ \mathrm{mm} \tag{5.62}^*$$

式(5.62)* 就是中碳钢圆轴纯扭转时安全强度的临界尺寸。用应力理论设计的圆轴，当直径 $D_\tau\leqslant 10$ mm时，是安全的；当直径 $D_\tau>10$ mm 时，是不安全的。本章 5.7 节例 5.3 中的设计，由于其直径 $D_\tau=30\ \mathrm{mm}>10$ mm，因此用应力理论设计不安全，它的安全直径应为 $D_m=52$ mm。

例 5.4　由应力理论设计出碳钢圆轴扭转直径 $D=9$ mm，求应矩理论设计的直径。

解　由于应力理论设计直径为 $D=9$ mm，小于临界直径 $D^*=10$ mm，故该设计是安全的。由式(5.61)可得

$$D_m=10D_\tau\sqrt{D_\tau}=10\times 9\times 10^{-3}\sqrt{9\times 10^{-3}}\ \mathrm{m}=8.5\ \mathrm{mm}$$

可见中碳钢临界直径 $D^*=10$ mm 是正确的。

有了临界直径的判定，就可对弹性力学的细长杆下定义：中碳钢圆轴扭转时，若圆轴直径 $D\leqslant 10$ mm，则称之为细长杆。

应力理论只能解决细长杆的问题，只有应矩理论才能解决粗轴($D>10$ mm)的设计问题。

5.9　应力与应矩理论下的刚度条件

5.9.1　两个自由端面扭转的刚度条件

两个自由端面绝对扭转时(见图 5.9)，把坐标选在中性面 C 上，由式(5.34)

$$\varphi=\frac{M_n}{G_nS_0}x$$

当 $x=\frac{L}{2}$ 时，可求得右端面转角；当 $x=-\frac{L}{2}$ 时，可求得左端面转角。故左、右端面的扭转角为

$$\varphi=\pm\frac{M_nL}{2G_nS_0} \tag{5.63}^*$$

设单位长度绝对扭转角为 θ，则

$$\theta_n=\pm\frac{\varphi}{L}=\pm\frac{M_n}{2G_nS_0} \tag{5.64}$$

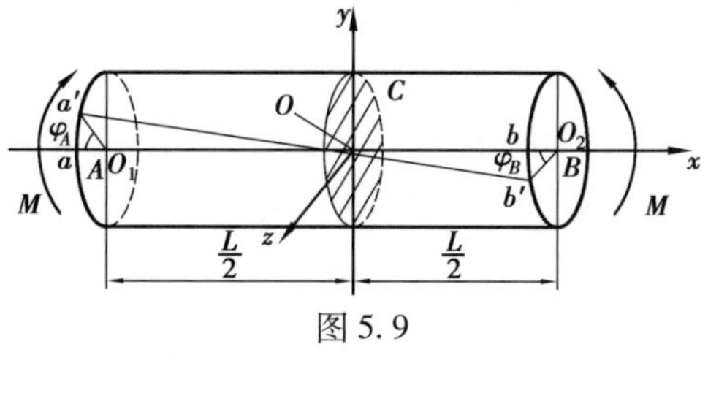

图 5.9

①刚度校核。

设单位长度许用绝对扭转角为$[\theta_n]$，则其刚度

$$\theta_n=\frac{M_n}{2G_nS_0}\leqslant[\theta_n] \tag{5.65}$$

②最大载荷校核。

$$M_n\leqslant 2G_nS_0[\theta_n] \tag{5.66}$$

③设计轴的直径。

实心轴抗扭截面模量 $S_0=\frac{\pi}{12}D_n^3$ 代入式(5.65)，可得轴径公式为

$$D_n\geqslant\sqrt[3]{\frac{6M_n\times 180}{G_n\pi^2[\theta_n]}} \tag{5.67}$$

式(5.67)就是有两个自由变形端的轴扭转直径设计公式。

5.9.2 有一个自由变形端的轴的刚度条件

把坐标选在固定端，则 $x=L$ 的自由端的扭转角由式(5.34)可得

$$\varphi=\frac{M_nL}{G_nS_0}$$

①刚度校核。

$$\theta_n=\frac{\varphi}{L}=\frac{M_n}{G_nS_0}\leqslant[\theta_n] \tag{5.68}^*$$

②最大载荷校核。

$$M_n\leqslant G_nS_0[\theta_n] \tag{5.69}^*$$

③设计轴的直径。

把实心轴抗扭截面模量 $S_0=\frac{\pi}{12}D_n^3$ 代入式(5.68)*，可得

$$D_n\geqslant\sqrt[3]{\frac{12M_n\times 180}{G_n\pi^2[\theta_n]}} \tag{5.70}^*$$

对比式(5.67)和式(5.70)*，用 D_2 和 D_1 分别表示两端自由和一端自由的轴径，则

$$\frac{D_1}{D_2}=\sqrt[3]{2}\quad 或\quad D_1=\sqrt[3]{2}D_2\approx 1.26D_2 \tag{5.71}$$

式(5.71)表明，在相同条件下，一个自由变形端的轴的直径是两个自由端的轴的直径的1.26倍时，两种情况下的扭转刚度才相等，一端固定的轴的刚度小于两端可自由变形轴的刚度。

5.9.3 剪应力理论与应矩理论下刚度设计比较

通过下面的实例对两种理论下的刚度条件进行对比。

例5.5 已知两端都可变形的45号钢圆轴受扭矩为 $18\times10^3\ \mathrm{N\cdot m}$ 的作用，许用单位扭转角$[\theta_n]=0.3°$，扭转弹性模量 $G_n=3.1\times10^8\ \mathrm{N/m}$，试验证其刚度条件。

解 1)应矩理论下的刚度条件

根据题意可知，该圆轴为两个自由端变形轴，故由式(5.67)可得

$$D_n\geqslant\sqrt[3]{\frac{6M_n\times 180}{G_n\pi^2[\theta_n]}}=\sqrt[3]{\frac{6\times18\times10^3\times180}{3.1\times10^8\times0.3\times\pi^2}}\ \mathrm{mm}=275\ \mathrm{mm}$$

2)应力理论下的刚度条件[5]

$$D_\tau \geqslant \sqrt[4]{\frac{32 \times M_{n\max} \times 180}{G[\theta_n]\pi^2}} = \sqrt[4]{\frac{32 \times 18 \times 10^3 \times 180}{80 \times 10^9 \times 0.3\pi^2}} \text{ mm} = 0.145 = 145 \text{ mm}$$

满足刚度条件时,应力理论下轴径的百分比误差为

$$i = \frac{D_n - D_\tau}{D_n} \times 100\% = \frac{275 - 145}{275} \times 100\% = 47\%$$

直径 $D_\tau = 145$ mm 时,其实际单位扭转角为

$$\theta_n = \frac{M_n}{2G_nS_0} = \frac{18 \times 10^3}{2 \times 3.1 \times 10^8 \times \frac{\pi}{12} \times (145 \times 10^{-3})^3} \text{ rad} = 0.0125 \text{ rad}$$

即

$$\theta_n = 0.0125 \times \frac{180}{\pi} \approx 0.587°$$

实际单位扭转角 $\theta_n = 0.587°$远大于许用单位扭转角$[\theta_n] = 0.3°$,可见应力理论设计的刚度与应矩理论设计的刚度相差很大。

5.10　应矩理论下圆轴扭转弹性变形能

剪应力理论下的圆轴扭转弹性变形能[4]为

$$U = \frac{M_n^2 L}{2GI_p} \tag{5.72}$$

而应矩理论的圆轴扭转根据端面变形情况分成 3 种变形形式,下面分别计算其变形能。

5.10.1　一端固定、一端可自由变形的圆轴的变形能

一端固定、一端可自由变形的圆轴如图 5.10 所示。

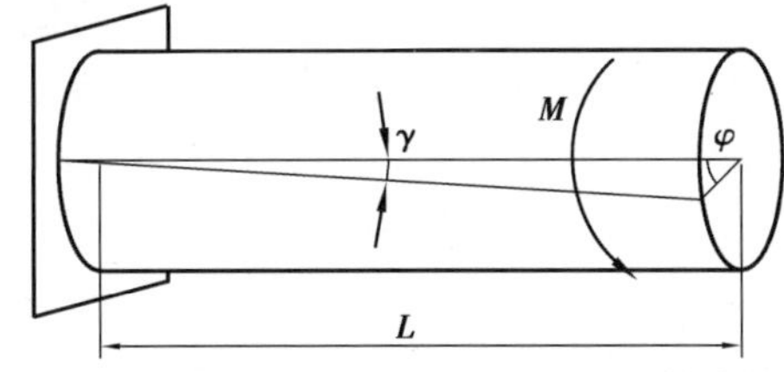

图 5.10　一端固定、一端可自由变形的圆轴扭转图

设外力矩为 M,则扭矩 $M_n = M$。根据能量转换与守恒定律,不计能量损失时,外力做功全部转化成弹性势能,可得

$$U = W = \frac{1}{2}M\varphi \tag{5.73}$$

由式(5.34)可得,扭转角

$$\varphi = \frac{M_nL}{G_nS_0}$$

将上式代入式(5.73),可得扭转变形能为

$$U = \frac{M_n^2 L}{2G_nS_0} \tag{5.74}$$

式中

$$S_0=\frac{\pi D^3}{12}$$

5.10.2 两端都可自由变形的圆轴变形能

两端都可自由变形的圆轴如图 5.11 所示。

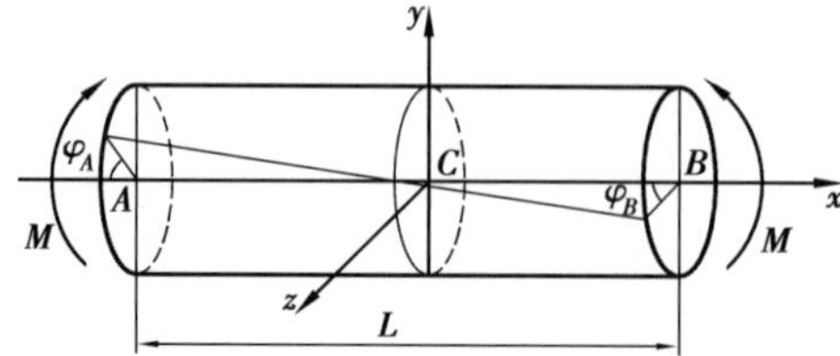

图 5.11 两端都自由变形的圆轴扭转图

把坐标定在中性面 C 上，两端都可自由变形的圆轴的端面扭转角为

$$\varphi_A=\varphi_B=\frac{M_nL}{2G_nS_0}$$

中性面 C 左右两边的变形能相等，则总变形能等于

$$\begin{aligned}U&=U_a+U_b\\&=\frac{1}{2}M_n\varphi_A+\frac{1}{2}M_n\varphi_B\\&=\frac{M_n^2L}{4G_nS_0}+\frac{M_n^2L}{4G_nS_0}\\&=\frac{M_n^2L}{2G_nS_0}\end{aligned}\tag{5.75}$$

对比式(5.74)和式(5.75)可知，在相同扭矩作用下，长度 L 相等的圆轴的变形能与变形形式无关，扭矩相同，则变形能相等。

5.10.3 两端固定中间变形的圆轴的变形能

两端固定的圆轴扭转变形如图 5.4(a)所示。设轴长为 L，受力偶矩 m 作用，产生扭转变形。在轴长 $L/2$ 处切开，则成为两个一端可变形的扭转，则其扭转变形能由式(5.74)可直接得出

轴内扭矩

$$M_n=m$$

则变形能

$$U=\frac{M_n^2\frac{1}{2}L}{2G_nS_0}+\frac{M_n^2\frac{1}{2}L}{2G_nS_0}=\frac{M_n^2L}{2G_nS_0}=\frac{m^2L}{2G_nS_0}$$

上式说明两端固定中间变形的圆轴的变形能，与一端固定的圆轴的变形能相等。

5.10.4 应力理论与应矩理论下相同直径的轴变形能之比

设两端都可自由变形的圆轴所受扭矩为 M_n，长为 L，直径为 D，材料为中碳钢，应力理论计算出的变形能为 U_τ，应矩理论计算出的变形能为 U_n，则两者之比为

$$\frac{U_n}{U_\tau}=\frac{\dfrac{M_n^2L}{2G_nS_0}}{\dfrac{M_n^2L}{2GI_p}}=\frac{GI_p}{G_nS_0}\tag{5.76}$$

由于中碳钢的剪切弹性模量 $G = 80 \times 10^9\ \mathrm{N/m^2}$，扭转弹性模量 $G_n = 3 \times 10^8\ \mathrm{N/m}$，则

$$\frac{U_n}{U_\tau} = \frac{3 \times 10^8 \times \dfrac{\pi D^3}{12}}{80 \times 10^9 \times \dfrac{\pi D^4}{32}} \approx 100D$$

即

$$U_n = 100DU_\tau \tag{5.77}$$

式(5.77)表明，直径越大，两种理论计算出的变形能就相差越大。量纲是正确的，直径 D 只代入数字计算。

5.10.5　两种理论下变形能相等时的直径

当 $U_n = U_\tau$ 时，由式(5.77)可得

$$D^* = \frac{1}{100}\ \mathrm{m} = 0.01\ \mathrm{m} = 10\ \mathrm{mm} \tag{5.78*}$$

式(5.78)*说明，当直径 $D = 10$ mm，即 $U_n = U_\tau$ 时，两种理论下的中碳钢的刚度都能得到保证。由式(5.78)*与式(5.62)对比可知，强度和刚度的临界直径相同。

当直径 $D > 10$ mm 时，$U_n > U_\tau$，则应力理论设计的轴的强度和刚度都不能得到保证。

这就是说，从扭转变形能的角度来看，凡直径大于 10 mm 的中碳钢圆轴，应力理论设计都不满足强度和刚度要求；从扭转角度来看，可将 $D \leqslant 10$ mm 的圆杆定义为细长杆，现行弹性力学只有用于直径小于 10 mm 的中碳钢细杆的扭转时，才能保证其强度和刚度。

5.11　圆柱形密圈螺旋弹簧的应力和变形

如图 5.12(a)所示为圆柱形螺旋弹簧。图中，d 表示簧丝(杆)的直径，D 为簧圈中径(平均直径)，α 为升角。当 $\alpha < 5°$ 时，计算中可不计升角的影响，这样的圆柱形螺旋弹簧称为密圈圆柱形螺旋弹簧；当簧丝(杆)的直径远小于簧圈中径，即 $d \leqslant D$ 时，计算中可忽略簧圈曲率的影响。

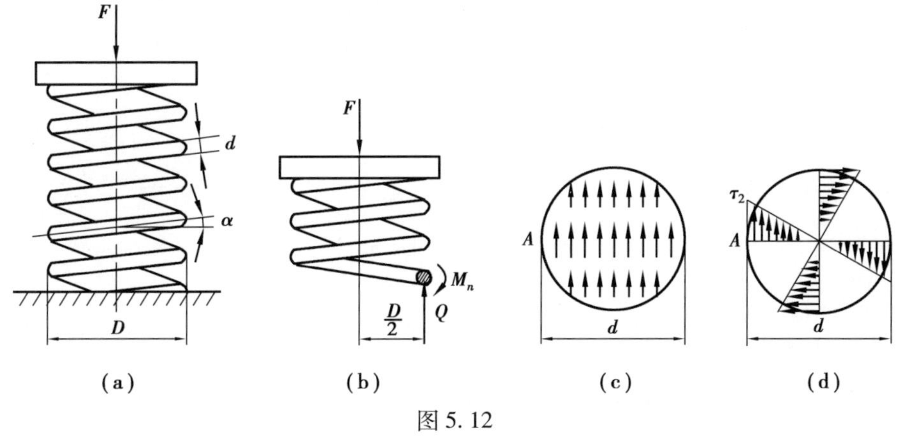

图 5.12

5.11.1　应力理论下簧丝应力的计算

假想切开簧丝，取出上部分作为研究对象，如图 5.12(b)所示。在密圈情况下，可认为压力 F 与簧丝在同一平面内，则在簧丝的截面上将有扭矩 M_n 和剪力 Q。根据平衡方程可得

$$Q=F$$

$$M_n=\frac{FD}{2} \tag{5.79}$$

剪力 Q 对应的剪应力为τ_1,按实用方法计算,可认为它均布在簧丝横截面上(见图 5.12(c)),则

$$\tau_1=\frac{Q}{A}=\frac{4F}{\pi d^2} \tag{5.80}$$

现行弹性力学把扭矩化成剪应力τ_2,其分布如图 5.12(d)所示,则

$$\tau_{2\max}=\frac{M_n}{W_\tau}=\frac{8FD}{\pi d^3} \tag{5.81}$$

簧丝横截面上总的剪应力为两种剪应力的矢量和,在靠近簧丝内侧的 A 点达到最大值,则

$$\tau_{\max}=\tau_1+\tau_{2\max}=\frac{4F}{\pi d^2}+\frac{8FD}{\pi d^3}=\frac{8FD}{\pi d^3}\left(\frac{d}{2D}+1\right) \tag{5.82}$$

当 $d\leqslant D$ 时,如$\frac{d}{D}\leqslant\frac{1}{10}$时,则$\frac{d}{2D}$可忽略不计。这就相当于只考虑扭转,不考虑剪切的影响。此时,式(5.82)可化简为

$$\tau_{\max}=\frac{8FD}{\pi d^3} \tag{5.83}$$

因此,弹簧的强度条件为

$$\tau_{\max}=\frac{8FD}{\pi d^3}\leqslant[\tau] \tag{5.84}$$

若 d/D 大到不可忽略时,则须考虑曲率及τ_1 的影响来加以修正,即

$$\tau_{\max}=K\frac{8FD}{\pi d^3} \tag{5.85}$$

式中　K——修正系数,其值为 $K=\frac{4C-1}{4C-4}+\frac{0.615}{C}$($C$ 为弹簧指数 $C=\frac{D}{d}$)[1]。

5.11.2　应矩理论下簧丝的应力应矩计算

应矩理论认为扭应矩不能化成剪应力,则簧丝的破坏是剪应力和扭应矩共同作用的结果。

①当 $d\leqslant D$ 时,可认为簧丝只受扭应矩作用而产生破坏,其最大扭应矩由式(5.53)可得

$$m_{\max}=\frac{M_n}{\frac{\pi d^2}{6}}=\frac{6M_n}{\pi d^2}=\frac{6\times\frac{FD}{2}}{\pi d^2}=\frac{3FD}{\pi d^2} \tag{5.86}$$

则应矩理论下弹簧丝的强度条件为

$$m_{\max}=K\frac{3FD}{\pi d^2}\leqslant[m_n] \tag{5.87}$$

式中　$[m_n]$——许用扭应矩。

②当 d/D 较大时,则强度条件要考虑剪应力的影响,簧丝横截面受扭应矩和剪力共同作用,可根据剪应力和扭应矩分别产生角应变的叠加来建立强度理论(详细推导见第 10 章 10.5 节中式(10.29))即

$$\gamma_{\max}=\frac{\tau_{\max}}{G}+\frac{m_n}{G_n}\leqslant[\gamma]=\frac{[\tau]}{G} \tag{5.88}$$

当忽略剪应力的作用,还考虑弹簧曲率时,须乘上弹簧曲率系数 K,即

$$\gamma_{\max}=K\frac{m_{n\max}}{G_n}=K\frac{3FD}{\pi d^2 G_n}\leqslant[\gamma]=\frac{[\tau]}{G} \tag{5.89}$$

式中　γ_{max}——最大角应变；

　　　$[\gamma]$——材料许用角应变；

　　　G, G_n——剪切、扭转弹性模量；

　　　$[\tau]$——许用剪应力。

5.11.3　弹簧的变形

弹簧在轴向压力(或拉力)F 作用下,轴线方向总缩短(或伸长)量为 λ,λ 即为弹簧的变形量,如图 5.13(a)所示。

实验表明,外力 F 与变形 λ 成正比,外力 F 所做的功为斜直线下面的面积(见图 5.13(b)),即

$$W = \frac{1}{2}F\lambda \tag{5.90}$$

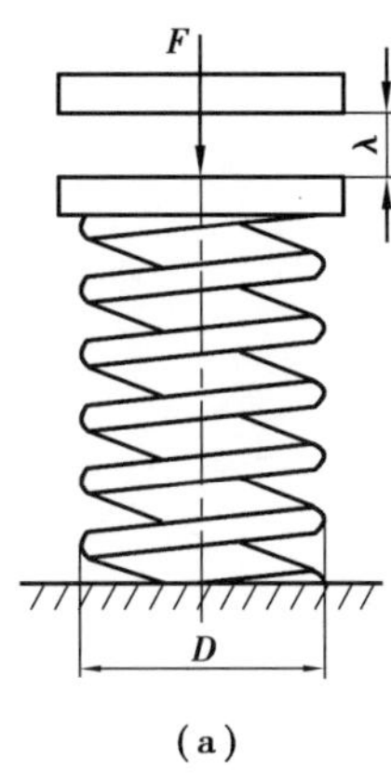

(a)

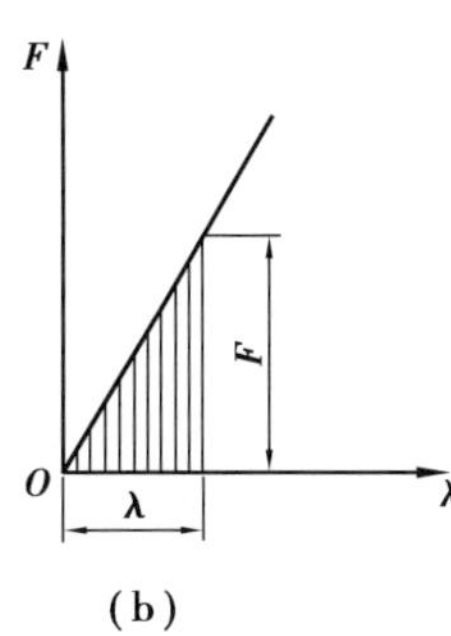

(b)

图 5.13

(1)应力理论下的变形能

应力理论认为,簧丝横截面上的变形能都是剪应力造成的,其单位体积变形能为

$$u = \frac{\tau_\rho^2}{2G} = \frac{128F^2D^2\rho^2}{G\pi^2 d^8} \tag{5.91}$$

式中

$$\tau_\rho = \frac{M_n}{I_P}\rho = \frac{16FD\rho}{\pi d^4}$$

(详见刘鸿文《材料力学》中“弹簧应力和变形”部分推导)

则弹簧总变形能为

$$U = \int_v u dv = \int_v \frac{128F^2D^2\rho^2}{G\pi^2 d^8} dv = \frac{4F^2D^3 n}{Gd^4} \tag{5.92}$$

式中　n——弹簧有效圈数(扣除两端底座接触圈数)。

弹簧变形能等于外力所做功,即

$$\frac{1}{2}F\lambda = \frac{4F^2D^3 n}{Gd^4} \tag{5.93}$$

则

$$\lambda = \frac{8FD^3 n}{Gd^4} = \frac{64FR^3 n}{Gd^4} \tag{5.94}$$

设

$$C_\tau = \frac{Gd^4}{8D^3 n} = \frac{Gd^4}{64R^3 n} \qquad \text{N/m} \tag{5.95}$$

则式(5.94)可写成

$$\lambda = \frac{F}{C_\tau} \tag{5.96}$$

由式(5.96)可知,C_τ越大则 λ 越小,C_τ称为弹簧刚度。

(2)应矩理论下弹簧变形能及刚度

应矩理论下弹簧的变形能由两部分组成:剪应力产生的变形能和扭应矩产生的变形能。当 $D/d \geqslant 10$ 时,剪应力的作用很小,变形能主要是扭矩产生的。

当忽略剪应力产生的变形能时,由功能原理:外力 F 对弹簧所做功等于弹簧扭转弹性能。因此,下式成立

$$\frac{1}{2}F\lambda_m = \frac{M_n^2 l}{2G_n S_o} = \frac{\left(\frac{FD}{2}\right)^2(\pi Dn)}{2G_n \frac{\pi}{12}d^3} = \frac{3F^2 nD^3}{2G_n d^3} \tag{5.97}$$

即

$$\lambda_m = \frac{3nD^3}{G_n d^3}F \tag{5.98}$$

设

$$\frac{1}{C_m} = \frac{3nD^3}{G_n d^3}$$

则

$$C_m = \frac{G_n d^3}{3nD^3} \tag{5.99}$$

式中 C_m——应矩理论下的弹簧刚度;

λ_m——应矩理论下的弹簧变形量。

则式(5.98)成为

$$\lambda_m = \frac{F}{C_m} \tag{5.100}$$

当同时考虑剪应力和簧丝曲率时,仍然要乘上曲率系数 K 加以修正。

(3)应力、应矩两种理论下弹簧刚度之比

应力、应矩两种理论下的刚度之比为

$$\frac{C_m}{C_\tau} = \frac{\frac{G_n d^3}{3nD^3}}{\frac{Gd^4}{8nD^3}} = \frac{8G_n}{3Gd}$$

对于中碳钢,$G = 80 \times 10^9$ N/m^2,$G_n = 3 \times 10^8$ N/m,代入上式可得

$$\frac{C_m}{C_\tau} = \frac{8 \times 3 \times 10^8}{3 \times 80 \times 10^9 d} = \frac{1}{100d}$$

即

$$C_\tau = 100dC_m \quad 或 \quad C_m = \frac{C_\tau}{100d} \quad \text{N/m} \tag{5.101}$$

式(5.101)就是应力、应矩理论下弹簧刚度间的当量关系。式(5.101)为有量纲式,d 只代入数字不带量纲计算。

当 $C_m = C_\tau$时,可求得弹簧丝的临界直径

$$d^{*}=\frac{1}{100}=1.0\times10^{-2}\ \text{m}=10\ \text{mm} \tag{5.102}^{*}$$

式(5.102)*说明，当 $d^{*}<1.0\times10^{-2}$ m 时，C_τ刚度值大于 C_m 刚度值；当 $d^{*}>1.0\times10^{-2}$ m 时，C_τ刚度值小于 C_m 刚度值。

例5.6　某柴油机气阀弹簧，簧圈平均半径 $R=59.5$ mm，其横截面直径 $d=14$ mm，有效圈数 $n=5$。材料为80号钢，$\sigma_s=930$ MPa，$[\tau]=350$ MPa，$G=80$ GPa，弹簧工作时总压缩变形为 $\lambda=55$ mm。试校核弹簧强度。

解　弹簧指数 $C=\dfrac{D}{d}=\dfrac{59.5\times2}{14}=8.5<10$，要考虑剪切和曲率的作用。

1)应力理论下的强度校核

由式(5.94)

$$\lambda=\frac{64FR^3n}{Gd^4}$$

可求出弹簧的受压力 F 为

$$F_\tau=\frac{\lambda Gd^4}{64R^3n}=\frac{55\times10^{-3}\times80\times10^{9}\times(14\times10^{-3})^4}{64\times(59.5\times10^{-3})^3\times5}\ \text{N}=2\ 510\ \text{N}$$

由弹簧指数 $C=8.5$，查表得曲率系数 $K=1.17$[1]，则

$$\tau_{\max}=K\frac{8FD}{\pi d^3}=1.17\times\frac{8\times2\ 510\times59.5\times2\times10^{-3}}{\pi(14\times10^{-3})^3}\ \text{MPa}=325\ \text{MPa}<[\tau]=350\ \text{MPa}$$

应力理论下弹簧满足强度要求。

2)应矩理论下的强度校核

①80#钢的扭转弹性模量 G_n。

屈服时最大角应变由应力理论求得，设发生屈服时相当剪应力为τ_s，则

$$\gamma_{s\max}=\frac{\tau_s}{G}=\frac{930\times10^6\times\dfrac{\sqrt{2}}{2}}{80\times10^9}\ \text{rad}=8.22\times10^{-3}\ \text{rad}$$

设屈服时用 $D=10$ mm 的圆轴，则产生屈服时所加的扭矩为

$$(M)_{ns}=\tau_s\cdot W_\tau=\frac{\sqrt{2}}{2}\times930\times10^6\times\frac{\pi(10\times10^{-3})^3}{16}\ \text{N}\cdot\text{m}=129\ \text{N}\cdot\text{m}$$

屈服时的扭应矩为

$$m_{ns}=\frac{(M)_{ns}}{W_n}=\frac{129\times6}{\pi(10\times10^{-3})^2}\ \text{N/m}=2.46\times10^6\ \text{N/m} \tag{a}$$

则

$$G_n=\frac{m_{ns}}{\gamma_{s\max}}=\frac{2.46\times10^6}{8.22\times10^{-3}}\ \text{N/m}=3\times10^8\ \text{N/m} \tag{b}$$

式(b)结果表明，80号高碳钢与45号中碳钢的扭转弹性模量相同(详见第15章实验验证1)。

②强度校核。

由弹簧指数

$$C=\frac{D}{d}=\frac{2\times59.5}{14}=8.5<10$$

并考虑剪应力和曲率的作用，查得曲率系数 $K=1.17$。

由式(5.98)可求出弹簧受压力 F 为

$$F_m=\frac{G_n d^3}{3nD^3}\lambda=\frac{3\times10^8\times(14\times10^{-3})^3\times(55\times10^{-3})}{3\times5\times(59.5\times2\times10^{-3})^3}\ \text{N}=1\ 800\ \text{N}$$

由式(5.89)可得扭转产生的角应变

$$\gamma_{\max}=K\frac{3FD}{\pi d^2 G_n}=\frac{1.17\times3\times1\ 800\times(2\times59.5\times10^{-3})}{\pi(14\times10^{-3})^2\times3\times10^8}\ \text{rad}=4.1\times10^{-3}\ \text{rad}$$

许用角应变

$$[\gamma]=\frac{[\tau]}{G}=\frac{350\times10^6}{80\times10^9}\ \text{rad}=4.38\times10^{-3}\ \text{rad}$$

可见

$$\gamma_{\max}<[\gamma]$$

弹簧满足强度要求。

由计算得出，应力理论与应矩理论计算出弹簧所受的压力不同，这是由于应力理论使弹簧刚度 C_τ 值虚增加所致。

由式(5.95)可得

$$C_\tau=\frac{Gd^4}{64R^3 n}=\frac{80\times10^9\times(14\times10^{-3})^4}{64\times(59.5\times10^{-3})^3\times5}\ \text{N/m}=4.6\times10^4\ \text{N/m}$$

由式(5.100)和式(5.101)可得

$$C_m=\frac{C_\tau}{100d}=\frac{4.6\times10^4}{100\times14\times10^{-3}}\ \text{N/m}=3.3\times10^4\ \text{N/m}$$

则

$$\frac{C_\tau}{C_m}=\frac{4.6\times10^4}{3.3\times10^4}=1.39$$

应力理论和应矩理论下得到的弹簧压力之比为

$$\frac{F_\tau}{F_m}=\frac{2\ 510}{1\ 800}=1.39$$

可见两种理论下弹簧的刚度之比恰好等于其所受压力之比。这说明当簧丝直径 d 大于临界直径 d^* 时($d=14$ mm $>d^*=10$ mm)，应力理论得出的弹簧刚度虚增加了，其增加刚度的百分比为

$$i=\frac{C_\tau-C_m}{C_\tau}=\frac{4.6\times10^4-3.3\times10^4}{4.6\times10^4}\times100\%=28\%$$

5.12 应矩理论对扭转破坏的分析

圆柱扭转时，塑性材料沿横截面破坏；脆性材料沿着与轴线成45°角的螺旋曲面断裂；圆木扭转时纵向出现裂纹等现象。这些现象通常是用应力理论去解释的。应矩理论既然认为扭转体内无剪应力，那么，上述现象用应矩理论如何解释呢？下面来讨论此问题。

在被扭转的等直杆内，取一微元体，则其纯扭转的应矩状态图如图5.14(a)所示。

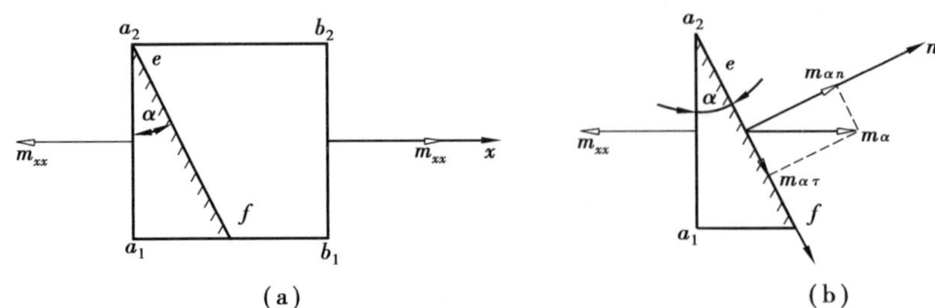

图5.14 微元体的应矩状态及任一截面上的应矩

现在求法线上与 x 轴成 α 角的任一斜面 ef 上的应矩。可假设沿 ef 面把单元体切开，研究左部分的平衡，n 为法线方向，τ 为切线方向，如图 5.14(b) 所示。设垂直截面面积为 $\mathrm{d}A$，则斜面 ef 的面积为

$$\mathrm{d}A_{ef}=\frac{\mathrm{d}A}{\cos\alpha}$$

斜截面 ef 上沿 x 方向上的应矩为 m_α，由斜体 a_1a_2f 的平衡，即 $\sum M_x=0$，可得

$$m_\alpha=\frac{m_{xx}\mathrm{d}A}{\mathrm{d}A_{ef}}=\frac{m_{xx}\mathrm{d}A}{\dfrac{\mathrm{d}A}{\cos\alpha}}=m_{xx}\cos\alpha \tag{a}$$

将 m_α 分解成斜面 ef 法线方向的扭应矩和切线方向的弯应矩，即

$$m_{\alpha n}=m_\alpha\cos\alpha=m_{xx}\cos^2\alpha=\frac{m_{xx}}{2}(1+\cos 2\alpha) \tag{5.103}$$

$$m_{\alpha\tau}=m_\alpha\sin\alpha=m_{xx}\sin\alpha\cos\alpha=\frac{1}{2}m_{xx}\sin 2\alpha \tag{5.104}$$

式(5.103)、式(5.104)中，m_{xx} 表示作用于左端绕 x 轴的扭应矩，$m_{\alpha n}$ 表示作用于 ef 斜面上绕法线 n 的扭应矩，$m_{\alpha\tau}$ 表示作用在平行于 ef 面上的弯应矩。

这说明纯扭转过程也伴随有弯曲。

由式(5.104)可知，当 $\alpha=45°$ 角时，弯应矩具有最大值，即

$$m_{\alpha\tau}=\frac{m_{xx}}{2}$$

将此式代入式(5.27)*得

$$m_{\alpha\tau\max}=\frac{m_{xx}}{2}=\frac{3M_n}{4\pi R^2} \tag{5.105}$$

实践表明，脆性材料抗弯能力很差，故脆性材料以受弯应矩 $m_{\alpha\tau\max}$ 引起的破坏为主，因此，脆性材料扭转时，一般在 45°的最大弯矩面上断裂。这也是圆木料扭转时，纵向出现裂纹的原因。塑性材料抗弯能力强而抗扭能力差，故塑性材料以受扭应矩引起的破坏为主，而垂直截面上的扭应矩最大。由式(5.103)可得，当 $\alpha=0$ 时，$\cos 2\alpha=1$，则

$$m_{\alpha n}=\frac{m_{xx}}{2}(1+1)=m_{xx}=\frac{3M_n}{2\pi R^2} \tag{b}$$

因此，塑性材料扭转时，一般在垂直截面上发生扭转破坏，这也说明应矩也是物体破坏的原因（因为纯扭转体内无剪应力）。

5.13　应矩理论解决扭转体不平衡问题

在第 1 章 1.9 节中，在应力理论下半圆柱体不能处于平衡的问题，如图 1.11 所示。该问题用应矩理论很容易得到解决。

设

$$M_A=M_C=M$$

则由平衡条件可得

$$M_B=M_A+M_C=-2M$$

如图 5.15 所示，M_{AB} 为作用在(AB)端面上的扭矩，根据应矩理论，半圆截面上扭矩应为整圆截面扭矩的 1/2，即

$$M_{AB}=\frac{1}{2}M_n=\frac{M}{2}$$

同理

$$M_{CD}=\frac{1}{2}M_n=\frac{M}{2}$$

作用在半圆柱中间的外力偶矩为

$$M_B'=\frac{1}{2}M_B=M$$

故

$$\sum M_x=M_{AB}+M_{CD}-M_B'=\frac{1}{2}M+\frac{1}{2}M-M=0$$

由于 z,y 轴方向无力偶矩，显然

$$\sum M_y=0$$

$$\sum M_z=0$$

由于各个截面上都没有应力，显然

$$\sum X=0$$

$$\sum Y=0$$

$$\sum Z=0$$

6 个平衡方程都得到满足，可见应矩理论可圆满解决扭转体不平衡的问题。

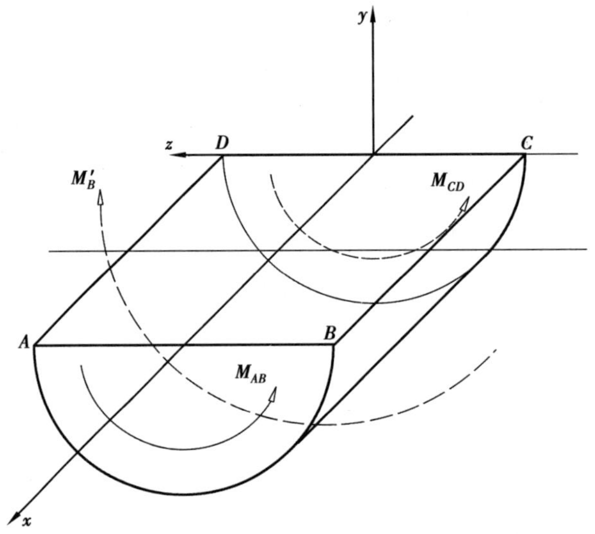

图 5.15　应矩理论解决扭转的不平衡问题

第6章 梁的弯应矩及强度

6.1 狭梁纯弯曲实验定律

应力理论认为纯弯曲横截面有正应力,正应力产生线应变;应矩理论认为纯弯曲体内无正应力,而有弯应矩存在,弯应矩产生线应变。下面用实验导出弯应矩与线应变之间的关系。

6.1.1 实验设计及数据

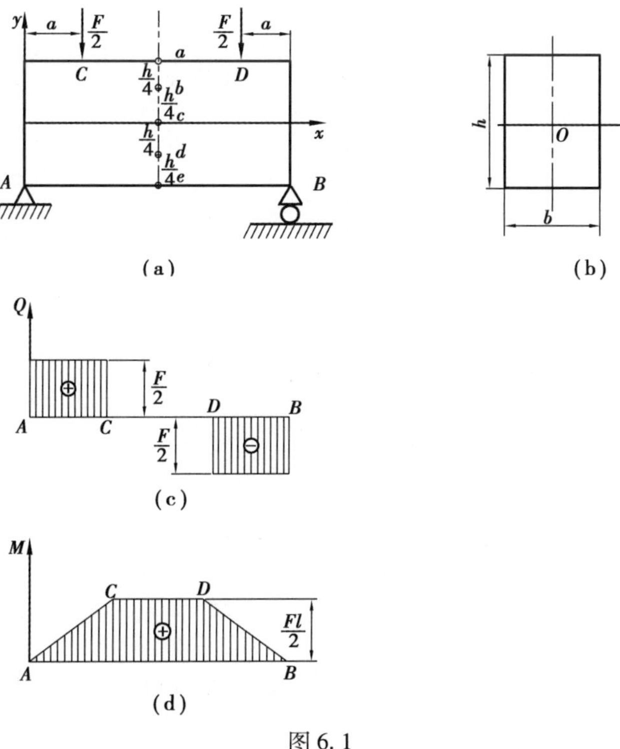

图6.1

狭梁的纯弯曲实验,如图 6.1(a)、(b)所示,梁长 $L=540$ mm,宽 $b=6$ mm,高 $h=30$ mm,加外力 F 均分在 C,D 点上,力臂 $l=210$ mm,材料为 45 钢,$E=2.07\times10^{11}\ \text{N/m}^2$。其剪力图如图 6.1(c)所示,可见 CD 段无剪应力,是纯弯曲,且 $\frac{h}{b}=\frac{30}{6}=\frac{5}{1}$,为狭梁。用电阻应变仪测量梁的中间 $\frac{L}{2}$ 处最外表面 a,b,c,d,e 各对称点的线应变,其数据如表 6.1 所示(由哈尔滨工业大学材料力学实验室提供)。

表 6.1　所加载荷与所产生线应变关系测量数据

实验顺序	所加载荷 F/kg	测量点的线应变值 $\varepsilon\times10^{-6}$				
		a	b	c	d	e
1	5	−28.0	−13.0	0	13.0	28
2	15	−84.0	−41	0	41	84
3	25	−139	−68	1	68	139
4	35	−194	−97	1	96	194
5	45	−249	−123	1	123	249
平均	$\Delta F=10$	−55.5	−27.5	1	27.5	55.3

6.1.2　数据分析及结论

根据表 6.1 的测量数据进行计算分析,找出外力 F 与线应变 ε 间的关系。

①分析 a 点的外力 F 与线应变 ε 间的关系为

$$\frac{F_1}{\varepsilon_1}=\frac{5}{-28\times10^{-6}}=-179\times10^3$$

$$\frac{F_2}{\varepsilon_2}=\frac{15}{-84\times10^{-6}}=-179\times10^3$$

$$\frac{F_3}{\varepsilon_3}=\frac{25}{-139\times10^{-6}}=-180\times10^3$$

$$\frac{F_4}{\varepsilon_4}=\frac{35}{-194\times10^{-6}}=-180\times10^3$$

$$\frac{F_5}{\varepsilon_5}=\frac{45}{-249\times10^{-6}}=-180\times10^3$$

由 a 点的数据分析得出

$$\frac{F_1}{\varepsilon_1}=\frac{F_2}{\varepsilon_2}=\frac{F_3}{\varepsilon_3}=\frac{F_4}{\varepsilon_4}=\frac{F_5}{\varepsilon_5}\tag{a}$$

即外力与线应变成正比。

②分析 b 点的外力 F 与线应变 ε 间的关系为

$$\frac{F_1}{\varepsilon_1}=\frac{5}{-13\times10^{-6}}=-385\times10^3$$

$$\frac{F_2}{\varepsilon_2}=\frac{15}{-41\times10^{-6}}=-366\times10^3$$

$$\frac{F_3}{\varepsilon_3}=\frac{25}{-68\times10^{-6}}=-368\times10^3$$

$$\frac{F_4}{\varepsilon_4}=\frac{35}{-97\times10^{-6}}=-365\times10^3$$

$$\frac{F_5}{\varepsilon_5}=\frac{45}{-123\times10^{-6}}=-366\times10^3$$

可见此处仍存在外力与线应变成正比,即

$$\frac{F_1}{\varepsilon_1}=\frac{F_2}{\varepsilon_2}=\frac{F_3}{\varepsilon_3}=\frac{F_4}{\varepsilon_4}=\frac{F_5}{\varepsilon_5} \tag{a'}$$

同理,分析 d,e 点也存在上述关系。c 点是中性轴上的点,线应变应为零,故不能用 c 点找规律。

由弯矩

$$M=\frac{Fa}{2}$$

可得

$$F=\frac{2M}{a} \tag{b}$$

把式(b)代入式(a)可得

$$\frac{M_1}{\varepsilon_1}=\frac{M_2}{\varepsilon_2}=\frac{M_3}{\varepsilon_3}=\frac{M_4}{\varepsilon_4}=\frac{M_5}{\varepsilon_5} \tag{c}$$

式(c)表明,纯弯曲横截面(中性面除外)上任一点的线应变与力矩成正比,即

$$M=G_w'\varepsilon \tag{d}$$

式中　G_w'——比例常数。

而横截面上产生的弯矩等于外力矩,$M_w=M$,故式(d)为

$$M_w=G_w'\varepsilon \tag{d'}$$

设横截面上点 a(或任意点)的弯应矩为 m_w,由式(d′)可得

$$m_w=G_w\varepsilon \tag{6.1*}$$

式中　G_w——弯曲弹性模量。

式(6.1)* 即为弯曲定律:“在弹性限度内纯弯曲时,任一点的弯应矩与其线应变成正比。”

弯曲定律表明一个新的概念:不仅力能使物体伸长和缩短(直线变形),弯应矩同样能使物体伸长或缩短(曲线变形)。由于纯扭转和纯弯曲体内没有应力,因此,可得出物理新概念:应矩(扭应矩、弯应矩)和应力一样也是物体变形和破坏的原因,应矩是和应力并列的新物理量。

6.2　狭梁纯弯曲弯应矩

在图6.1(a)所示纯弯曲梁的 CD 段内,横向截取 dx 微段(见图6.2(a)),则 y 处的线应变与曲率半径可得关系为(详见赵久江、张少实、王春香《材料力学》中“弯曲正应力”一节的推导)

$$\varepsilon_y=\frac{|y|}{\rho} \tag{6.2}$$

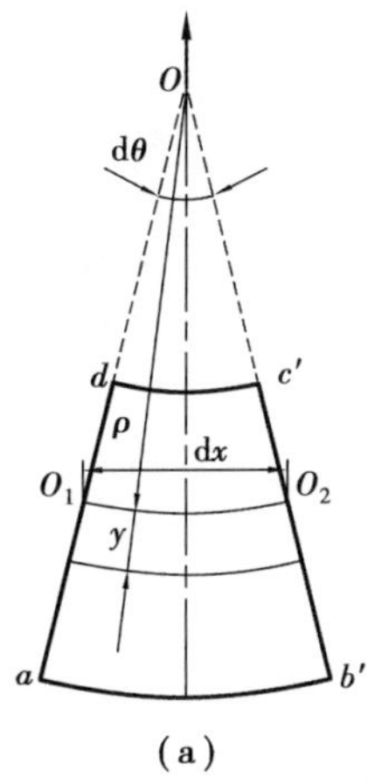

(a)

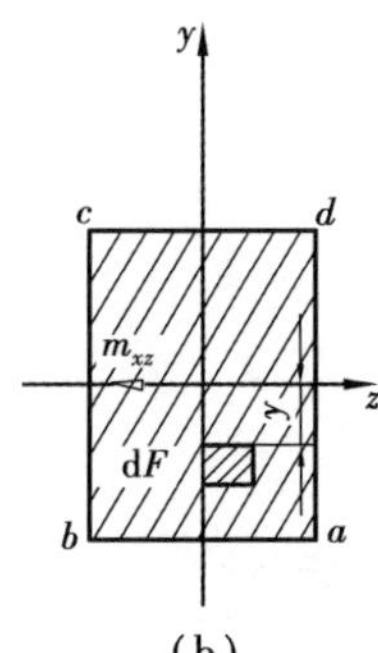

(b)

图6.2

横截面($abcd$)上,对 z 轴的弯矩与弯应矩沿($abcd$)面的积分相等,存在关系式

$$M(x) = \iint_A m_{xz} \mathrm{d}A \tag{a}$$

把式(6.2)和式(6.1)* 代入式(a),得

$$M(x) = \iint_A G_w \frac{|y|}{\rho} \mathrm{d}A$$

由于 G_w,ρ 为常数,可提出积分号外,即

$$M(x) = \frac{G_w}{\rho} \iint_A |y| \mathrm{d}A \tag{6.3}$$

设

$$|S_z| = \iint_A |y| \mathrm{d}A \tag{6.4}^*$$

则 $|S_z|$ 称为绝对静矩,它与静矩的区别在于它没有负值,则通过形心的绝对值静矩也不为零。

把式(6.3)和式(6.4)* 代入式(6.1),可得

$$m_w = \frac{M(x)}{|S_z|} |y| \tag{6.5}$$

以中性层 z 为坐标原处,y 在中性层以上时纤维受压缩,y 在中性层以下时纤维受拉伸。为了简化公式,用 y 代替 $|y|$ 时,则有

$$m_w = \frac{M(x)}{|S_z|} y \tag{6.5'}^*$$

式(6.5′)* 就是狭梁纯弯曲时弯应矩的计算公式。

6.3 弯应矩满足应力应矩平衡微分方程及其边界条件的验证

两端受力偶 M 作用的等直矩形梁为纯弯曲,长为 l,宽为 b,高为 h,如图 6.3 所示。设其弯矩为 $M(x)$,不计梁的自重时,有

$$M_z(x) = M = \text{常数}$$

横截面上弯应矩为

$$m_{xz} = \frac{M_z(x)}{|S_z|} y$$

余下所有应力和应矩都为零。

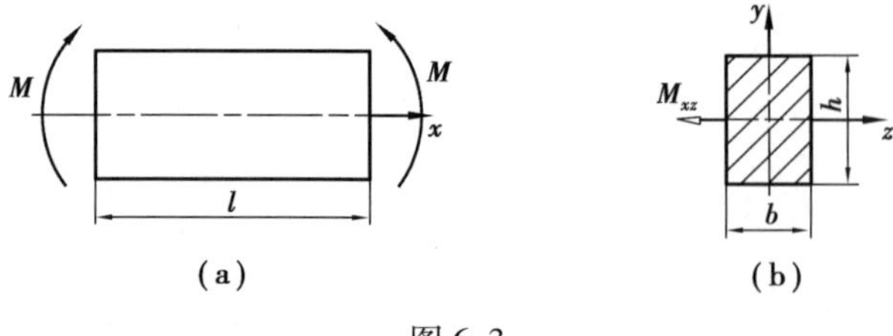

图 6.3

6.3.1 满足平衡微分方程的验证

因为梁内没有应力,故它显然满足式(2.1)* 的 3 个应力平衡微分方程

$$\left.\begin{aligned}\frac{\partial \sigma_x}{\partial x}+\frac{\partial \tau_{yx}}{\partial y}+\frac{\partial \tau_{zx}}{\partial z}=0\\ \frac{\partial \tau_{xy}}{\partial x}+\frac{\partial \sigma_y}{\partial y}+\frac{\partial \tau_{zy}}{\partial z}=0\\ \frac{\partial \tau_{xz}}{\partial x}+\frac{\partial \tau_{yz}}{\partial y}+\frac{\partial \sigma_z}{\partial z}=0\end{aligned}\right\}$$

即

$$\left.\begin{aligned}0+0+0=0\\0+0+0=0\\0+0+0=0\end{aligned}\right\}$$

满足应矩的 3 个平衡微分方程式(2. 2)* 的验证

$$\left.\begin{aligned}\tau_{yz}-\tau_{xz}+\frac{\partial m_{xx}}{\partial x}+\frac{\partial m_{yx}}{\partial y}+\frac{\partial m_{zx}}{\partial z}=0\\ \tau_{xx}-\tau_{yz}+\frac{\partial m_{xz}}{\partial x}+\frac{\partial m_{yz}}{\partial y}+\frac{\partial m_{zz}}{\partial z}=0\\ \tau_{zx}-\tau_{xz}+\frac{\partial m_{xy}}{\partial x}+\frac{\partial m_{yy}}{\partial y}+\frac{\partial m_{zy}}{\partial z}=0\end{aligned}\right\}$$

即

$$\left.\begin{aligned}0-0+0+0+0=0\\0-0+\frac{\partial m_{xz}}{\partial x}+0+0=0\\0-0+0+0+0=0\end{aligned}\right\}$$

显然,式(2. 2a)* 和式(2. 2c)* 得到满足。

式(2. 2b)* 左边为

$$0-0+\frac{\partial m_{xz}}{\partial x}+0+0=0-0+\frac{\partial}{\partial x}\left(\frac{M(x)}{|S_z|}y\right)+0+0=\frac{\partial}{\partial x}\left(\frac{M(x)}{|S_z|}y\right)$$

由于 $M(x)$, $|S_z|$ 和 y 对 x 都为常数,故 $\frac{M(x)}{|S_z|}y$ 为常数,则

$$\frac{\partial}{\partial x}\left(\frac{M(x)}{|S_z|}y\right)=0$$

或

$$\frac{\partial}{\partial x}\left[\frac{M(x)}{|S_z|}y\right]=\frac{\partial M(x)}{\partial x}\cdot\frac{y}{|S_z|}=\frac{Q(x)y}{|S_z|}=0$$

因为纯弯曲时,$Q(x)=0$,故微分方程式(2. 2b)* 得到满足。

由以上证明可知,弯应矩 $m_{xz}=\frac{M_z(x)}{|S_z|}y$ 满足所有的 6 个平衡微分方程。

6. 3. 2　满足 6 个边界条件的验证

由于梁的外表面没有外力作用,即 $\overline{X}=0$, $\overline{Y}=0$, $\overline{Z}=0$,且所有内力的应力分量都为零,故它显然满足应力的 3 个边界条件式(2. 20)*。下面只要验证应矩的 3 个边界条件式(2. 21)* 即可。

由式(2. 21)* 可知应矩的边界条件为

$$\overline{M_x}=m_{xx}l+m_{yx}m+m_{zx}n$$
$$\overline{M_y}=m_{xy}l+m_{yy}m+m_{zy}n$$

$$\overline{M_z} = m_{xz} l + m_{yz} m + m_{zz} n$$

(1)梁的上、下两面

弯应矩

$$\overline{M_x} = \overline{M_y} = \overline{M_z} = 0$$

方向余弦

$$l = n = 0, m = \pm 1$$

只存在一个弯应矩 m_{xz}，且 $m_{xz} l = 0$，显然，式(2.21c)^*^ 得到满足。除 M_{xz} 外其他应矩都为零，式(2.21a)^*^ 和式(2.21b)^*^ 也得到满足。以上论证说明梁的上下两面满足应矩的 3 个边界条件，即 6 个边界条件都得到满足。

(2)梁的前、后两侧面

弯应矩

$$\overline{M_x} = \overline{M_y} = \overline{M_z} = 0$$

方向余弦

$$l = m = 0, n = \pm 1$$

只存在一个弯应矩 m_{xz}，显然，应矩的 3 个边界条件都满足，即 6 个边界条件都得到满足。

(3)梁 $x = 0$ 的端面

弯应矩

$$\overline{M_x} = \overline{M_y} = 0, \overline{M_z} \neq 0$$

方向余弦

$$l = -1, m = n = 0$$

还存在一个弯应矩 M_{xz}，显然，式(2.21a)^*^ 和式(2.21b)^*^ 得到满足。

根据圣文南原理，式(2.21c)^*^ 的边界条件可表示为

$$\iint_A -m_{xz} \mathrm{d}A = -M(x)$$

左端

$$\iint_A -m_{xz} \mathrm{d}A = \iint_A \frac{M(x)}{|S_z|} y \mathrm{d}A = -\frac{M(x)}{|S_z|} \iint_A y \mathrm{d}A = -\frac{M(x)}{|S_z|} |S_z| = -M(x)$$

可知，等号左右两端相等。

由上式可知，式(2.21c)^*^ 得到满足。因此，$x = 0$ 的端面满足应矩 3 个边界条件，也即应力、应矩 6 个边界条件都得到满足。

(4)梁 $x = L$ 的端面上

弯应矩

$$\overline{M_z} \neq 0, \overline{M_x} = \overline{M_y} = 0$$

方向余弦

$$l = 1, m = n = 0$$

与 $x = 0$ 的端面证明完全相同，这里不再详述。

应矩分量 $m_{xz} = \dfrac{M_z(x)}{|S_z|} y$ 既满足了 6 个平衡微分方程，又满足了 6 个边界条件。因此，它是狭梁纯弯曲的唯一解。

6.4　综合平衡微分方程推导梁内无正应力

如图 6.1(a)所示狭梁横截面上有弯应矩 m_{xz}和剪应力τ_{xy},假设有正应力 σ_x,其余应力、应矩都为零,且不计体积力f_x。

由式(2.3a)*可知

$$\frac{\partial\sigma_x}{\partial x}+\frac{\partial\tau_{zx}}{\partial z}+\frac{\partial}{\partial y}\left(\tau_{xy}+\frac{\partial m_{xz}}{\partial x}+\frac{\partial m_{yz}}{\partial y}+\frac{\partial m_{zz}}{\partial z}\right)+f_x=0$$

代入应力、应矩并化简得

$$\frac{\partial\sigma_x}{\partial x}-\frac{\partial\tau_{xy}}{\partial y}+\frac{\partial}{\partial y}\left(\frac{\partial m_{xz}}{\partial x}\right)=0$$

(括号内应矩的偏微分与剪应力的符号相反,详见第 2 章 2.2.3 小节)

把$\tau_{xy}=\dfrac{Q(x)}{|S_z|}y$,$m_{xz}=\dfrac{M(x)}{|S_z|}y$ 代入上式,可得

$$\frac{\partial\sigma_x}{\partial x}-\frac{\partial}{\partial y}\left(\frac{Q(x)}{|S_z|}y\right)+\frac{\partial}{\partial y}\left(\frac{Q(x)}{|S_z|}y\right)=0$$

即

$$\frac{\partial\sigma_x}{\partial x}=0$$

上式说明正应力在 x 方向上等于常数,即

$$\sigma_x=C(y,z)$$

由边界条件可知,当 $x=0$ 或 $x=l$ 时,$M(x)=0$,$\sigma_x=0$,因此

$$C(y,z)=0$$

故

$$\sigma_x=C(y,z)=0$$

即梁内无正应力。

6.5　几何图形静矩与绝对静矩

6.5.1　绝对静矩同坐标轴间的关系

几何图形的静矩 $S_z=\iint\limits_A y\mathrm{d}A$ 的计算值与选择坐标的位置有关,当所选坐标轴通过几何图形形心时,静矩 $S_z=0$。这一结论是对纯数学而言的,如果只就几何图形而言,不考虑其物理意义,则该结论是正确的;如果考虑物理意义,取绝对静矩$|S_z|=\iint\limits_A|y|\mathrm{d}A$,它表示图形抗弯曲能力的大小,其值的计算与坐标选择有关系。弯曲的绝对静矩是指对中性轴的绝对静矩,就算坐标轴通过形心,其值也不为零。这一结论从第 6 章 6.2 节的弯矩与力矩平衡方程式(6.3)中明显可见,即

$$\frac{G_w}{\rho}\iint\limits_A|y|\mathrm{d}A=M(x)$$

式中，因为 G_w,ρ,M 及 F 都不为零，若 $\iint\limits_A |y|\mathrm{d}A=0$，则有 $M(x)=0$。这与题给条件相矛盾，故

$$\iint\limits_A |y|\mathrm{d}A\neq 0$$

结论：坐标轴设在形心上的静矩积分 $\iint\limits_A y\mathrm{d}A$，单就几何图形而计算，则 $\iint\limits_A y\mathrm{d}A=0$，并可利用此性质，求几何图形的形心；而绝对静矩 $\iint\limits_A |y|\mathrm{d}A$ 的计算，是以中性轴为零坐标进行绝对值计算，其值不为零。

6.5.2 绝对静矩的计算

(1)竖放时矩形梁的绝对静矩

如图 6.4 所示，选择坐标轴通过形心 O，则绝对静矩为

$$|S_z|=\iint\limits_A |y|\mathrm{d}A=2\iint\limits_{A/2}|y|\mathrm{d}A=2\int_0^{\frac{h}{2}}by\mathrm{d}y=2b\frac{\left(\frac{h}{2}\right)^2}{2}=\frac{bh^2}{4} \tag{6.6}^*$$

(2)平放时矩形梁的绝对静矩

如图 6.5 所示，根据式(6.6)* 可直接得到平放时矩形梁的绝对静矩为

$$|S_z|=\frac{hb^2}{4} \tag{6.7}$$

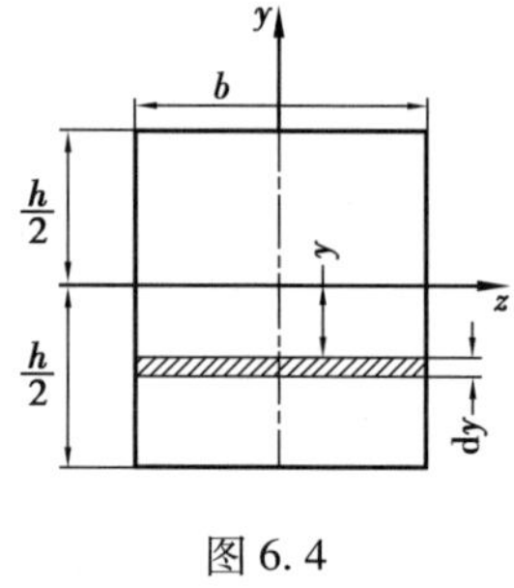

图 6.4

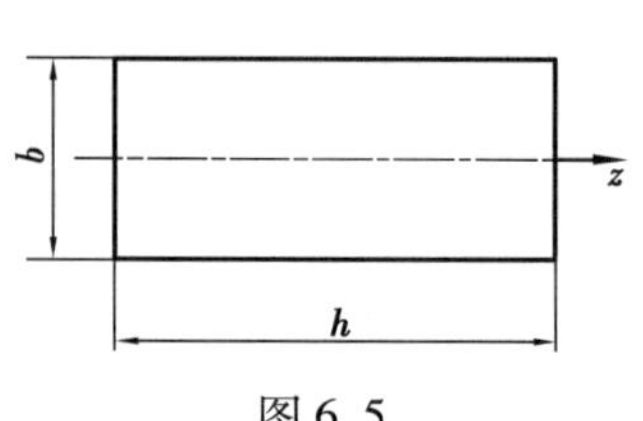

图 6.5

(3)正方形梁的绝对静矩

设正方形梁的边长为 a，由式(6.6)* 可直接得出

$$|S_z|=\frac{a^3}{4} \tag{6.8}^*$$

(4)圆形梁的绝对静矩

如图 6.6 所示，在 y 处，取微面积 $\mathrm{d}A$，则

$$\mathrm{d}A=2z\mathrm{d}y=2\sqrt{R^2-y^2}\mathrm{d}y$$

则

$$|S_z|=\iint\limits_A |y|\mathrm{d}A=2\iint\limits_{A/2}y\mathrm{d}A=2\int_0^R y(2\sqrt{R^2-y^2})\mathrm{d}y$$

$$=4\int_0^R y\sqrt{R^2-y^2}\mathrm{d}y=\frac{4}{3}R^3=\frac{D^3}{6} \tag{6.9}^*$$

式(6.9)* 即为圆形梁的绝对静矩。

(5)圆环梁的绝对静矩

如图 6.7 所示，由式(6.9)* 可直接导出圆环梁的绝对静矩

$$|S_z| = \frac{4}{3}(R^3 - r^3) = \frac{1}{6}(D^3 - d^3) \tag{6.10}$$

设

$$\frac{r}{R} = \alpha$$

则

$$|S_z| = \frac{4}{3}R^3(1 - \alpha^3) = \frac{1}{6}D^3(1 - \alpha^3) \qquad (6.11)^*$$

(6)工字钢梁的绝对静矩

如图 6.8 所示，工字钢梁对 z 轴的绝对静矩等于矩形梁(hb)的静矩减去矩形梁(Ⅰ+Ⅱ)的静矩，即

$$|S_z| = \frac{bh^2}{4} - 2 \times \frac{1}{4}\frac{(b-d)}{2}(h-2t)^2$$

$$= \frac{1}{4}[bh^2 - (b-d)(h-2t)^2] \qquad (6.12)^*$$

式(6.12)* 即为工字钢梁绝对静矩的计算公式。

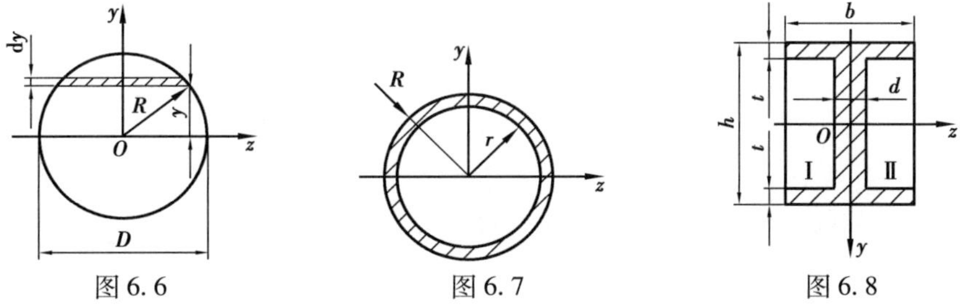

图 6.6　　图 6.7　　图 6.8

6.5.3　绝对静矩的物理意义

绝对静矩 $|S_z|$ 是抵抗弯曲破坏能力和变形能力的物理量。该结论可用应矩理论推导出来的挠曲线微分方程(详见第 7 章 7.1 节)来说明。应矩理论的挠曲线微分方程为(见式(7.3))

$$\frac{d^2y}{dx^2} = \pm \frac{M}{G|S_z|} = \frac{1}{\rho}$$

由式(7.3)可知，$|S_z|$ 值越大，则曲率 $1/\rho$ 越小，即变形小。这说明 $|S_z|$ 是表示抵抗变形能力的物理量，故称 $G|S_z|$ 为抗弯刚度。抵抗弯曲破坏能力与抵抗弯曲变形能力既有联系又有区别。新弹性理论得出，在小变形条件下，矩形梁竖放和平放抗弯强度相等，但是抗弯刚度却不同。竖放的矩形 $|S_z|$ 值大，故其抗弯刚度大；而应力理论认为竖放矩形比平放矩形的抗弯强度和抗弯刚度都大。

6.6　抗弯截面模量

由式(6.5′)* 可知，当 y 取最大值 y_{max} 时，有最大弯应矩，即

$$m_{max} = \frac{M_w}{\frac{|S_z|}{y_{max}}}$$

设

$$W_w = \frac{|S_z|}{y_{\max}} \tag{6.13}^*$$

则

$$m_{w\max} = \frac{M_w}{W_w} \tag{6.14}^*$$

式中　W_w——抗弯截面模量(或称抗弯截面系数)。

由式(6.13)* 可知,抗弯截面模量 W_w 是表示图形抗弯曲强度的能力,W_w 越大,抗弯曲强度的能力就越大。

(1)矩形梁的抗弯截面模量

设矩形宽为 b,高为 h,则

竖放矩形梁

$$W_w = \frac{|S_z|}{\frac{h}{2}} = \frac{\frac{bh^2}{4}}{\frac{h}{2}} = \frac{bh}{2} \tag{6.15}^*$$

平放矩形梁

$$W_w = \frac{\frac{hb^2}{4}}{\frac{b}{2}} = \frac{bh}{2} \tag{6.16}^*$$

由式(6.15)* 和式(6.16)* 可知,矩形梁平放和竖放抗弯截面模量相等,即矩形梁平放和竖放时抗弯曲强度相等。这就打破了现在弹性理论"竖放梁的抗弯曲强度大,平放梁抗弯曲强度小"的概念。

(2)正方形梁的抗弯截面模量

正方形梁

$$W_w = \frac{\frac{a^3}{4}}{\frac{a}{2}} = \frac{a^2}{2} \tag{6.17}^*$$

式中　a——正方形边长。

(3)圆梁的抗弯截面模量

圆形梁

$$W_w = \frac{|S_z|}{R} = \frac{\frac{4}{3}R^3}{R} = \frac{4}{3}R^2 = \frac{D^2}{3} \tag{6.18}^*$$

圆管梁

$$W_w = \frac{|S_z|}{\frac{D}{2}} = \frac{D^2}{3}(1 - \alpha^3) \tag{6.19}^*$$

式中　D——直径;

　　α——内外径之比,即

$$\alpha = \frac{d}{D}$$

对比式(6.18)* 和式(6.19)* 可知,圆柱与圆管直径相同时,圆管比圆柱的抗弯截面模量小,但是与单位抗弯截面模量的结论却完全相反(详见本章6.8节)。

6.7　最大弯应矩与平均弯应矩间的关系

为了计算简便及更深入了解抗弯强度,下面找出矩形、正方形、圆形、圆管、工字钢梁等的最大弯应矩与平均弯应矩之间的关系。

①矩形狭梁的最大弯应矩与平均弯应矩之间的关系为

$$m_{w\max}=\frac{M_w}{\dfrac{|S_z|}{y_{\max}}}$$

式中,矩形 $|S_z|=\dfrac{bh^2}{4}$,$y_{\max}=\dfrac{h}{2}$,代入上式得

$$m_{w\max}=\frac{2M_w}{bh} \tag{6.20}^*$$

式中　bh——矩形面积。

设平均应矩为 $\bar{m}$,则式(6.20)*为

$$m_{w\max}=2\bar{m} \tag{6.21}^*$$

结论:矩形梁的最大弯应矩等于平均应矩的2倍(与摆放方式无关)。

②正方形梁的最大弯应矩与平均弯应矩之间的关系为

$$m_{w\max}=\frac{M_w}{\dfrac{|S_z|}{y_{\max}}} \tag{6.22′}$$

式中,正方形 $|S_z|=\dfrac{a^3}{4}$,$y_{\max}=\dfrac{a}{2}$,代入式(6.22′)得

$$m_{w\max}=\frac{2M_w}{a^2}=2\bar{m} \tag{6.22}^*$$

结论:正方形梁的最大弯应矩也等于平均应矩 $\bar{m}$ 的2倍。

对比式(6.20)*和式(6.22)*可知,当弯矩相同,矩形面积和正方形面积相等时,则两者平均弯应矩相等,抗弯强度完全相同。

③圆形梁的最大弯应矩与平均弯应矩之间的关系为

$$m_{w\max}=\frac{M_w}{\dfrac{|S_z|}{y_{\max}}}$$

式中,$|S_z|=\dfrac{4}{3}R^3$,$y_{\max}=R$,代入上式得

$$m_{w\max}=\frac{3M_w}{4R^2} \tag{6.23}^*$$

分子分母同时乘以 π,可得

$$m_{w\max}=\frac{3\pi M_w}{4\pi R^2}\approx 2.4\bar{m} \tag{6.24}$$

用式(6.24)对比式(6.21)*及式(6.22)*可知,圆形梁的抗弯强度小于矩形梁,这将与本章6.8节得出的单位面积的抗弯强度结论相同。

6.8 单位面积抗弯强度和单位面积抗弯刚度

为了对比不同形状横截面抗弯强度和抗弯刚度，引入单位面积的抗弯强度和单位面积的抗弯刚度的概念。

6.8.1 单位面积的抗弯强度

定义：单位面积抗弯强度等于抗弯截面模量除以横截面面积，即

$$w=\frac{W_w}{A} \tag{6.25*}$$

(1) 矩形梁截面的单位面积抗弯强度

矩形梁截面竖放时，如图 6.9(a)所示，则

$$w_h=\frac{\frac{bh}{2}}{bh}=\frac{1}{2}=0.5 \tag{6.26}$$

矩形梁截面平放时，如图 6.9(b)所示，则

$$w_b=\frac{\frac{hb}{2}}{bh}=\frac{1}{2}=0.5 \tag{6.27}$$

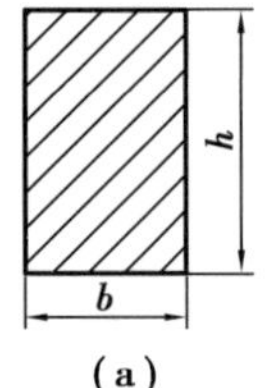

(a)

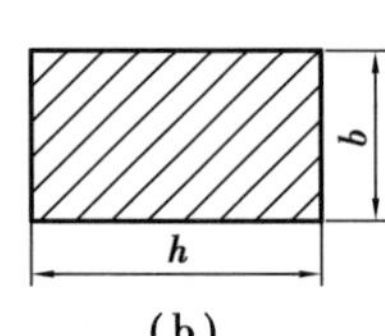

(b)

图 6.9 矩形截面

由式(6.26)和式(6.27)可知，矩形梁竖放和平放时单位抗弯强度相同。

(2) 正方形梁截面单位面积抗弯强度

正方形梁截面如图 6.10 所示，则

$$w_a=\frac{\frac{a^2}{2}}{a^2}=\frac{1}{2}=0.5 \tag{6.28}$$

由式(6.26)、式(6.27)、式(6.28)可知，正方形梁与矩形梁单位抗弯强度相等。

(3) 圆形梁截面单位面积抗弯强度

圆形梁截面如图 6.11 所示，则

$$w_o=\frac{\frac{D^2}{3}}{\frac{\pi D^2}{4}}=\frac{4}{3\pi}\approx 0.43 \tag{6.29}$$

由式(6.26)、式(6.27)、式(6.29)可知，圆形梁单位抗弯强度小于矩形梁单位抗弯强度。

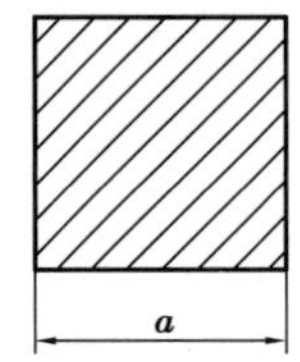

图 6.10 正方形截面

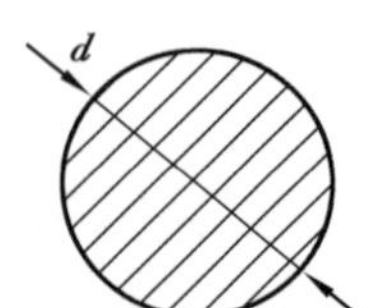

图 6.11 圆形截面

(4)圆管梁截面的单位面积抗弯强度

圆管梁截面如图 6. 12 所示,设内外径之比为 $\alpha=\dfrac{d}{D}$,则

$$w_\alpha=\frac{\dfrac{D^3-d^3}{6}}{\dfrac{D}{2}\cdot\dfrac{(D^2-d^2)\pi}{4}}=\frac{4(D^3-d^3)}{3\pi(D^3-Dd^2)}=\frac{4(1-\alpha^3)}{3\pi(1-\alpha^2)} \tag{6.30}$$

由于 $\alpha<1$,故 $(1-\alpha^3)>(1-\alpha^2)$,则

$$w_\alpha>\frac{4}{3\pi}\approx 0.43 \tag{6.31}$$

由式(6. 29)、式(6. 31)可知,圆管梁的单位抗弯强度大于圆柱梁的单位抗弯强度。当 $\alpha=0.95$ 时,则

$$w_\alpha=\frac{4(1-\alpha^3)}{3\pi(1-\alpha^2)}=\frac{4(1-0.95^3)}{3\pi(1-0.95^2)}\approx 0.64 \tag{a}$$

式(a)与式(6. 29)相比可知,圆管梁的单位抗弯强度约为实心圆梁的 1. 5 倍。

(5)工字钢梁截面的单位抗弯强度

工字钢梁截面如图 6. 13 所示,由式(6. 12)* 可知

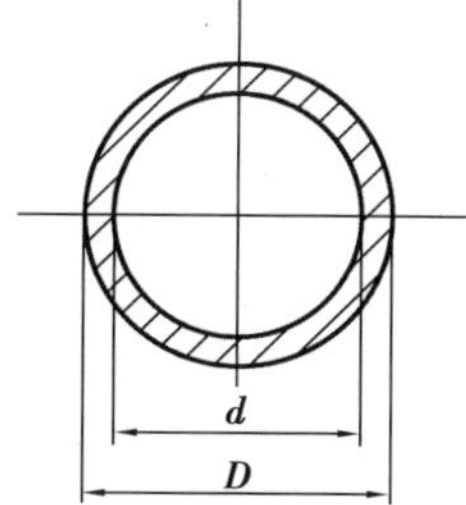

图 6. 12　圆管梁截面

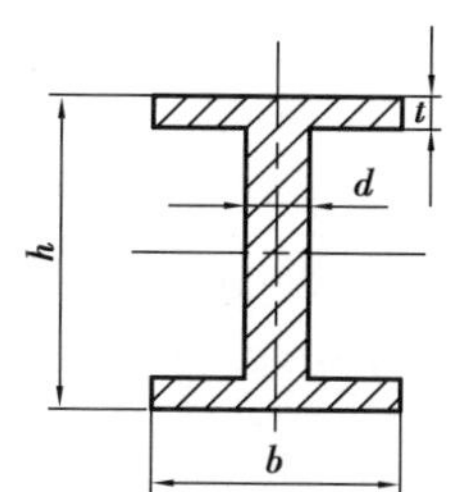

图 6. 13　工字钢梁截面

$$|S_z|=\frac{bh^2}{4}-\frac{(b-d)(h-2t)^2}{4}$$

则

$$w_w=\frac{|S_z|}{\dfrac{h}{2}}=\left[\frac{bh}{2}-\frac{(b-d)(h-2t)^2}{2h}\right]$$

单位抗弯强度 $w_I=\dfrac{w_w}{A}$(A 为工字钢梁横截面面积),则

$$\begin{aligned}w_I&=\frac{\left[\dfrac{bh}{2}-\dfrac{(b-d)(h-2t)^2}{2h}\right]}{\left[hb-2(h-2t)\dfrac{1}{2}(b-d)\right]}\\&=\frac{\dfrac{bh}{2}-\dfrac{(b-d)(h-2t)^2}{2h}}{[hb-(h-2t)(b-d)]}\\&=\frac{bh^2-(b-d)(h-2t)^2}{2h[hb-(h-2t)(b-d)]}\end{aligned} \tag{6.32}$$

例如,10 号工字钢梁 $h=100$ mm,$b=68$ mm,$d=4.5$ mm,$t=7.6$ mm,代入式(6. 32)可得

$$w_I=\frac{68\times100^2-(68-4.5)\times(100-2\times7.6)^2}{2\times100\times[100\times68-(100-2\times7.6)\times(68-4.5)]}\approx 0.79 \tag{b}$$

由式(6.26)、式(a)、式(b)可知,工字钢梁的单位抗弯强度大于矩形梁和圆管梁的单位抗弯强度。

根据以上计算,把不同几何形状的单位面积抗弯强度集合,可得到它们的排序规律为

$$w_I(0.79) > w_\alpha(0.64) > w_h(0.5) = w_b(0.5) = w_a(0.5) > w_o(0.43) \tag{6.33}$$

用下标 I,α,h,b,a,o 分别表示梁的横截面为工字钢、圆管、矩形竖放、矩形平放、正方形、实心圆。

6.8.2 单位面积的抗弯刚度

定义:单位面积抗弯刚度等于抗弯刚度除以横截面面积,即

$$S_G = \frac{G_w |S_z|}{A} \tag{6.34*}$$

(1)矩形梁截面的单位抗弯刚度

矩形梁截面的单位抗弯刚度为

矩形梁截面竖放时

$$S_{Gh} = \frac{\frac{bh^2}{4}G_w}{bh} = \frac{h}{4}G_w \tag{6.35}$$

矩形梁截面平放时

$$S_{Gb} = \frac{\frac{hb^2}{4}G_w}{bh} = \frac{b}{4}G_w \tag{6.36}$$

由于 $h > b$,故竖放的单位抗弯刚度大于平放的单位抗弯刚度。

(2)正方形梁截面的单位抗弯刚度

正方形梁截面的单位抗弯刚度为

$$S_{Ga} = \frac{\frac{a^3}{4}}{a^2}G_w = \frac{a}{4}G_w \tag{6.37}$$

在面积相等的条件下,存在 $h > a > b$,则

矩形梁竖放时与正方形梁的单位抗弯刚度之比为

$$\frac{S_{Gh}}{S_{Ga}} = \frac{\frac{h}{4}G_w}{\frac{a}{4}G_w} = \frac{h}{a} > 1 \tag{6.38}$$

矩形梁平放时与正方形梁的单位抗弯刚度之比为

$$\frac{S_{Gb}}{S_{Ga}} = \frac{\frac{b}{4}G_w}{\frac{a}{4}G_w} = \frac{b}{a} < 1 \tag{6.39}$$

由式(6.38)和式(6.39)可知,S_{Gh},S_{Gb} 与 S_{Ga} 之间的关系为

$$S_{Gh} > S_{Ga} > S_{Gb}$$

(3)实心圆梁截面的单位抗弯刚度

实心圆梁截面的单位抗弯刚度为

$$S_{Go} = \frac{\frac{4R^3}{3}}{\pi R^2}G_w = \frac{4}{3\pi}RG_w \approx 0.43RG_w \tag{6.40}$$

在等面积条件下，正方形梁 S_{Ga} 与实心圆梁 S_{Go} 之比为

$$\frac{S_{Ga}}{S_{Go}}=\frac{\frac{a}{4}G_w}{\frac{4}{3\pi}RG_w}=\frac{3\pi a}{16R} \tag{6.41}$$

由实心圆梁与正方形梁的等面积关系

$$\pi R^2=a^2$$

可求得正方形梁的当量边长为

$$a=\sqrt{\pi}R$$

把上式代入式(6.41)，可得

$$\frac{S_{Ga}}{S_{Go}}=\frac{3\pi\times\sqrt{\pi}}{16}\approx 1.04 \tag{6.42}$$

由式(6.42)可知，正方形梁的单位抗弯刚度稍大于实心圆梁的单位抗弯刚度。

(4)空心圆梁截面的单位抗弯刚度

设空心圆梁内径与外径之比为

$$\alpha=\frac{d}{D}=\frac{r}{R}$$

则

$$S_{G\alpha}=\frac{|S_z|}{A}G_w=\frac{\frac{4}{3}(R^3-r^3)}{\pi(R^2-r^2)}G_w=\frac{4(R^3-r^3)}{3\pi(R^2-r^2)}G_w=\frac{4R(1-\alpha^3)}{3\pi(1-\alpha^2)}G_w \tag{6.43}$$

当 $\alpha=0.95$ 时，圆管梁单位抗弯刚度为

$$S_{G\alpha\max}=\frac{4R(1-0.95^3)}{3\pi(1-0.95^2)}G_w\approx 0.62RG_w \tag{c}$$

式(c)与式(6.40)对比可知，圆管梁的单位抗弯刚度大于实心圆梁的单位抗弯刚度。

(5)工字钢梁的单位抗弯刚度

$$S_{GI}=\frac{|S_z|G_w}{A}=\frac{[bh^2-(b-d)(h-2t)^2]}{4A}G_w \tag{6.44}$$

式中　A——工字钢梁的横截面面积。

例如，10号工字钢梁 $h=100$ mm，$b=68$ mm，$d=4.5$ mm，$t=7.6$ mm，$A=14.3$ cm^2，代入式(6.44)可得

$$\begin{aligned}S_{GI}&=\frac{|S_z|}{A}G_w\\&=\left(\frac{[68\times10^{-3}\times100^2\times10^{-6}-68\times(-4.5)\times10^{-3}\times(100\times10^{-3}-2\times7.6\times10^{-3})^2]}{4\times1\ 430\times10^{-6}}\right)G_w\\&\approx 39\times10^{-3}G_w\end{aligned} \tag{d}$$

当工字钢梁的横截面积 $A=1\ 430$ mm^2 与正方形梁面积相等时，则有

$$a=\sqrt{A}=\sqrt{1\ 430}\approx 37.8\ \text{mm}=37.8\times10^{-3}\text{m}$$

则该正方形梁的单位抗弯刚度为

$$S_{Ga}=\frac{a}{4}G_w=\frac{37.8\times10^{-3}}{4}G_w=9.45\times10^{-3}G_w \tag{e}$$

由式(d)和式(e)可知，工字钢梁的单位抗弯刚度与正方形梁的单位抗弯刚度之比为

$$\frac{S_{GI}}{S_{Ga}}=\frac{39\times10^{-3}G_w}{9.45\times10^{-3}G_w}\approx 4 \tag{f}$$

由式(f)可知,工字钢梁的单位抗弯刚度约为正方形梁的4倍。

根据式(6.35)—式(6.44)的对比分析得出,不同几何形状的单位抗弯刚度由大到小排序为

$$S_{GI} > S_{G\alpha} > S_{Gh} > S_{Ga} \approx S_{Go} > S_{Gb} \tag{6.45}$$

用下标I,α,h,a,o,b分别表示梁的横截面为工字钢、圆管、矩形竖放、正方形、实心圆、矩形平放。

对比式(6.33)和式(6.45)可知,工字钢的单位抗弯强度和单位抗弯刚度都最大。

6.9 弯曲弹性模量的实验值

由本章6.1节中狭梁纯弯曲实验,可求出弯曲弹性模量。

狭梁应矩分布图如图6.1(d)所示,则矩形截面梁的最大弯应矩为(见式(6.21)*)

$$m_{\max} = 2\frac{M}{bh} = 2\overline{m}$$

式中 bh——矩形梁横截面面积,则$\frac{M}{hb} = \overline{m}$;

$\overline{m}$——平均应矩。

坐标设在中性轴上,则梁的$\frac{h}{2}$处,有最大的线应变$\varepsilon_{\max}$及最大弯应矩(见式(6.21)*),即

$$m_{\max} = G_w \varepsilon_{\max}$$

由式(6.21)*和式(6.1)*可得

$$G_w = \frac{m_{\max}}{\varepsilon_{\max}} = \frac{2\overline{m}}{\varepsilon_{\max}} \tag{6.46*}$$

这里采用最大线应变和最大弯应矩来求弯曲弹性模量G_w,是为了保证测量的准确性。因此,取图6.1(a)中狭梁的最高点a和最低点e进行计算(中性轴处m和ε都为零,越靠近它测量越不准确)。其测量数据见表6.1,取载荷$F=10$ kg,则

$$m_{\max} = 2\overline{m} = 2\frac{\frac{1}{2}Fa}{bh} = \frac{Fa}{bh} = \frac{10\times 9.8\times 210\times 10^{-3}}{6\times 10^{-3}\times 30\times 10^{-3}}\ \text{N/m} = 1.14\times 10^{5}\ \text{N/m}$$

查表6.1可得,当$\Delta F = 10$ kg时,a点的线应变平均值为$\varepsilon_a = 55.5\times 10^{-6}$,$e$点的线应变平均值$\varepsilon_e = 55.3\times 10^{-6}$,代入式(6.46)*可得

$$G_{wa} = \frac{2\overline{m}}{\varepsilon_{\max}} = \frac{1.14\times 10^{5}}{55.5\times 10^{-6}}\ \text{N/m} = 2.05\times 10^{9}\ \text{N/m} \tag{a}$$

$$G_{we} = \frac{2\overline{m}}{\varepsilon_{\max}} = \frac{1.14\times 10^{5}}{55.3\times 10^{-6}}\ \text{N/m} = 2.06\times 10^{9}\ \text{N/m} \tag{b}$$

弯曲弹性模量G_w与拉伸弹性模量E、剪切弹性模量G、扭转弹性模量G_n一样,都是弹性理论重要的4个物理量,如表6.2所示。

表6.2 碳素钢4种弹性模量值

拉伸弹性模量 $E/(\text{N}\cdot\text{m}^{-2})$	剪切弹性模量 $G/(\text{N}\cdot\text{m}^{-2})$	弯曲弹性模量 $G_w/(\text{N}\cdot\text{m}^{-1})$	扭转弹性模量(中碳钢) $G_n/(\text{N}\cdot\text{m}^{-1})$
2×10^{11}	8×10^{10}	2×10^{9}	3×10^{8}

6.10　产生相同线应变时,纯拉伸正应力与弯应矩间的关系

拉伸胡克定律 $\sigma = E\varepsilon$,应力是沿横截面均匀分布的,普通碳素钢

$$E = (2.0 \sim 2.1) \times 10^{11} \text{N/m}^2 \tag{a}^*$$

弯曲定律 $m_w = G_w\varepsilon$,弯应矩是从中性轴开始线性分布的,普通碳素钢

$$G_w = (2.0 \sim 2.1) \times 10^9 \text{N/m} \tag{b}^*$$

当弯曲线应变 ε 与拉伸线应变 ε 相等时,即

$$\varepsilon = \frac{\sigma}{E} = \frac{m_w}{G_w} \tag{6.47}$$

则对于普通碳素钢有

$$\frac{\sigma}{m_w} = \frac{E}{G_w} = \frac{2 \times 10^{11}\ \text{N/m}^2}{2 \times 10^9\ \text{N/m}} = 10^2 \text{m}^{-1}$$

由上式可得

$$\sigma = m_w \times 10^2 \text{m}^{-1} \tag{6.48}^*$$

即

$$m_w = \sigma \times 10^{-2} \text{m} \tag{6.48$'*$

由式(6.48)* 可知,对于碳钢产生相同线应变时,在数值上应力是弯应矩的 100 倍。式(6.48)* 为碳素钢的应力应矩量值关系,简称矩力当量式。

注意:应力和应矩的量纲是不相同的,因此,计算弯应矩时要把长度量纲代入公式中。

6.11　材料弯曲时的力学性质

有了式(6.48)* 及材料力学实验得到的应力应变曲线,便可确定材料(碳素钢)在弯曲时的应矩比例极限和应矩弹性极限。

(1)应矩的弹性极限

应矩的弹性极限为

$$m_e = \sigma_e \times 10^{-2}\ \text{m} \tag{6.49}^*$$

(2)应矩的比例极限

应矩的比例极限为

$$m_p = \sigma_p \times 10^{-2}\ \text{m} \tag{6.50}^*$$

碳素钢 $\sigma_e \approx \sigma_p = 200 \times 10^6\ \text{N/m}^2$,代入式(6.49)* 得

$$m_{ew} \approx m_{pw} = 200 \times 10^6 \times 10^{-2}\ \text{N/m} = 2 \times 10^6 \text{N/m} \tag{a}^*$$

(3)碳素钢的屈服极限

碳素钢的屈服极限为

$$\sigma_s = (216 \sim 275)\ \text{MPa}$$

由 σ-ε 曲线可看出 σ_s 在比例线的最高点上,可近似看成线性关系,故应矩的屈服极限可用式(6.48)* 求近似值,即

$$m_{sw} = \sigma_s \times 10^{-2} = (216 \sim 275) \times 10^6 \times 10^{-2} \text{N/m}$$

$$=(2.16\sim2.75)\times10^6\text{N/m} \tag{b}^*$$

45 号钢的屈服极限 $\sigma_s=350$ MPa,则

$$m_{sw}=350\times10^6\times10^{-2}\ \text{N/m}=3.5\times10^6\text{N/m} \tag{c}^*$$

(4)碳素钢的强度极限

由于强度极限已在弹性限度之外,故不能使用拉伸胡克定律,只有用实验来求得弯矩强度极限 m_b。

实验方法:用薄壁管做纯弯曲实验,如图 6.14 所示。

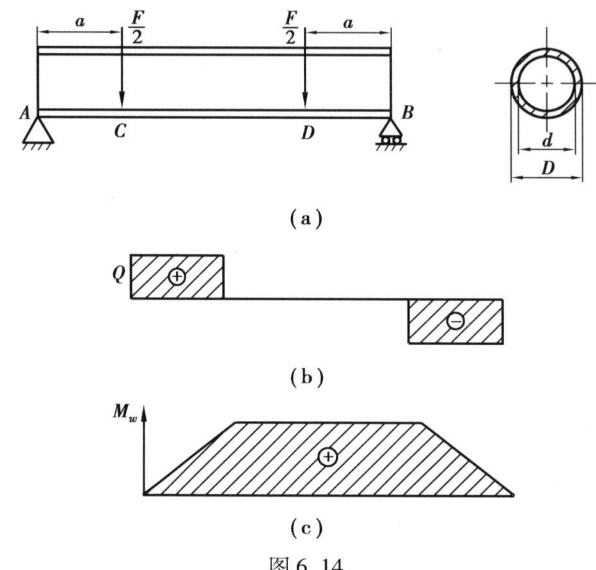

图 6.14

设钢管内径为 r,外径为 R,力臂为 a,断裂时所加外力为 $F_{\max}$。由剪力图 6.14(b)和弯矩图 6.14(c)可知,CD 段为纯弯曲。由于它是薄壁管,故可认为应矩在横截面是均匀分布,则断裂时弯应矩强度极限为

$$m_b=\frac{\frac{Fa}{2}}{\frac{\pi(D^2-d^2)}{4}}=\frac{2Fa}{\pi(D^2-d^2)} \tag{6.51}$$

式(6.51)就是求强度极限 m_b 的实验公式。

(5)许用应矩的确定

设材料的极限应矩为 m_0,则对塑性材料取屈服应矩 $m_0=m_s$,对脆性材料取应矩强度极限 $m_0=m_b$。设安全系数为 n,则许用应矩为

$$[m]=\frac{m_0}{n}=\frac{m_s}{n} \tag{d}$$

(6)应矩的安全系数 n 的确定

为了保持和应力所确定的安全系数一致,可用 $n=\frac{\sigma_s}{[\sigma]}$来确定安全系数。如碳素钢

$$n=\frac{240\ \text{MPa}}{[\sigma]}$$

当梁的许用正应力$[\sigma]=160$ MPa 时,则

$$n=\frac{240}{160}=1.5$$

一般静载荷取

$$n_s = 1.2 \sim 2.5, n_b = 2 \sim 3.5$$

把 $m_{sw} = (2.16 \sim 2.75) \times 10^6$ 和 $n_s = (1.2 \sim 2.5)$ 代入式(d)，可得普通碳素钢的许用弯应矩为

$$[m]_w = \frac{m_s}{n} = \frac{(2.16 \sim 2.75) \times 10^6}{(1.2 \sim 2.5)} \text{ N/m} \approx (0.81 \sim 2.3) \times 10^6 \text{N/m} \tag{e}$$

普通碳素钢一般取

$$[m]_w = 1.7 \times 10^6 \text{N/m} \tag{f}$$

45 号钢一般取

$$[m]_w = 2.0 \times 10^6 \text{N/m} \tag{g}$$

低合金钢一般取

$$[m]_w = 2.3 \times 10^6 \text{N/m} \tag{h}$$

确定了许用弯应矩，则梁的设计就完全可按应矩理论进行。

6.12　梁的应矩强度计算

有了应矩公式后，便可计算梁中最大弯应矩，又有了材料的许用弯应矩 $[m]_w$，可建立应矩的强度条件，对梁进行强度计算。

梁的横截面上最大弯应矩在距中性轴最远的地方。对于等截面梁，最大弯应矩发生在弯矩最大的截面上。由式(6.14)* 可知

$$m_{\max} = \frac{M_{\max}}{W_w}$$

因此，按应矩理论，梁的强度条件为

$$m_{\max} = \frac{M_{\max}}{W_w} \leqslant [m]_w \tag{6.52*}$$

显然，W_w 值越大，梁中的最大弯应矩 $m_{\max}$ 就越小，强度就越大。

已知矩形梁抗弯截面模量为(见式(6.15)*)

$$W_w = \frac{bh}{2}$$

圆形梁抗弯截面模量为(见式(6.18)*)

$$W_w = \frac{4}{3}R^2$$

利用式(6.52)* 的强度条件，可解决工程应用中的 3 类问题：

①强度校核

$$\frac{M_{\max}}{W_w} \leqslant [m]_w \tag{6.53*}$$

②选择截面

$$W_w = \frac{M_{\max}}{[m]_w} \tag{6.54}$$

③求允许载荷

$$M_{\max} = W_w [m]_w \tag{6.55}$$

6.13 应力、应矩两种理论下梁的比较计算

通过用两种理论对梁的实例进行计算,可更明白地看出现行弹性理论存在的问题。

例6.1 设如图6.1(a)所示的纯弯曲简支梁长 $L=1\ 000$ mm,矩形截面高与宽之比$\frac{h}{b}=2$,所加外力 $F=1\ 000$ N,力臂 $l=200$ mm,已知钢的许用应力$[\sigma]=170$ MPa,许用弯应矩$[m]_w=1.7\times10^6$N/m,用两种理论分别设计梁的尺寸。

解 ①应力理论确定几何尺寸,即

$$\sigma_{\max}=\frac{M_{\max}}{W_\sigma}\leqslant[\sigma] \tag{a}$$

$$M_{\max}=\frac{pa}{2}=\frac{10^3\times0.2}{2}\ \text{N}\cdot\text{m}=100\ \text{N}\cdot\text{m} \tag{b}$$

$$W_\sigma=\frac{1}{6}bh^2 \tag{c}$$

把式(b)和式(c)代入式(a),可得

$$\frac{100}{\frac{1}{6}bh^2}\leqslant170\times10^6$$

即

$$bh^2\geqslant\frac{600}{170\times10^6}\ \text{m}^3=3.5\times10^{-6}\text{m}^3$$

把 $h=2b$ 代入上式,可得

$$b\geqslant9.6\times10^{-3}\ \text{m}$$

则 h 的最小值为

$$h_{\min}=2b_{\min}=2\times9.6\times10^{-3}\text{m}=19.2\times10^{-3}\text{m}$$

即应取长方形梁尺寸为 $b\times h=10\ \text{mm}\times20\ \text{mm}$。

②用应矩理论确定几何尺寸,即

$$m_{\max}=\frac{M_{\max}}{W_w}\leqslant[m] \tag{d}$$

由式(6.15)*可得

$$W_w=\frac{bh}{2} \tag{e}$$

已知

$$[m]_w=1.7\times10^6\text{N/m} \tag{f}$$

将式(e)和式(f)代入式(d),可得

$$\frac{100}{\frac{bh}{2}}\leqslant1.7\times10^6$$

即

$$bh\geqslant\frac{200}{1.7\times10^6}\ \text{m}^2$$

把 $h=2b$ 代入上式,可得

$$b \geqslant \sqrt{\frac{1.18}{2}} \times 10^{-2}\ \text{m} \approx 7.6 \times 10^{-3}\ \text{m}$$

则 h 的最小值为

$$h_{\min} = 2b_{\min} = 2 \times 7.6 \times 10^{-3}\ \text{m} = 15.2 \times 10^{-3}\ \text{m}$$

对比两种理论计算出的结果可知，对于作用于细长杆的梁，应力理论设计出的结果是足够安全的，但是会造成材料浪费，设杆长为 l，横截面面积分别为 A_σ 和 A_m，其浪费比率为

$$i = \frac{(F_\sigma - F_m)l}{F_\sigma l} \times 100\% = \frac{19.2 \times 9.6 - 15.2 \times 7.6}{19.2 \times 9.6} \times 100\% = 37\%$$

计算结果表明，在保证强度的条件下，应力理论计算出的梁的横截面偏大，浪费了原材料。

例 6.2　例 6.1 中，如果加大外力，使 $F = 10^5$N，其他条件不变，试用应力、应矩两种理论设计梁的尺寸。

解　①正应力理论下计算梁的横截面，即

$$\sigma_{\max} = \frac{M_{\max}}{W_\sigma} \leqslant [\sigma] \tag{a}$$

$$M_{\max} = \frac{Fa}{2} = \frac{10^5 \times 0.2}{2}\ \text{N} \cdot \text{m} = 10^4\ \text{N} \cdot \text{m} \tag{b}$$

$$W_\sigma = \frac{1}{6}bh^2 \tag{c}$$

将式(b)和式(c)代入式(a)，可得

$$\frac{10^4}{\frac{1}{6}bh^2} \leqslant 170 \times 10^6$$

即

$$bh^2 \geqslant \frac{6 \times 10^4}{170 \times 10^6}\ \text{m}^3 \approx 3.5 \times 10^{-4}\text{m}^3$$

把 $h = 2b$ 代入上式，可得

$$b \geqslant \sqrt[3]{\frac{3.5}{4} \times 10^{-4}}\ \text{m} \approx 44.5\ \text{mm}$$

则 h 的最小值为

$$h_{\min} = 2b_{\min} = 89\ \text{mm}$$

②应矩理论下计算梁的横截面

$$m_{\max} = \frac{M_{\max}}{W_w} \leqslant [m] \tag{d}$$

$$W_w = \frac{bh}{2} \tag{e}$$

已知

$$[m] = 1.7 \times 10^6\text{N/m} \tag{f}$$

将式(e)和式(f)代入式(d)，可得

$$\frac{10^4}{\frac{bh}{2}} \leqslant 1.7 \times 10^6$$

即

$$bh \geqslant 1.18 \times 10^{-2}\text{m}^2$$

把 $h = 2b$ 代入上式，可得

$$b \geqslant \sqrt{\frac{1.18 \times 10^{-2}}{2}} \text{ mm} = 76 \text{ mm}$$

则 h 的最小值为

$$h_{\min} = 2b_{\min} = 76 \times 2 \text{ mm} = 152 \text{ mm}$$

对比两种理论计算出的结果可知，在大弯矩作用下，应力理论计算出的横截面尺寸小于应矩理论计算出的尺寸，而且相差很大，其尺寸误差为

$$i_h = \frac{h_m - h_\sigma}{h_m} \times 100\% = \frac{152 - 89}{152} \times 100\% = 41\%$$

其横截面积减小率为

$$i_{bh} = \frac{(bh)_m - (bh)_\sigma}{(bh)_m} \times 100\% = \frac{152 \times 76 - 44.5 \times 89}{152 \times 76} \times 100\% = 66\%$$

在大弯矩作用下，应力理论计算出的横截面积比应矩理论小 66%，这就是造成梁断裂事故的根本原因。

在小弯矩作用下，应力理论计算出的截面尺寸大于应矩理论计算出的尺寸，造成资源浪费，可见应力理论必然被应矩理论所代替。

6.14 应力理论梁的强度安全尺寸及临界尺寸

对正应力理论设计的梁进行强度校核，只需根据梁现有的尺寸（按正应力理论进行设计得出的）进行校核即可，从而采取保证其强度的安全措施。

6.14.1 矩形梁的安全尺寸与临界尺寸

定义：当正应力理论计算出的线应变与应矩理论计算出的弯曲线应变相等时，用应矩理论计算出的尺寸为安全尺寸。

正应力产生的最大线应变为

$$\varepsilon_\sigma = \frac{\sigma}{E} = \frac{M_w}{EW_\sigma} \tag{a}$$

弯应矩产生的最大线应变为

$$\varepsilon_m = \frac{m_w}{G_w} = \frac{M_w}{G_w W_w} \tag{b}$$

由定义可得 $\varepsilon_\sigma = \varepsilon_m$，且在相同弯矩作用下，则

$$\frac{M_w}{EW_\sigma} = \frac{M_w}{G_w W_w}$$

即

$$EW_\sigma = G_w W_w \tag{c}$$

由式(6.16)* 和例 6.1 中式(c)可知

$$W_\sigma = \frac{b_\sigma h_\sigma^2}{6}, W_w = \frac{b_m h_m}{2}$$

把 W_σ，W_w 代入式(c)，可得

$$\frac{G_w}{E}=\frac{w_\sigma}{w_w}=\frac{\dfrac{b_\sigma h_\sigma^2}{6}}{\dfrac{b_m h_m}{2}}=\frac{b_\sigma h_\sigma^2}{3b_m h_m}$$

即

$$h_m b_m=\frac{Eb_\sigma}{3G_w}h_\sigma^2 \tag{6.56}$$

设两种理论下梁的宽与高之比相等，即

$$\frac{b_\sigma}{h_\sigma}=\frac{b_m}{h_m}=\alpha$$

则把上式代入式(6.56)，可得

$$h_m=h_\sigma\sqrt{\frac{E}{3G_w}h_\sigma} \tag{6.57}$$

式(6.57)即为矩形梁保证强度的安全尺寸转换公式。

对于碳素钢

$$E=2\times10^{11}\,\text{N/m}^2$$
$$G_w=2\times10^9\,\text{N/m}$$

则由式(6.57)可得

$$h_m=h_\sigma\sqrt{\frac{100}{3}h_\sigma}=10h_\sigma\sqrt{\frac{h_\sigma}{3}} \tag{6.58}$$

式(6.58)即为矩形碳素钢梁强度安全尺寸转换公式。

当 $h_m=h_\sigma$ 时，可得矩形碳素钢梁强度的安全临界尺寸为

$$h_\sigma^*=30\ \text{mm} \tag{6.59*}$$

式(6.59)* 表明，当应力理论设计的矩形梁，其梁高 $h=30$ mm 是梁的强度安全的最大值，当 $h>30$ mm时，梁的设计就不安全；$h<30$ mm 时，梁的设计是安全的。

6.14.2　正方形梁的临界尺寸

正方形就相当于矩形的长和宽相等(见图 6.15)，即

$$h_m=b_m=a_m,h_\sigma=b_\sigma=a_\sigma$$

将上两式代入式(6.57)，可得

$$a_m=a_\sigma\sqrt{\frac{E}{3G_w}a_\sigma}$$

上式就是正方形梁保证安全强度的尺寸转换公式。

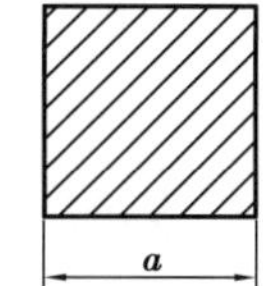

图 6.15

对于普通碳素钢正方形梁，则

$$a_m=10a_\sigma\sqrt{\frac{a_\sigma}{3}} \tag{6.60}$$

式(6.60)即为正方形碳素钢梁强度安全尺寸转换公式。

当应力理论与应矩理论求得的边长相等时，即为正方形碳素钢梁的强度安全临界尺寸。即当 $a_m=a_\sigma$时，由式(6.60)可得

$$a_\sigma^*=\frac{3}{100}=30\ \text{mm} \tag{6.61*}$$

这就是正方形碳素钢梁的强度安全临界尺寸。当应力理论设计的正方形碳素钢梁 $a_\sigma>30$ mm

时，梁的强度就不能得到保证。

6.14.3 圆梁的安全尺寸与临界尺寸

圆梁横截面如图 6.16 所示。已知应力、应矩两种理论下圆梁的抗弯截面模量

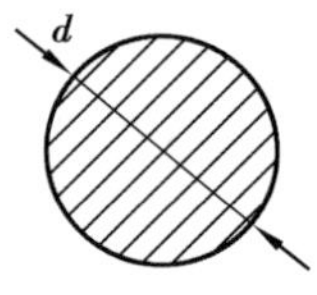

图 6.16

$$W_w = \frac{4}{3}R_m^2, W_\sigma = \frac{\pi R^3}{4}$$

把 W_w，W_σ 代入本章 6.14.1 小节式(c)，可得

$$E\frac{\pi R_\sigma^3}{4} = G_w \frac{4}{3}R_m^2$$

即

$$R_m = R_\sigma\sqrt{\frac{3\pi E}{16G_w}R_\sigma} \tag{6.62}$$

或

$$D_m = D_\sigma\sqrt{\frac{3\pi E}{32G_w}D_\sigma} \tag{6.62'}$$

式(6.62′)即为圆梁安全尺寸的转换计算公式。

对于碳素钢，把 $E = 2\times10^{11}\text{N/m}^2$ 和 $G_w = 2\times10^9\text{N/m}$ 代入式(6.62)，可得

$$R_m = R_\sigma\sqrt{\frac{3\pi\times2\times10^{11}}{16\times2\times10^9}R_\sigma} = \frac{5}{2}R_\sigma\sqrt{3\pi R_\sigma} \tag{6.63}$$

式(6.63)即为碳素钢圆梁安全尺寸计算公式。

当 $R_m = R_\sigma$ 时，由式(6.62)可得圆梁的安全临界尺寸为

$$R_\sigma = \frac{16G_w}{3\pi E} \tag{6.64}$$

或

$$D_\sigma = \frac{32G_w}{3\pi E} \tag{6.64'}$$

式(6.64′)即为任何材料的圆梁的安全临界尺寸公式。

碳素钢圆梁的临界尺寸为

$$R_\sigma^* = \frac{16\times2\times10^9}{3\pi\times2\times10^{11}}\text{ m} = 1.7\times10^{-2}\text{m} = 17\text{ mm} \tag{6.65}^*$$

用直径表示的临界尺寸为

$$D_\sigma^* = 2R_\sigma^* = 34\text{ mm} \tag{6.65'}^*$$

式(6.65′)* 说明，用应力理论计算直径 $D > 34$ mm 的碳素钢圆梁时，强度得不到保证。

6.14.4 空心圆梁的安全临界尺寸

空心圆梁横截面如图 6.17 所示。设应力、应矩理论下圆环的内、外径之比相等，则

$$\frac{d_\sigma}{D_\sigma} = \frac{d_m}{D_m} = \alpha$$

应力理论的抗弯截面模量为

$$W_\sigma = \frac{\pi D_\sigma^3}{32}(1-\alpha^4) \tag{a}$$

应矩理论的抗弯截面模量为

$$W_w=\frac{D_m^2}{3}(1-\alpha^3) \tag{b}$$

将式(a)和式(b)代入本章6.14.1小节式(c)，可得

$$E\frac{\pi D_\sigma^3}{32}(1-\alpha^4)=G_w\frac{D_m^2}{3}(1-\alpha^3)$$

即

$$D_m=D_\sigma\sqrt{\frac{3\pi D_\sigma(1-\alpha^4)E}{32(1-\alpha^3)G_w}} \tag{6.66}$$

图6.17

式(6.66)即为空心圆梁的安全尺寸的转换公式。

当 $D_m=D_\sigma$ 时，可得安全临界尺寸为

$$D_\sigma=\frac{32(1-\alpha^3)G_w}{3\pi(1-\alpha^4)E} \tag{6.67}$$

式(6.67)是任何材料的空心圆梁的安全临界尺寸公式。

对于碳素钢

$$D_\sigma=\frac{32(1-\alpha^3)\times2\times10^9}{3\pi(1-\alpha^4)\times2\times10^{11}}\text{ m}=3.4\times\frac{1-\alpha^3}{1-\alpha^4}\times10^{-2}\text{m} \tag{6.68}$$

式(6.68)即为碳素钢空心圆梁的安全临界尺寸。

设 $\alpha=0.9$，代入式(6.68)可得

$$D_\sigma^*=3.4\times10^{-2}\times\frac{1-0.9^3}{1-0.9^4}\text{ m}\approx26.8\text{ mm} \tag{6.68$'$}$$

式(6.68′)为 $\alpha=0.9$ 时的空心碳素钢圆梁的安全临界尺寸。

例6.3　已知一纯弯曲碳素钢圆梁，由应力理论计算得出其直径 $D=100$ mm。试计算其安全尺寸 D_m。

解　由于 $D_\sigma=100\text{ mm}>34\text{ mm}$，故该梁为不安全梁，由式(6.62′)得

$$D_m=D_\sigma\sqrt{\frac{3\pi E}{32G_w}D_\sigma}=100\times10^{-3}\times\sqrt{\frac{3\pi\times2\times10^{11}\times100\times10^{-3}}{32\times2\times10^9}}\text{ m}=140\text{ mm}$$

即当直径 $D_m=140$ mm 时，此梁才能保证设计的安全系数。

例6.4　求应力理论设计的 $R_\sigma=10$ mm 的碳素钢圆梁纯弯曲的安全尺寸。

解　由于 $R_\sigma=10\text{ mm}<17\text{ mm}$，故该梁为安全梁。

其安全尺寸为

$$R_m=\frac{5}{2}\times10\times10^{-3}\times\sqrt{3\pi\times10\times10^{-3}}\text{ m}=7.67\text{ mm}$$

由上式可知，其安全尺寸小于应力理论的设计尺寸 R_σ。

通过以上两个例题的计算结果可知，用应力理论设计的梁，其尺寸越大越不安全。

6.15　由应力应矩平衡微分方程求解狭梁剪应力分布规律

受集中载荷 F 的矩形直梁长为 l，高为 h，宽为 b(见图6.18(a))，则其弯矩方程为

$$M(x_1)=\frac{Fb}{l}x_1\qquad(0\leqslant x_1\leqslant a) \tag{a}$$

$$M(x_2)=Fa-\frac{a}{l}Fx_2\qquad(a\leqslant x_2\leqslant l) \tag{b}$$

其弯矩图如图 6. 18(c)所示。

其剪力方程为

$$Q(x_1)=\frac{Fb}{l} \qquad (0<x_1<a) \tag{c}$$

$$Q(x_2)=-\frac{Fa}{l} \qquad (a<x_2<l) \tag{d}$$

其剪力图如图 6. 18(b)所示。

梁内任一点的应力应矩状态($0<x_1<a$)如图 6. 18(d)所示。横截面上距中性轴为 y 的任一点 A 所受到的弯应矩为

$$m_{xz}=\frac{M(x)}{|S_z|}y$$

式中 $M(x)$——横截面上的弯矩；

$|S_z|$——横截面绝对静矩。

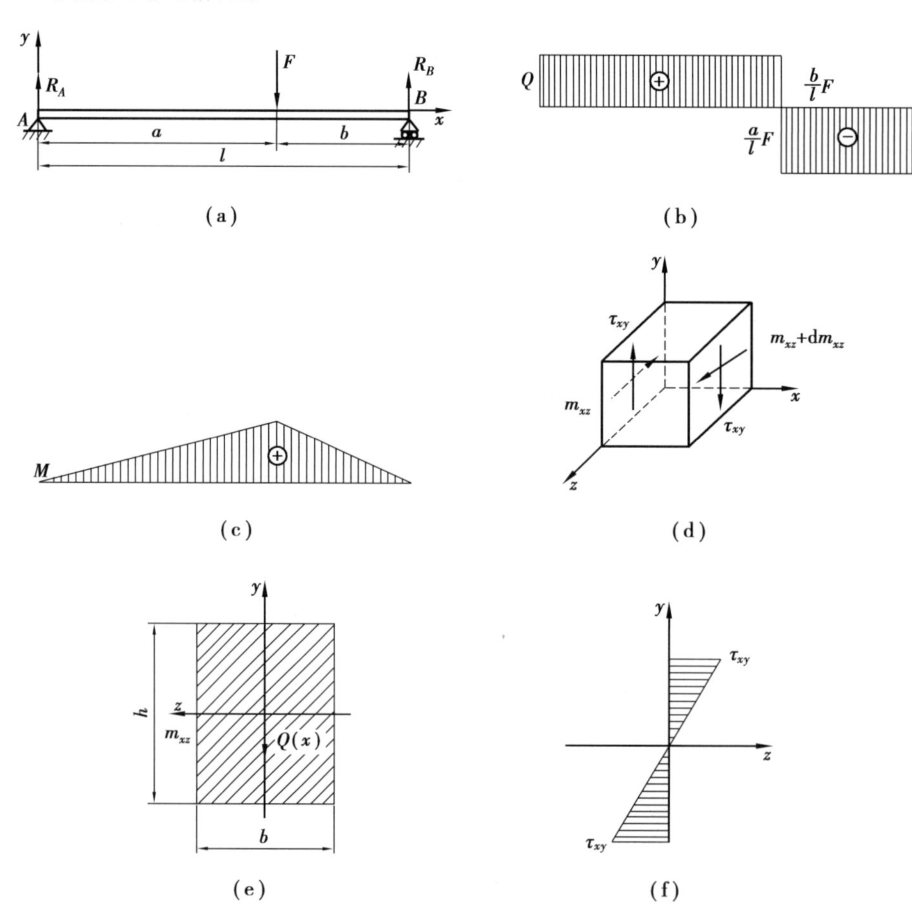

图 6. 18

6. 15. 1 剪应力的分布规律

由平衡微分方程式(2. 3a)*

$$\frac{\partial\sigma_x}{\partial x}+\frac{\partial\tau_{zx}}{\partial z}+\frac{\partial}{\partial y}\left(\tau_{xy}+\frac{\partial m_{xz}}{\partial x}+\frac{\partial m_{zz}}{\partial z}+\frac{\partial m_{yz}}{\partial y}\right)+f_x=0$$

可求出狭梁横截面上剪应力的分布规律。

初始条件：当 $F=0$ 时，$Q(x)=0$，$M(x)=0$，即所有初应力、初应矩都等于零。当 $F\neq0$ 时，横截面上有对 z 轴的弯矩，故 $m_{xz}\neq0$；有剪应力，故 $\tau_{xy}\neq0$。其余应力、应矩分量都为零。

在图6.18(d)的右侧面上 m_{xz} 为正，τ_{xy} 为负（与第2章2.2节的结论相同：剪应力与应矩偏微分的正负号相反），代入式(2.3a)* 可得

$$\frac{\partial}{\partial y}\left(-\tau_{xy}+\frac{\partial m_{xz}}{\partial x}\right)=0$$

设与 y,z 无关的应力函数为 $\phi(x)$，则上式变为

$$-\tau_{xy}+\frac{\partial m_{xz}}{\partial x}=\phi(x)$$

将 $m_{xz}=\dfrac{M(x)}{|S_z|}y$ 代入上式，可得

$$-\tau_{xy}+\frac{\partial}{\partial x}\left(\frac{M(x)}{|S_z|}y\right)=\phi(x)$$

提出常数 $\dfrac{y}{|S_z|}$，则上式变为

$$-\tau_{xy}+\frac{y}{|S_z|}\cdot\frac{\partial M(x)}{\partial x}=\phi(x)$$

即

$$\tau_{xy}=\frac{Q(x)}{|S_z|}y-\phi(x)$$

因为 $Q(x)=\dfrac{Fb}{l}$，由初始条件可得 $F=0$ 时，$Q(x)=0$，$\tau_{xy}=0$，则

$$\phi(x)=0$$

故有

$$\tau_{xy}=\frac{Q(x)}{|S_z|}y \tag{6.69*}$$

因为 $Q(x)=$常数，$|S_z|=$常数，因此，狭梁横截面上的剪应力从中性轴开始是正比例分布，如图6.18(e)、(f)所示。

6.15.2　讨论

对比应力应矩理论下的梁的剪应力分布公式。

①应矩理论公式

$$\tau_{xy}=\frac{Q(x)}{|S_z|}y$$

是按正比例规律分布的。应力理论公式

$$\tau_{xy}'=\frac{Q(x)}{2I_z}\left(\frac{h^2}{4}-y^2\right)$$

是按抛物线规律分布的。

②两种理论的最大剪应力和零剪应力的作用点完全相反：应矩理论的最大剪应力作用在圆周上，中性轴上剪应力为零；应力理论的最大剪应力在中性轴上，圆周上剪应力为零。

③最大剪应力的比较，即求应矩理论得到的剪应力 $(\tau_{xy})_{\max}$ 与应力理论 $(\tau_{xy})'_{\max\max}$ 得到的剪应力之比。

对于矩形梁

$$|S_z| = \frac{bh^2}{4}$$

$$I_z = \frac{bh^3}{12}$$

当应矩理论中的 $y_{\max} = \frac{h}{2}$,应力理论下的 $y=0$ 时,两种理论下的剪应力都为最大值,即

$$\frac{(\tau_{xy})_{\max}}{(\tau_{xy})'_{\max}} = \frac{\frac{Q(x)}{|S_z|} \cdot \frac{h}{2}}{\frac{Q(x)}{2I_z}\left(\frac{h^2}{4} - 0\right)} = \frac{4J}{h|S_z|} = \frac{4 \times \frac{bh^3}{12}}{h\frac{bh^2}{4}} = \frac{4}{3} \approx 1.33$$

上式说明,应矩理论导出的最大剪应力是应力理论导出的最大剪应力的 1.33 倍。

这就找到了矩形短梁经常出现断轴事故的根本原因(最大剪应力弯应矩作用到梁表面同一点上)。同时,还找到了提高抗剪强度的措施:由于最大剪应力作用在梁的表面,因此加强梁的表面处理,增加表面硬度,保证表面无裂纹,提高表面光洁度是提高短梁强度的重要措施。按应力理论:最大剪应力在梁的形心处,表面剪应力等于零,则梁的表面状态对梁的剪切强度无影响。这是不符合实际的。

6.16 梁的剪应力强度条件

6.16.1 矩形梁的剪应力强度条件

(1)应矩理论下剪应力的强度条件

给定梁的绝对静矩为 $|S_z|$,许用剪应力 $[\tau]$,则矩形梁的剪应力强度条件为

$$\tau_{\max} = \frac{Q(x)}{|S_z|} y_{\max} = \frac{Q(x)}{W_w} \leqslant [\tau] \tag{6.70*}$$

设矩形高为 h,宽为 b,则绝对静矩为

$$|S_z| = \frac{bh^2}{4}$$

将 $y_{\max} = \frac{h}{2}$ 及 $|S_z|$ 代入上式,可得

$$\tau_{\max} = \frac{2Q(x)}{bh} \leqslant [\tau] \tag{6.71*}$$

由于 $A = bh$,为矩形面积,故式(6.71)* 可变为

$$\tau_{\max} = 2\frac{Q(x)}{A} = 2\bar{\tau} < [\tau] \tag{6.72*}$$

由式(6.72)* 可知,矩形梁最大剪应力为平均剪应力的 2 倍。此式简化了计算。

(2)应力理论下的强度条件

剪应力的公式为

$$\tau' = \frac{Q(x)}{2I_z}\left(\frac{h^2}{4} - y^2\right) \tag{a}$$

当 $y=0$ 时具有最大值,即

$$\tau'_{\max} = \frac{Q(x)}{2I_z}\left(\frac{h^2}{4}\right)$$

由于

$$I_z = \frac{bh^3}{12} \tag{b}$$

则式(b)可化简为

$$\tau'_{\max} = \frac{Q(x)}{2\frac{bh^3}{12}}\left(\frac{h^2}{4}\right) = \frac{3Q(x)}{2bh} = 1.5\,\bar{\tau} \tag{c}$$

式(c)说明,应力理论下矩形梁的最大剪应力为平均应力的 1.5 倍,即应力理论下的强度条件为

$$\tau'_{\max} = \frac{3Q(x)}{2bh} = 1.5\,\bar{\tau} \leqslant [\tau] \tag{6.73}$$

例 6.5　校核本章 6.13 节例 6.1 中梁的剪切强度。如图 6.1 所示,已知许用剪应力 $[\tau] = 30$ MPa,外力 $\frac{P}{2} = 10^5$ N,长 $L = 1\ 000$ mm,$l = 200$ mm,矩形梁高 $h = 100$ mm,宽 $b = 50$ mm。试按应力和应矩理论校核剪切强度。

解　1)按应力理论计算

其最大剪应力为

$$\tau'_{\max} = \frac{3Q(x)}{2bh} \leqslant [\tau]$$

由剪力图 6.1(c)可知

$$Q(x) = \frac{P}{2} = 10^5\ \text{N}$$

则

$$\tau'_{\max} = \frac{3 \times 10^5}{2 \times (0.1 \times 0.05)}\ \text{MPa} = \frac{3}{0.01} \times 10^5\ \text{MPa} = 30\ \text{MPa} = [\tau]$$

故该梁恰好满足强度要求。

2)按应矩理论计算

其最大剪应力为

$$\tau_{\max} = 2\,\frac{Q(x)}{bh} = 2 \times \frac{10^5}{0.1 \times 0.05}\ \text{MPa} = 40\ \text{MPa} > [\tau] = 30\ \text{MPa}$$

故该梁不能满足强度要求。

6.16.2　圆梁的剪应力强度条件

圆梁的最大剪应力为

$$\tau_{\max} = \frac{Q(x)}{|S_z|} y_{\max} = \frac{Q(x)}{W_w} \tag{6.74}$$

式中　W_w——圆的抗弯截面模量。

且知

$$W_w = \frac{4}{3} R^2$$

则将 W_w 代入式(6.74),并分子分母同时乘以 π,可得

$$\tau_{\max} = \frac{3\pi Q(x)}{4\pi R^2} = \frac{3\pi}{4} \cdot \frac{Q(x)}{\pi R^2} = \frac{3\pi}{4}\bar{\tau} \approx 2.35\,\bar{\tau} \tag{6.74'}$$

对比式(6.72)* 和式(6.74′)可知,圆形梁的抗剪切能力小于矩形梁的抗剪切能力。因此,圆梁的剪切强度条件为

$$\tau_{\max}=\frac{3Q(x)}{4R^2}\leqslant[\tau] \tag{6.75*}$$

6.16.3 梁的单位抗剪截面模量

梁弯曲时，最大弯应矩由式(6.14)*得

$$m_{\max}=\frac{M_w}{W_w}$$

梁弯曲时，最大剪应力由式(6.70)*得

$$\tau_{\max}=\frac{Q}{W_w}$$

对比上两式可知，梁的抗弯截面模量和抗剪截面模量 W_w 为两公式的同一分母。这就表明，不同几何形状的图形，抗弯能力大的抗剪能力也大；单位抗弯强度大的图形其单位抗剪强度也大；式(6.33)的"不同几何图形单位面积抗弯强度对比"也是"不同几何图形单位抗剪强度的对比"。

6.17 应力理论下梁的剪切强度安全尺寸

由于应力理论计算出的最大剪应力小于应矩理论计算出的剪应力，因此，梁也有个保证安全的剪切强度极限尺寸。

(1)矩形梁的剪切强度安全尺寸

应力理论下剪应力最大值由式(6.73)可知

$$\tau_{\sigma\max}=\frac{3}{2}\cdot\frac{Q(x)}{bh_\sigma}$$

应矩理论下剪应力最大值由式(6.71)*可知

$$\tau_{m\max}=2\frac{Q(x)}{bh_m}$$

两种理论最大剪应力相等时，即可求得其临界强度安全尺寸(设梁宽度 b 相同)，即

$$\frac{3}{2}\cdot\frac{Q(x)}{bh_\sigma}=2\frac{Q(x)}{bh_m}$$

化简可得

$$\frac{3}{2h_\sigma}=\frac{2}{h_m}$$

则临界尺寸

$$h_m^*=\frac{4}{3}h_\sigma\approx 1.33h_\sigma \tag{6.76}$$

由式(6.76)可知，按应力理论设计出的纯剪切的梁，在保证宽 b 不变时，其横截面上的高度必须在1.33倍以上才能保证其设计的安全性。

(2)圆形梁的强度安全尺寸

应力理论下的圆梁的最大剪应力公式为

$$\tau'_{\sigma\max}=\frac{4}{3}\cdot\frac{Q(x)}{\pi R_\sigma^2} \tag{6.77}$$

由式(6.75)*可知，应矩理论下的最大剪应力公式为

$$\tau_{m\max}=\frac{Q(x)}{W_w}=\frac{3Q(x)}{4R_m^2}$$

当两种理论下求得的最大剪应力相等时，可求得强度安全尺寸，即

$$\frac{4Q(x)}{3\pi R_{\sigma}^{2}}=\frac{3Q(x)}{4R_{m}^{2}}$$

则安全尺寸

$$R_{m}^{*}=R_{m}=R_{\sigma}\sqrt{\frac{9\pi}{16}}=\frac{3\sqrt{\pi}}{4}R_{\sigma}=1.33R_{\sigma} \tag{6.78}$$

由式(6.78)可知，应力理论得到的圆形梁的尺寸小于应矩理论得到的尺寸；最大剪应力的作用点也不相同——一个在梁的形心，一个在梁的表面。

6.18　有弯矩的梁内不存在剪应力互等定理

6.18.1　剪应力互等定理使微单元体不能平衡

受集中载荷的梁如图6.19(a)所示。在梁内取一微单元体，则微单元体的应力应矩状态如图6.19(b)所示。已知作用在单元体左、右侧面上的剪应力τ_{xy}和弯应矩m_{xz}。偏微分$\frac{\partial m_{xz}}{\partial x}$的正负号与$\tau_{xy}$总是相反的(详见第2章2.2.2小节④的结论)。

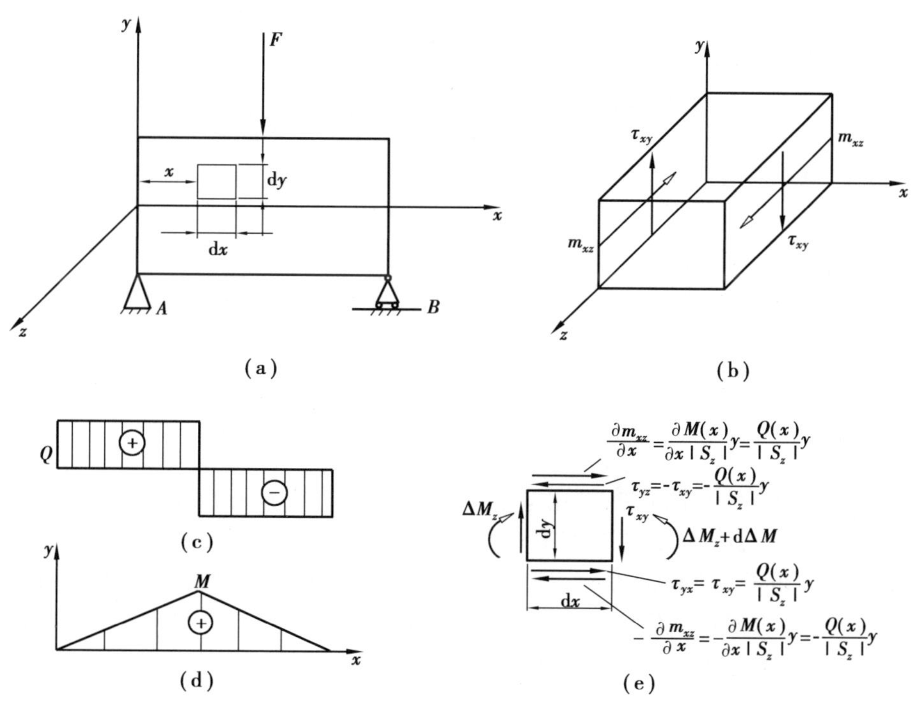

图6.19

现在研究单元体受力、矩作用的平衡。

如图6.19(d)所示，设作用在左面有弯矩ΔM_z，根据弯矩图6.19(c)可知，作用在右面上的弯矩为$\Delta M_z+\mathrm{d}\Delta M_z$。显然对$z$轴的弯应矩不能平衡，因为在$z$轴正方向上多了$\mathrm{d}\Delta M_z$(方向由右手定则判定)，而$\mathrm{d}\Delta M_z$由左侧面的$\tau_{xy左}$和右侧面的$\tau_{xy右}$形成的与$z$轴反向的扭应矩而平衡。根据剪应力互等定理，在单元体上、下两面各有由τ_{xy}引起的剪应力$\tau_{yx上}$和$\tau_{yx下}$，这两个剪应力对z轴的扭矩(z轴正方向)，没有力矩与之平衡。必定上、下两面有由

$$\frac{\partial m_{xz}}{\partial x}=\frac{\partial M_z(x)}{\partial x|s_z|}y=\frac{Q(x)}{|s_z|}y=\tau_{xy} \tag{6.79}^*$$

产生的剪应力形成扭矩与之平衡,则上面(或下面)受到大小相等方向相反的两个剪应力的作用,其合剪应力为零,即上、下两面无剪应力,此时单元体才能平衡。这就证明单元体内不存在剪应力互等定理。由此得出结论:由$\frac{\partial m_{xz}}{\partial x}$得到的剪应力,在数值上等于同一平面上的剪应力$\tau_{xy}$,而$\frac{\partial m_{xz}}{\partial x}$作用在由"剪应力互等定理"$\tau_{xy}$引起的$\tau_{yx}$所在的平面上,且$\frac{\partial m_{xz}}{\partial x}$与$\tau_{xy}$大小相等、方向相反。其合剪应力为零,进一步证明了有弯应矩存在的单元体上不存在剪应力互等定理。

6.18.2 梁内不存在剪应力互等定理的证明

如图6.19(a)所示的狭梁内有弯应矩m_{xz}作用,且横截面内有剪应力τ_{xy}。下面从应力应矩平衡微分方程中求解纵截面剪应力。

由式(2.2b)*可知

$$\tau_{xy}-\tau_{yx}+\frac{\partial m_{xz}}{\partial x}+\frac{\partial m_{yz}}{\partial y}+\frac{\partial m_{zz}}{\partial z}=0$$

右侧面的应力和应矩值为

$$m_{yz}=0,m_{zz}=0,\tau_{xy}=-\frac{Q(x)}{|S_z|}y,\frac{\partial m_{xz}}{\partial x}=\frac{\partial M(x)}{\partial x|S_z|}y$$

把以上数据代入式(2.2b)*,可得

$$-\frac{Q(x)}{|S_z|}y-\tau_{yx}+\frac{\partial}{\partial x}\left(\frac{M(x)}{|S_z|}y\right)+0+0=0$$

即

$$\tau_{yx}=-\frac{Q(x)}{|S_z|}y+\frac{Q(x)}{|S_z|}y=0$$

上式进一步证明梁的纵截面上无剪应力,也表明梁内不存在剪应力互等定理。

6.19 应矩理论解决梁的不平衡问题

第1章1.11节中梁的不平衡问题,可用应矩理论得到圆满的解决。将图1.17(e)所示单元体上的应力理论受力图,用图6.20(d)的应矩理论受力图来表示。

用右手定则确定弯矩沿z坐标的方向(规定的正弯矩的方向与设定的坐标轴$Oxyz$的方向不一定一致),为了计算方便,设力偶矩的作用点C在梁中间,部分体的长、宽、高分别为$l/4,b,h/2$,作用在梁上的外力偶M,其剪力方程和弯矩方程分别为

$$Q(x)=-\frac{M}{l}\qquad(0<x<l)$$

$$M(x_1)=-\frac{M}{l}x\qquad\left(0\leqslant x<\frac{l}{2}\right)$$

$$M(x_2)=\frac{M}{l}(l-x)\qquad\left(\frac{l}{2}<x\leqslant l\right)$$

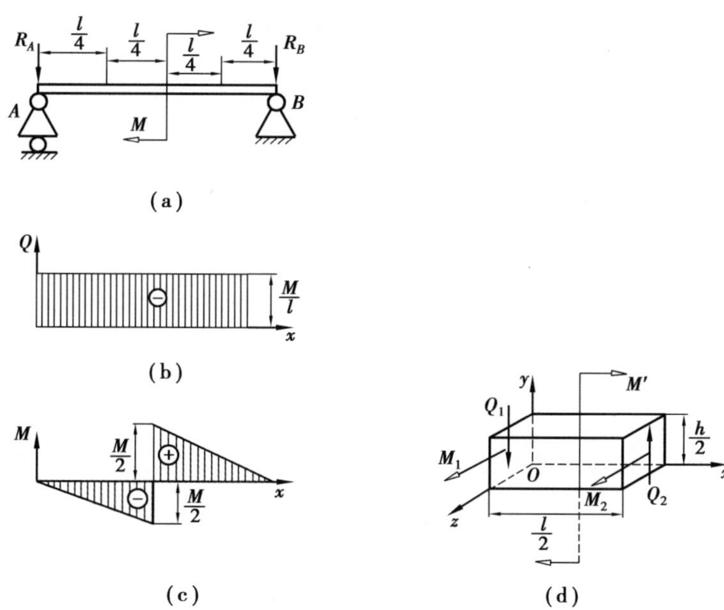

图6.20　应矩理论下梁的平衡

$M(x_1)$为负值表示图形向上凸，不表示与 z 轴相反。

作用在部分体$(\frac{l}{2}\times b\times\frac{h}{2})$上的力偶矩为

$$M'=\frac{M}{2}$$

由图6.20(b)所示的剪力图可知

$$|Q_1|=|Q_2|$$

上半个单元体平衡方程为

$$\sum x=0$$

$$\sum y=Q_1-Q_2=0$$

$$\sum z=0$$

$$\sum M_x=+Q_1\frac{b}{2}-Q_2\frac{b}{2}=0$$

$$\sum M_y=0$$

$$\sum M_z=\frac{M_1}{2}+\frac{M_2}{2}+\frac{Q_2}{2}\cdot\frac{l}{2}-\frac{M}{2} \tag{a}$$

而

$$M_1=\frac{M}{l}x=\frac{M}{l}\cdot\frac{l}{4}=\frac{M}{4} \tag{b}$$

$$M_2=\frac{M}{l}(l-x)=\frac{M}{l}\left(l-\frac{3}{4}l\right)=\frac{M}{4} \tag{c}$$

且

$$\frac{Q_2}{2}\cdot\frac{l}{2}=\frac{1}{2}\cdot\frac{M}{l}\cdot\frac{l}{2}=\frac{M}{4} \tag{d}$$

把式(b)、式(c)、式(d)代入式(a)，可得

$$\sum M_z=\frac{M}{8}+\frac{M}{8}+\frac{M}{4}-\frac{M}{2}=0$$

以上平衡方程表明,应矩理论解决了梁的不平衡问题,证明了应矩理论的正确性。

6.20 载荷集度、剪力、弯矩、弯应矩间的微分关系

设作用在梁内的弯矩为 $M(x)$,剪力为 $Q(x)$,梁上的集度为 $q(x)$。材料力学已证明,弯矩与剪应力关系为

$$\frac{\mathrm{d}M(x)}{\mathrm{d}x}=Q(x) \tag{6.80}^*$$

剪力与集度的关系为

$$\frac{\mathrm{d}Q(x)}{\mathrm{d}x}=q(x) \tag{6.81}^*$$

则弯矩的二阶微分等于集度,即

$$\frac{\mathrm{d}^2M(x)}{\mathrm{d}x^2}=q(x) \tag{6.82}^*$$

由本章6.18节中梁横截面上受到的弯应矩为 m_{xz} 和式(6.5)可得

$$m_{xz}=\frac{M(x)}{|S_z|}y$$

则

$$\frac{\partial m_{xz}}{\partial x}=\frac{\partial}{\partial x}\left[\frac{M(x)}{|S_z|}y\right]=\frac{\partial M(x)}{\partial x}\cdot\frac{y}{|S_x|}$$

把式(6.80)*代入上式,可得

$$\frac{\partial m_{xz}}{\partial x}=\frac{Q(x)}{|S_z|}y \tag{6.83}^*$$

将式(6.69)*代入式(6.83)*,可得

$$\frac{\partial m_{xz}}{\partial x}=\tau_{xy} \tag{6.84}^*$$

则

$$\frac{\partial^2 m_{xz}}{\partial x^2}=\frac{\partial\tau_{xy}}{\partial x}=\frac{\partial Q(x)}{\partial x}\cdot\frac{y}{|S_z|}=\frac{q(x)}{\frac{|S_z|}{y}} \tag{6.85}^*$$

载荷集度作用在梁的外表面,即 $y=y_{\max}$。又由式(6.13)*可知,抗弯截面模量为

$$W_w=\frac{|S_z|}{y_{\max}}$$

则

$$\frac{\partial^2 m_{xz}}{\partial x^2}=\frac{\partial\tau_{xy}}{\partial x}=\frac{q}{\frac{|S_z|}{y_{\max}}}=\frac{q}{W_w} \tag{6.86}^*$$

式(6.86)表明,作用在同一横截面上的互相垂直的弯应矩与剪应力,对垂直该平面坐标的微分存在上式关系。正是因为存在$\frac{\partial m_{xz}}{\partial x}=\tau_{xy}$,故弯曲体内不存在剪应力互等定理。

第7章 梁的变形

7.1 应矩理论下梁的挠曲线微分方程

正应力理论推导出梁的挠曲线近似微分方程(详见刘鸿文《材料力学》弯曲变形一章中的挠曲线微分方程一节)为

$$\frac{d^2y}{dx^2}=\frac{M}{EI_z} \tag{7.1}$$

而应矩理论认为挠曲线是由弯矩产生的,不是正应力产生的,因此不能用拉伸胡克定律推导其计算公式,而要用弯曲定律和弯应矩的理论来推导。

如图7.1(a)所示的矩形截面梁,在F作用下变形为凹曲线,在x处,取微段dx,其曲率半径为ρ,转角为θ(见图7.1(b)),在距离中性轴为y处的线应变为ε_y,由式(6.2)可得

$$\varepsilon_y=\frac{|y|}{\rho}$$

由弯曲定律(见式(6.1)*)可得y处的弯应矩为

$$m_{xz}=G_w\varepsilon_y$$

由弯应矩公式(见式(6.5))可得y处的弯应矩为

$$m_{xz}=\frac{M(x)}{|S_z|}y$$

将式(6.1)*和式(6.2)代入式(6.5),可得

$$\frac{M(x)}{G_w|S_z|}=\frac{1}{\rho} \tag{7.2}$$

查《高等数学》可知,曲线$y=f(x)$的任一点曲率公式为

$$\frac{1}{\rho}=\pm\frac{\frac{d^2y}{dx^2}}{\left[1+\left(\frac{dy}{dx}\right)^2\right]^{\frac{3}{2}}}$$

由式(7.2)和上式可得

$$\frac{M(x)}{G_w|S_z|} = \pm \frac{\frac{a^2 y}{dx^2}}{\left[1+\left(\frac{dy}{dx}\right)^2\right]^{\frac{3}{2}}} \tag{7.3}$$

式(7.3)就是应矩理论下的挠曲线微分方程。

由于梁是小变形，且梁的挠曲面为一平缓曲线，故转角 $\theta=\frac{dy}{dx}$远小于 1，$\left(\frac{dy}{dx}\right)^2$ 更小，故$\left(\frac{dy}{dx}\right)^2$ 可忽略不计。式(7.3)则变为

$$\pm\frac{d^2 y}{dx^2}=\frac{M(x)}{G_w|S_z|} \tag{7.3'}$$

式(7.3′)就是挠曲线近似微分方程。其左边正负号取决于坐标系的选取和弯矩符号的规定。

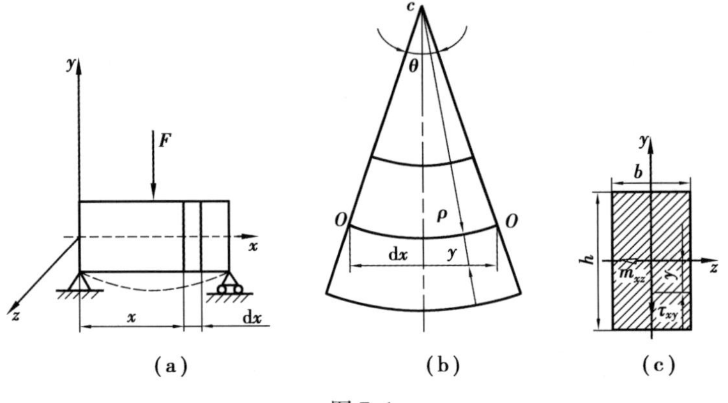

图 7.1

选定 y 坐标向上的情况(见图 7.2)，弯矩 $M(x)$ 与二阶导数 d^2y/dx^2 的符号总是相同的。图 7.2(a)中，弯矩 $M(x)$的符号为正，二阶导数 d^2y/dx^2 的符号也是正的。图 7.2(b)中，弯矩 $M(x)$的符号是负的，二阶导数的符号也是负的。故式(7.3′)成为

$$\frac{d^2 y}{dx^2}=\frac{M(x)}{G_w|S_z|} \tag{7.4}^*$$

式(7.4)* 就是计算挠度和转角的挠曲线近似微分方程。

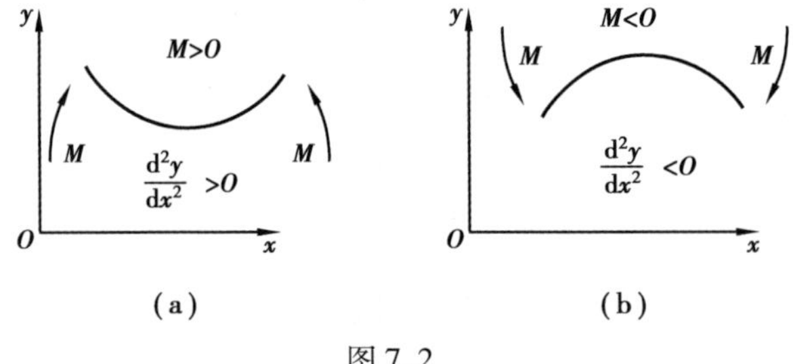

图 7.2

7.2　积分法求梁的变形

已知梁的转角

$$\theta = \frac{dy}{dx} \tag{7.5}$$

由式(7.4)* 积分,可得

$$\theta_m = \frac{dy}{dx} = \int \frac{M(x)}{G_w |S_z|} dx + c \tag{7.6*}$$

式(7.6)* 为转角方程,再积分计算可得梁的挠度,即

$$y_m = \iint \frac{M(x)}{G_w |S_z|} dx dx + cx + D \tag{7.7*}$$

式(7.7)* 即为应矩理论的挠曲线方程,通过边界条件求出积分常数 c 和 D,即可求出截面的转角和挠度。

7.3　应力理论梁保证刚度要求时的尺寸及临界值

由式(7.1)可知,在应力理论下,当 $M(x)$ 一定时,变形(转角和挠度)与抗弯刚度 EI_z 的大小有关,EI_z 越大,则变形越小;由式(7.4)可知,在应矩理论下,当 $M(x)$ 一定时,变形(转角和挠度)与抗弯刚度 $G_w|S_z|$ 大小有关,$G_w|S_z|$ 越大,则变形越小。注意,即使在相同材料、相同形状和相同尺寸的情况下,两种理论下的抗弯刚度 $G_w|S_z|$ 和 EI_z 也是不相等的。

7.3.1　保证矩形梁的抗弯刚度要求时的尺寸

设两种理论下的矩形梁的宽度与高度之比相等,即

$$\frac{b_\sigma}{h_\sigma} = \frac{b_m}{h_m} = \alpha \tag{a}$$

则应力理论的矩形的惯性矩为

$$I_z = \frac{b_\sigma h_\sigma^3}{12} = \frac{\alpha h_\sigma^4}{12}$$

应矩理论的矩形的绝对静矩为

$$|S_z| = \frac{b_m h_m^2}{4} = \frac{\alpha h_m^3}{4}$$

应力理论下的抗弯刚度为

$$EI_z = E\frac{\alpha h_\sigma^4}{12}$$

应矩理论下的抗弯刚度为

$$G_w |S_z| = G_w \frac{\alpha h_m^3}{4}$$

当两种理论下的抗弯刚度相等时,即

$$\frac{E\alpha h_\sigma^4}{12} = G_w \frac{\alpha h_m^3}{4} \tag{b}$$

由式(b)可求得满足矩形梁刚度要求的高度 h_m 为

$$h_m = h_\sigma \sqrt[3]{\frac{E}{3G_w} h_\sigma} \tag{7.8}$$

式(7.8)即为满足矩形梁刚度要求的最小尺寸。

对于碳素钢,拉伸弹性模量 $E = 2 \times 10^{11}$ N/m^2,弯曲弹性模量 $G_w = 2 \times 10^9$ N/m,则满足矩形碳素钢梁刚度要求的高度为

$$h_m = h_\sigma \sqrt[3]{\frac{2 \times 10^{11}}{3 \times 2 \times 10^9} h_\sigma} = h_\sigma \sqrt[3]{\frac{100}{3} h_\sigma} \tag{7.9}$$

注意,式(7.9)是式(7.8)推导出来的,$\sqrt[3]{\frac{E}{3G_w} h_\sigma}$ 是无量纲,因此,$\sqrt[3]{\frac{100}{3} h_\sigma}$ 也是无量纲。

矩形碳素钢梁满足刚度条件的临界尺寸为

$$h_m = h_\sigma$$

由式(7.9)可得

$$h_\sigma^* = 0.03 \text{ m} = 30 \text{ mm} \tag{7.10}^*$$

这就是碳素钢矩形梁保证刚度要求的临界尺寸。对比式(6.59)* 和式(7.10)* 可知,保证矩形碳素钢梁的强度和刚度的临界尺寸相等。

由式(a)可得矩形梁宽度的临界尺寸为

$$b_\sigma^* = \alpha h_\sigma = 30\alpha \text{ mm} \tag{7.10$'*$

式(7.10′)* 表明,应力理论计算出的矩形碳素钢梁,只有当其高度 $h \leqslant 30$ mm 时,梁的刚度才能得到保证;当 $h > 30$ mm 时,梁的刚度得不到保证。

7.3.2 正方形梁保证刚度条件时的尺寸及临界值

由矩形梁满足刚度条件的式(7.8),可直接得出正方形梁保证刚度条件的尺寸为

$$a_m = a_\sigma \sqrt[3]{\frac{E}{3G_w} a_\sigma} \tag{7.11}$$

正方形碳素钢梁满足刚度条件的临界尺寸为

$$a_m = a_\sigma$$

则由式(7.11)可得

$$a_\sigma^* = 0.03 \text{ m} = 30 \text{ mm} \tag{7.12}^*$$

式(7.12)* 就是正方形碳素钢梁满足刚度条件的临界尺寸,与式(6.61)* 对比可知,正方形梁的强度和刚度安全临界尺寸相等。

7.3.3 圆形梁保证刚度条件时的尺寸及临界值

圆形梁应力理论下的惯性矩为

$$I_z = \frac{\pi D_\sigma^4}{64} \tag{a}$$

应矩理论下的绝对静矩为

$$|S_z| = \frac{D_m^3}{6} \tag{b}$$

当两种理论下抗弯刚度相等时,即

$$EI_z = G_w |S_z| \tag{c}$$

把式(a)和式(b)代入式(c),可得

$$D_m = D_\sigma \sqrt[3]{\frac{3\pi}{32} \cdot \frac{E}{G_w} D_\sigma} \tag{7.13}$$

式(7.13)即为保证刚度条件时的圆梁直径尺寸换算公式。

当 $D_m = D_\sigma$ 时,可得保证圆梁刚度要求的临界尺寸为

$$D_\sigma^* = \frac{32G_w}{3\pi E} \tag{7.14}$$

对于碳素钢,把 E, G_w 值代入式(7.14),可得

$$D_\sigma^* = \frac{32 \times 2 \times 10^9}{3\pi \times 2 \times 10^{11}} = 3.4 \times 10^{-2}\ \text{m} = 34\ \text{mm} \tag{7.15*}$$

式(7.15)* 就是碳素钢圆梁保证刚度条件时的临界尺寸。对比式(6.65′)* 和式(7.15)* 可知,碳素钢圆梁的强度和刚度安全临界直径相等。

7.3.4　空心圆梁保证刚度要求时的尺寸及临界值

已知应力、应矩理论下的空心圆梁外径为 D_σ, D_m,内径为 d_σ, d_m,并设

$$\frac{d_\sigma}{D_\sigma} = \frac{d_m}{D_m} = \alpha$$

则应力理论下空心梁的抗弯截面模量为

$$I_z = \frac{\pi D_\sigma^4}{64}(1 - \alpha^4) \tag{d}$$

应矩理论下空心梁的绝对静矩为

$$|S_z| = \frac{D_m^3}{6}(1 - \alpha^3) \tag{e}$$

当两种理论下抗弯刚度相等时,可得

$$E\frac{\pi D_\sigma^4}{64}(1 - \alpha^4) = G_w \frac{D_m^3}{6}(1 - \alpha^3)$$

即

$$D_m = D_\sigma \sqrt[3]{\frac{3\pi(1 - \alpha^4)}{32(1 - \alpha^3)} \cdot \frac{E}{G_w} D_\sigma} \tag{7.16}$$

式(7.16)即为空心圆梁保证刚度要求时的尺寸换算公式。

当 $D_m = D_\sigma$ 时,由式(7.16)可得

$$D_\sigma^* = \frac{32(1 - \alpha^3) G_w}{3\pi(1 - \alpha^4) E} \tag{7.17}$$

式中　D_σ——空心圆梁保证刚度要求的临界尺寸。

设普通碳素钢空心圆梁的 $\alpha = \frac{1}{2}$,并将 E, G_w 代入式(7.17),可得

$$D_\sigma^* = \frac{32 \times \left[1 - \left(\frac{1}{2}\right)^3\right] \times 2 \times 10^9}{3\pi\left[1 - \left(\frac{1}{2}\right)^4\right] \times 2 \times 10^{11}} = 32\ \text{mm} \tag{f}$$

式(f)表明,应力理论计算出的中空碳素钢圆梁$\left(\alpha = \frac{1}{2}\right)$,当外径尺寸 $D_\sigma \leqslant 32$ mm 时,梁能满足刚度要求;当外径尺寸 $D_\sigma > 32$ mm 时,不能保证梁刚度要求。

7.3.5 关于弹性力学细长杆(或短梁)的定义

现行弹性力学本身认为,弹性力学只能适用于细长杆,不能适用于大件、短梁。但是,何谓细长杆?现行弹性力学对细长杆的横截面积多大、杆长度多长等问题没有给出确切的数据。短梁也是如此。可见弹性力学对于细长杆(或短梁)的概念是模糊的,不科学的。因而也无法按照这样的理论去设计工程上的短梁。

对比第6章6.12节内容可知,正方形、矩形、圆形及中空圆管梁的抗弯强度和抗弯刚度的临界值分别相等。该结论恰好可给弹性力学中没有定义的细长杆(或短梁)下定义。

由于不同材料有不同的拉伸弹性模量 E 值及弯曲弹性模量 G_w 值,因此,材料不同,其临界尺寸也不相同。故定义不同材料、不同几何形状细长杆的尺寸也不相同。对任何材料、任何几何形状细长杆的广义定义为,横截面尺寸小于或等于强度或刚度临界尺寸的杆,称为该材料、该几何形状的细长杆。

短梁的广义定义为,横截面尺寸大于强度或刚度临界尺寸的梁,称为该材料、该几何形状的短梁。

例如,碳素钢细长杆的定义:当正方形梁的边长 $a\leqslant 30$ mm、矩形梁高 $h\leqslant 30$ mm、圆梁直径 $D\leqslant 34$ mm 或者中空圆管梁直径 $D\leqslant 3.4\times\frac{1-\alpha^3}{1-\alpha^4}\times 10^{-2}$ m 时,分别称为不同形状的碳素钢的细长杆。碳素钢短梁的定义,当正方形梁的边长 $a>30$ mm、矩形梁高 $h>30$ mm、圆梁直径 $D>34$ mm 或者中空圆管梁直径 $D>3.4\times\frac{1-\alpha^3}{1-\alpha^4}\times 10^{-2}$ m 时,分别称为不同形状的碳素钢的短梁。

这样就明确给现行弹性理论限定了适用范围——只适用于细长杆。

7.3.6 计算实例

例7.1 用应力刚度理论设计的矩形碳素钢梁两架,其尺寸分别为 $h_1=50$ mm,$h_2=20$ mm,试校核两梁刚度。

解 ①由于 $h_1=50\ \text{mm}>30\ \text{mm}$,故该尺寸不能保证梁的刚度,由式(7.9)可知,其保证刚度尺寸为

$$h_m=h_\sigma\sqrt[3]{\frac{100}{3}h_\sigma}=50\times 10^{-3}\times\sqrt[3]{\frac{100}{3}\times 50\times 10^{-3}}=59.3\ \text{mm}>50\ \text{mm}$$

以上分析说明应力理论计算出 $h=50$ mm 的碳素钢梁,不能保证其设计刚度。

②由于 $h_2=20\ \text{mm}<30\ \text{mm}$,故该尺寸能保证其刚度,所需尺寸为

$$h_m=h_\sigma\sqrt[3]{\frac{100}{3}h_\sigma}=20\times 10^{-3}\times\sqrt[3]{\frac{100}{3}\times 20\times 10^{-3}}=17.5\ \text{mm}<20\ \text{mm}$$

可见 h_2 足以保证梁的刚度。

例7.2 用应力刚度理论设计的圆碳素钢梁,得到的直径为 $D_\sigma=100$ mm,试校核其刚度。

解 由于 $D_\sigma=100\ \text{mm}>34\ \text{mm}$,故该尺寸不满足刚度要求。由式(7.13)可得

$$D_m=D_\sigma\sqrt[3]{\frac{3\pi}{32}\cdot\frac{E}{G_w}D_\sigma}=100\times 10^{-3}\times\sqrt[3]{\frac{3\pi\times 2\times 10^{11}\times 100\times 10^{-3}}{32\times 2\times 10^{9}}}=140\ \text{mm}$$

可见要满足刚度要求应增加的直径为

$$\Delta D=140-100=40\ \text{mm}$$

例7.2与例6.3对比可知,保证安全刚度和保证安全强度,在相同条件下,尺寸是相等的。

7.4　应力、应矩两种理论下梁的变形公式形式相同

用积分法可求得应矩理论下挠曲线微分方程式(7.4)*的通解为[式(7.6)*、式(7.7)*]

$$\theta_m = \frac{dy}{dx} = \int \frac{M}{G_w |S_z|} dx + c$$

$$y_m = \iint \frac{M}{G_w |S_z|} dx dx + cx + D$$

式(7.6)*即为梁横截面的转角方程,式(7.7)*即为横截面的挠度方程。

积分常数根据边界条件(如固定端的转角和挠度为零)和连续条件(如梁中间截面处左右极限截面挠度和转角均相等)来确定。

应力理论下的转角方程与挠度方程为

$$\theta_\sigma = \frac{dy}{dx} = \int \frac{M}{EI_z} dx + c \tag{7.18}$$

$$y_\sigma = \iint \frac{M}{EI_z} dx dx + cx + D \tag{7.19}$$

两种理论对比可知,如果梁的尺寸、载荷作用方式相同,则式(7.6)*与式(7.18)、式(7.7)*与式(7.19)形式上完全相同,只是常数 E 换成 G_w,I_z 换成了 $|S_z|$,就把应力理论下转角方程和挠度方程转换成应矩理论下的两个方程。因此,正应力理论下求得的转角和挠度公式与应矩理论下求得的转角和挠度公式形式上完全一样,不必再进行复杂的积分来求简单载荷下的转角和挠度,通过类比法,可直接写出。

例如,求应矩理论下悬臂梁挠曲线方程的转角和挠度,只需把公式中的 E 换成 G_w,I_z 换成 $|S_z|$即可。

悬臂梁两种理论下变形公式比较如表7.1所示。

表7.1　悬臂梁两种理论下的变形公式比较

变　形 理　论	挠曲线方程	端面转角	最大挠度
应力理论	$y_\sigma = \frac{Fx^2}{6EI}(3l - x)$	$\theta_\sigma = \frac{Fl^2}{2EI}$	$y_{max} = \frac{Fl^3}{3EI}$
应矩理论	$y_m = \frac{Fx^2}{6G_w \vert S_z \vert}(3l - x)$	$\theta_m = \frac{Fl^2}{2G_w \vert S_z \vert}$	$y_{max} = \frac{Fl^3}{3G_w \vert S_z \vert}$

7.5　两种理论下梁的转角及挠度间的关系

对比两种理论下梁在简单载荷作用下的变形公式,由表7.1可知,在同等条件下(梁的形状、几何尺寸、受力方式、受力大小及作用点和材料都相同),其变形大小都与抗弯刚度成反比,即

$$\frac{\theta_\sigma}{\theta_m} = \frac{y_\sigma}{y_m} = \frac{G_w |S_z|}{EI_z} \tag{7.20}$$

梁在简单载荷作用下的变形都有此结论,详见《材料力学》弯曲变形部分[1]。

7.5.1 碳素钢圆梁的转角和挠度的当量公式及临界尺寸

对于碳素钢，其拉伸弹性模量、弯曲弹性模量、惯性矩及绝对静矩分别为

$$E = 2 \times 10^{11}\ \text{N/m}^2$$

$$G_w = 2 \times 10^9\ \text{N/m}$$

$$I_z = \frac{\pi D^4}{64}$$

$$|S_z| = \frac{D^3}{6}$$

则由式(7.20)可得

$$\frac{\theta_\sigma}{\theta_m} = \frac{y_\sigma}{y_m} = \frac{2 \times 10^9 \times \dfrac{D^3}{6}}{2 \times 10^{11} \times \dfrac{\pi D^4}{64}} = \frac{32}{300\pi D} = \frac{8}{75\pi D} \tag{7.21}$$

式(7.21)就是碳素钢圆梁的转角和挠度的当量转化公式。注意，式(7.21)为无量纲式，计算时只代入数字，不代入量纲。表面上看式(7.21)有量纲(m^{-1})，但它是从无量纲式$\dfrac{G_w|S_z|}{EI_z}$导出的，实际是无量纲。

当转角或挠度也相等时，即

$$1 = \frac{8}{75\pi D}$$

则临界直径为

$$D^* = \frac{75\pi}{8} = 34\ \text{mm} \tag{7.22}^*$$

式(7.22)*与式(7.15)*的结论完全相同，即正应力理论设计的圆梁，当直径$D \leqslant 34$ mm时，转角和挠度都能满足设计要求；当$D > 34$ mm时，转角和挠度都不能满足设计要求。

利用式(7.21)，可求得碳素钢圆梁的转角和挠度的当量公式为

$$\theta_m = \frac{75\pi D_\sigma}{8}\theta_\sigma \approx 29.4 D_\sigma \theta_\sigma\ \text{rad} \tag{7.23}$$

$$y_m = \frac{75\pi D_\sigma}{8} y_\sigma \approx 29.4 D_\sigma y_\sigma\ \text{m} \tag{7.24}$$

注意，式(7.23)、式(7.24)由无量纲式(7.20)导出，故两式的量纲是正确的。计算时，只代入数字不代入量纲。

7.5.2 碳素钢矩形梁转角与挠度的当量公式及临界尺寸

已知矩形碳素钢的惯性矩及绝对静矩分别为

$$I_z = \frac{bh^3}{12}$$

$$|S_z| = \frac{bh^2}{4}$$

则由式(7.20)可得

$$\frac{\theta_\sigma}{\theta_m} = \frac{y_\sigma}{y_m} = \frac{G_w|S_z|}{EI_z} = \frac{2 \times 10^9 \times \dfrac{bh^2}{4}}{2 \times 10^{11} \times \dfrac{bh^3}{12}} = \frac{3}{100h} \tag{7.25}$$

式(7.25)即为矩形梁应矩、应力理论下挠度和转角的当量公式(为无量纲公式)。由式(7.25),可得转角的当量公式为

$$\theta_m = \frac{100h}{3}\theta_\sigma \text{ rad} \tag{7.26a}$$

由式(7.25)可得挠度当量公式为

$$y_m = \frac{100h}{3}y_\sigma \text{ m} \tag{7.26b}$$

从式(7.26a)和式(7.26b)可知,高 h 越大,其当量尺寸就越大。

当 $\theta_\sigma = \theta_m$ 或 $y_\sigma = y_m$ 时,临界尺寸为

$$h^* = \frac{3}{100} \text{ m} = 30 \text{ mm} \tag{7.27*}$$

式(7.27)* 即碳素钢矩形梁转角和挠度的临界值。

式(7.27)* 与式(7.10)* 的结论完全相同,即应力理论下的碳素钢矩形梁,当高度 $h > 30$ mm 时不能满足转角和挠度的要求。

由此可得出结论,矩形截面碳素钢梁高 $h = 30$ mm 时为变形的临界尺寸。这就是说,用应力理论设计的碳素钢矩形梁当 $h > 30$ mm 时,其刚度得不到保证;而 $h < 30$ mm 时,其刚度才能得到保证;$h = 30$ mm称为矩形梁应力理论刚度临界尺寸。本结论同样适用于正方形梁。

7.5.3　碳素钢中空圆梁转角与挠度的临界尺寸及当量尺寸

设中空圆梁的内径与外径之比为

$$\alpha = \frac{d}{D}$$

则

$$\begin{aligned}\frac{\theta_\sigma}{\theta_m} = \frac{y_\sigma}{y_m} &= \frac{G_w |S_z|}{EI_z} \\ &= \frac{2 \times 10^9 \times \dfrac{(1-\alpha^3)D^3}{6}}{2 \times 10^{11} \times \dfrac{\pi D^4 (1-\alpha^4)}{64}} \\ &= \frac{32(1-\alpha^3)}{3 \times 10^2 \pi (1-\alpha^4) D}\end{aligned} \tag{7.28}$$

式(7.28)就是碳素钢中空圆梁的挠度和转角的当量公式。

当变形相等时,即

$$3 \times 10^2 \pi (1-\alpha^4) D = 32(1-\alpha^3)$$

则临界尺寸为

$$D^* = \frac{32(1-\alpha^3)}{3 \times 10^2 \pi (1-\alpha^4)} \tag{7.29}$$

设 $\alpha = \frac{1}{2}$,则圆管的临界尺寸为

$$D^* = \frac{32 \times \left[1 - \left(\frac{1}{2}\right)^3\right]}{3 \times \pi \times \left[1 - \left(\frac{1}{2}\right)^4\right]} \times 10^{-2} \approx 32 \times 10^{-2} \text{ m} = 32 \text{ mm} \tag{7.29$'$}$$

式(7.29′)即为 $\alpha = \frac{1}{2}$ 时的圆管碳素钢梁转角及挠度的临界尺寸。

由式(7.28)可得

$$\theta_m = \frac{3\pi(1-\alpha^4)\times 10^2}{32(1-\alpha^3)} D\theta_\sigma \text{ rad} \tag{7.30}$$

$$y_m = \frac{3\pi(1-\alpha^4)\times 10^2}{32(1-\alpha^3)} Dy_\sigma \text{ m} \tag{7.31}$$

式(7.30)和式(7.31)即为应矩理论下碳素钢圆管的梁转角和挠度的当量尺寸。

由式(7.30)和式(7.31)可知,当量转角 θ_m 与当量挠度 y_m 都与直径 D 成正比,直径 D 越大,θ_m 和 y_m 就越大。

7.5.4　实例计算比较

例 7.3　如图7.3所示为长 $l=1\ 000$ mm、直径 $d=100$ mm、受 $F=1\ 000$ N 的碳素钢圆悬臂梁,试用正应力公式及弯应矩公式求转角 θ_σ,θ_m 和最大挠度 y_σ,y_m。

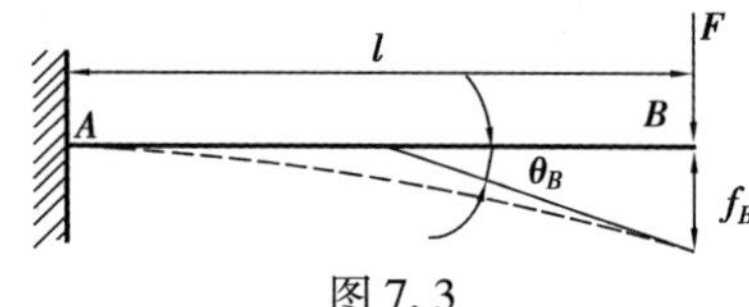

图7.3

解　已知

$$E=2\times 10^{11}\ \text{N/m}^2$$

$$I_z=\frac{\pi D^4}{64}=\frac{3.14\times(100\times 10^{-3})^4}{64}=4.9\times 10^{-6}$$

$$G_w=2\times 10^9\ \text{N/m}$$

$$|S_z|=\frac{D^3}{6}=\frac{(100\times 10^{-3})^3}{6}=1.67\times 10^{-4}$$

由于 $d=100$ mm $>D*=34$ mm,则转角和挠度都不能满足设计要求。

①转角 θ_σ 为

$$\theta_\sigma=\frac{Fl^2}{2EI_z}=\frac{10^3\times 1^2}{2\times 2\times 10^{11}\times 4.9\times 10^{-6}}\text{ rad}=5.1\times 10^{-4}\text{ rad}$$

②转角 θ_m 为

$$\theta_m=\frac{Fl^2}{2G|S_z|}=\frac{10^3\times 1^2}{2\times 2\times 10^9\times 1.67\times 10^{-4}}\text{ rad}=15\times 10^{-4}\text{ rad}$$

或用式(7.23)得到相同结果,即

$$\theta_m=29.4D\theta_\sigma=29.4\times 100\times 10^{-1}\times 5.1\times 10^{-4}\text{ rad}=15\times 10^{-4}\text{ rad}$$

则转角之比为

$$\frac{\theta_m}{\theta_\sigma}=\frac{15\times 10^{-4}}{5.1\times 10^{-4}}=2.94$$

即

$$\theta_m=2.94\theta_\sigma$$

③最大挠度 y_σ 为

$$y_\sigma=\frac{Fl^3}{3EI_z}=\frac{10^3\times 1^3}{3\times 2\times 10^{11}\times 4.9\times 10^{-6}}\text{ m}=0.34\text{ mm}$$

④最大挠度 y_m 为

$$y_m=\frac{Fl^3}{3G_w|S_z|}=\frac{10^3\times 1^3}{3\times 2\times 10^9\times 1.67\times 10^{-4}}\text{ m}=1\text{ mm}$$

或用式(7.24)得到相同结果,即

$$y_m = 2.94Dy_\sigma = 2.94 \times 100 \times 10^{-3} \times 0.34 \times 10^{-3}\ \text{m} = 1\ \text{mm}$$

则挠度之比为

$$\frac{y_m}{y_\sigma} = \frac{1}{0.34} = 2.94$$

即

$$y_m = 2.94y_\sigma$$

以上计算说明,当直径 $d = 100$ mm,大于临界直径 $D^* = 34$ mm 时,实际变形是应力理论设计变形的近3倍。

7.6 梁纯弯曲时弹性变形能

纯弯曲梁如图7.4所示,θ 为两端面转角,则力偶矩 $m(x)$ 所做的功为

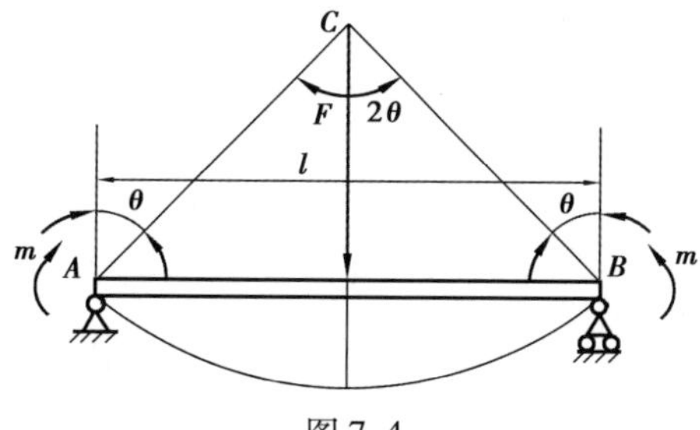

图7.4

$$W = \frac{1}{2}m(x)\theta_A + \frac{1}{2}m(x)\theta_B = m(x)\theta \tag{a}$$

外力所做功等于弹性变形能,即

$$U_w = W = m(x)\theta \tag{b}$$

设弯矩为 $M(x)$,则

$$M_w(x) = m(x) \tag{c}$$

当变形很小时

$$2\theta = \frac{L}{\rho} \tag{d}$$

由式(7.2)可得

$$\frac{1}{\rho} = \frac{M(x)}{G_w|S_z|} \tag{e}$$

由式(a)、式(d)、式(e),可得

$$U_w = \frac{M_w^2(x)l}{2G_w|S_z|} \tag{7.32}$$

式(7.32)即为应矩理论下的纯弯曲弹性变形能公式。

应力理论下的弹性变形能为

$$U_\sigma = \frac{M_w^2(x)l}{2EI_z} \tag{7.33}$$

对比式(7.32)和式(7.33)可知,两种理论下变形能公式形式相同。

两种理论下变形能之比为

$$\frac{U_\sigma}{U_w}=\frac{G_w|S_z|}{EI_z} \tag{7.34}$$

对于圆碳素钢梁,则

$$\frac{U_\sigma}{U_w}=\frac{32}{300\pi D}=\frac{8}{75\pi D} \tag{7.35}$$

当两种理论下的弹性变形能相等时,可求得临界直径为

$$D_U^*=\frac{8}{75\pi D}=34\ \mathrm{mm} \tag{7.36}$$

即当 $D_\sigma>34$ mm 时,$U_w>U_\sigma$。

对比式(6.65′)*、式(7.15)*和式(7.36)可知,圆梁抗弯强度的临界直径、抗弯刚度的临界直径和变形能的临界直径都相等。正方形梁、矩形梁、实心圆梁及管形梁的 3 种临界直径也相等。进一步证明了应矩理论的正确性。

第 8 章 应力应矩与应变关系

8.1 应力与应变关系

单元体在坐标轴 3 个方向上,同时受到三向正应力 $\sigma_x,\sigma_y,\sigma_z$ 作用或者受三向主应力 $\sigma_1,\sigma_2,\sigma_3$ 的作用,即无应矩作用时,其应力与应变之间的关系,由广义胡克定律所表示为

$$\varepsilon_{\sigma x}=\frac{1}{E}[\sigma_x-\mu(\sigma_y+\sigma_z)] \tag{8.1a}^*$$

$$\varepsilon_{\sigma y}=\frac{1}{E}[\sigma_y-\mu(\sigma_x+\sigma_z)] \tag{8.1b}^*$$

$$\varepsilon_{\sigma z}=\frac{1}{E}[\sigma_z-\mu(\sigma_x+\sigma_y)] \tag{8.1c}^*$$

如果单元体只受剪应力 $\tau_{xy}=\tau_{yx},\tau_{xz}=\tau_{zx},\tau_{yz}=\tau_{zy}$ 作用,则剪应力与角应变之间的关系为

$$\gamma_{yx}=\gamma_{xy}=\frac{\tau_{xy}}{G}=\frac{\tau_{yx}}{G} \tag{8.2a}^*$$

$$\gamma_{zy}=\gamma_{yz}=\frac{\tau_{yz}}{G}=\frac{\tau_{zy}}{G} \tag{8.2b}^*$$

$$\gamma_{xz}=\gamma_{zx}=\frac{\tau_{zx}}{G}=\frac{\tau_{xz}}{G} \tag{8.2c}^*$$

式(8.1)* 和式(8.2)* 即为无应矩作用下的广义胡克定律。

8.2 同一横截面上弯应矩与线应变之间的关系

8.2.1 同一横截面上弯应矩与线应变关系的推导

纯弯曲应矩状态图如图 8.1(*a*)所示,作用在左右两面的弯应矩 m_{xy},m_{xz} 使单元体产生 x 方向的线应变;上下两面的弯应矩 m_{yx},m_{yz} 使单元体产生 y 方向的线应变;前后两面的弯应矩 m_{zx},m_{zy} 使单元体

产生 z 方向的线应变,拉伸时为正应变,压缩时为负应变。如图 8.1(b)所示的弯应矩 m_{xz}使 ad,ef 伸长,使 bc,hg 缩短;如图 8.1(c)所示的弯应矩 m_{xy}使 ad,bc 伸长,使 hg,ef 缩短。由此可知,ad 棱线上有最大的拉伸线应变,则 x 方向上的最大线应变为[1]

$$\varepsilon_{mx} = \frac{m_{xy} + m_{xz}}{G_w} \tag{8.3a)*$$

hg 棱线上有最小的压缩线应变,则 x 方向上的最小线应变为

$$\varepsilon_{mx} = -\frac{m_{xy} + m_{xz}}{G_w} \tag{8.3a'}$$

同理,y 方向上的最大线应变为

$$\varepsilon_{my} = \frac{m_{yx} + m_{yz}}{G_w} \tag{8.3b)*$$

同理,y 方向上的最小线应变为

$$\varepsilon_{my} = -\frac{m_{yx} + m_{yz}}{G_w} \tag{8.3b'}$$

同理,z 方向上的最大线应变为

$$\varepsilon_{mz} = \frac{m_{zx} + m_{zy}}{G_w} \tag{8.3c)*$$

同理,z 方向上的最小线应变为

$$\varepsilon_{mz} = -\frac{m_{zx} + m_{zy}}{G_w} \tag{8.3c'}$$

式(8.3)* 称为狭义弯曲定律。

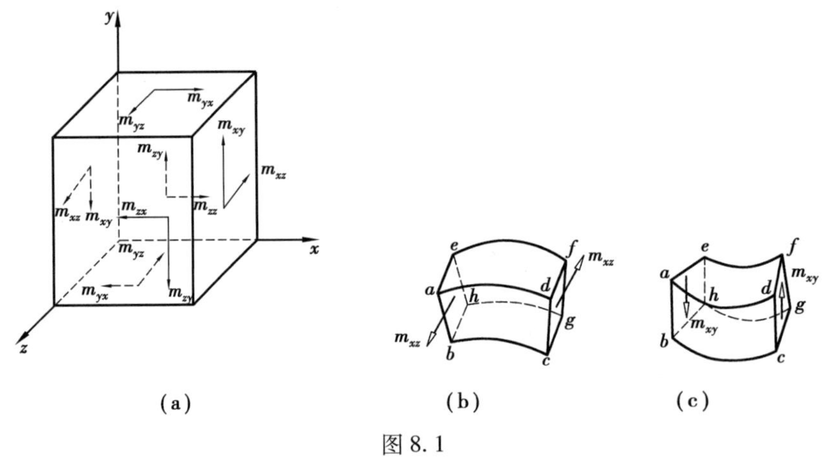

图 8.1

8.2.2 狭义弯曲定律中梁的最大线应变的位置

(1)矩形梁的最大线应变区

如图 8.1(b)所示为单元体在弯应矩 m_{xz}作用下产生的变形,如图 8.1(c)所示为单元体在弯应矩 m_{xy}作用下的变形。由图 8.1(b)、(c)可知,ad 棱线为共同延长线,hg 为共同压缩线。

(2)圆形梁最大线应变区

如图 8.2(a)所示,在圆梁横截面上作用有弯应矩 m_{xy}和 m_{xz}。如图 8.2(b)所示弯应矩 m_{xz}作用下的最大线应变为 a 点,受拉伸作用,c 点为最大压应力点。

图 8.2 中用"+"号表示伸长线应变,用"-"号表示缩短线应变。

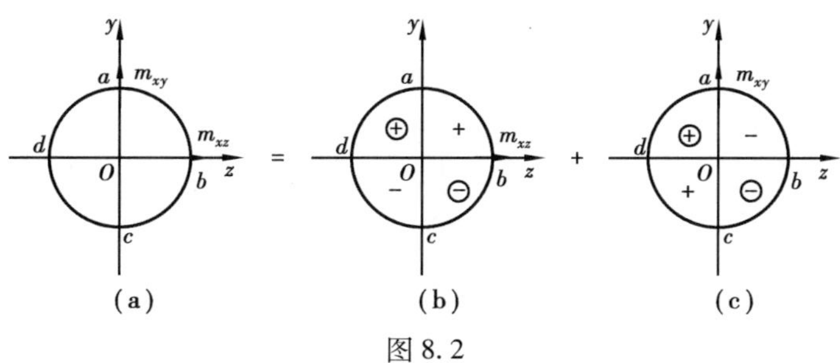

图 8.2

如图 8.2(c)所示弯应矩 m_{xy} 作用下最大线应变点为 d 点(拉)。两弯应矩共同作用下圆周 $\overset{\frown}{ad}$ 都被伸长,但最大伸长线应变点 a 与 d 不重合。故圆周 $\overset{\frown}{ad}$ 上的点都是伸长的,则最大线应变点在圆周 $\overset{\frown}{ad}$ 上的某一点,这与矩形梁的结论不同。其最大线应变的求法应是先把应矩矢量合成,用合成应矩来求最大线应变点(即最大弯应矩点),如图 8.3 所示。

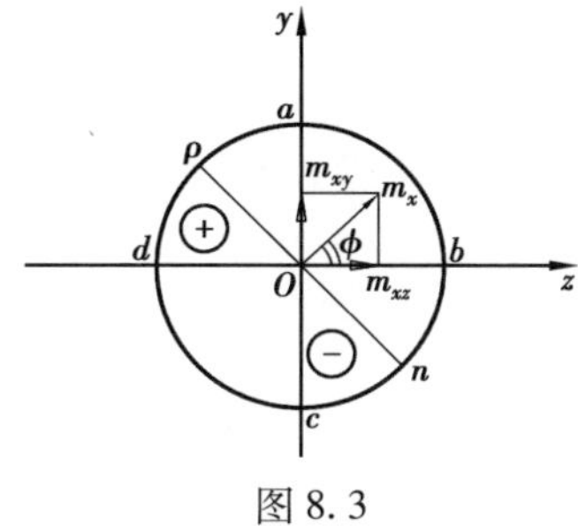

图 8.3

m_{xy} 和 m_{xz} 的合成弯矩为

$$m_x = \sqrt{m_{xy}^2 + m_{xz}^2} \tag{8.4}$$

弯应矩 m_x 与 z 轴夹角为 φ,则

$$\varphi = \arctan \frac{m_{xy}}{m_{xz}} \tag{8.5}$$

与圆周 $\overset{\frown}{ad}$ 交点 ρ 为拉应变最大点,点 n 为压应变最大点(与圆周 $\overset{\frown}{bc}$ 的交点)。因此,其危险点为 ρ 和 n(确切地讲是通过 ρ 点的圆柱的母线上对应 x 轴方向具有最大弯应矩的点)。

8.2.3　狭义弯曲定律计算斜弯曲

如图 8.4(a)、图 8.4(b)所示,矩形梁受斜应力 F 的作用,发生偏斜弯曲。设 F 的作用线通过形心 O。F 与 y 轴间夹角为 φ,把 F 分解成 F_y 和 F_z 两个分量(见图 8.4(c)),则

$$F_y = p\ \cos\ \varphi \tag{a}$$

$$M_y = M_{\cos\ \varphi} \tag{a'}$$

$$F_z = p\ \sin\ \varphi \tag{b}$$

$$M_z = M_{\sin\ \varphi} \tag{b'}$$

F_y 在(xz)平面产生弯应矩为 m_{xz},如图 8.4(d)所示;F_z 在(xy)平面产生弯应矩为 m_{xy},如图 8.4(e)所示。从图 8.4(d)、(e)可知,bc 棱同时受到拉伸,因此,bc 棱上各点为受最大弯应矩点,产生最大线应变。

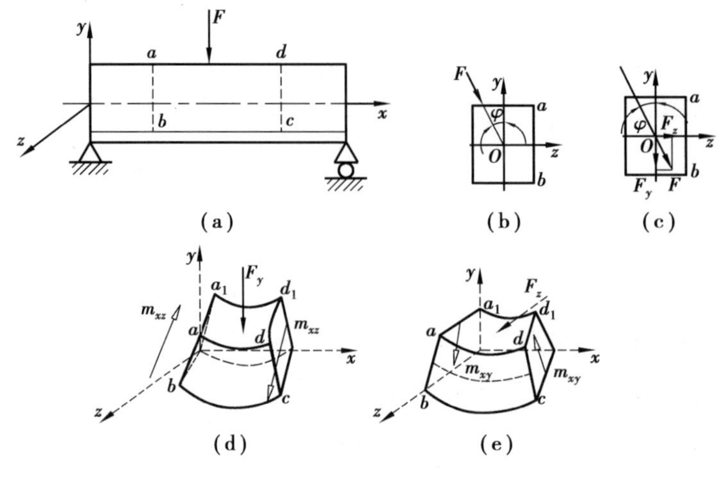

图 8.4

可用式(8.3a)* 求得最大线应变,即

$$\varepsilon_{mx\max}=\frac{m_{xy\max}+m_{xz\max}}{G_w} \tag{8.6*}$$

式中

$$m_{xy\max}=\frac{M_z(x)}{W_z}$$

$$m_{xz\max}=\frac{M_y(x)}{W_y} \tag{8.7}$$

且

$$m_{\max}=\varepsilon_{mx\max}G_w \tag{8.8}$$

由式(8.6)* 及应矩的强度条件式(6.53)* 可得

$$m_{mx\max}=\frac{M_z(x)}{W_z}+\frac{M_y(x)}{W_y}\leqslant[m_w] \tag{8.9*}$$

可用式(8.9)* 进行校核、设计尺寸及求最大载荷。

8.3 广义线应变定律和广义角应变定律

8.3.1 广义线应变公式的推导

式(8.1)* 为正应力产生的线应变公式,式(8.3)* 为弯应矩产生的线应变公式。当单元体同时受拉、弯作用时,其在 x,y,z 方向上产生的总线应变为

$$\varepsilon_x^*=\frac{1}{E}[\sigma_x-\mu(\sigma_y+\sigma_z)]+\frac{1}{G_w}(m_{xy}+m_{xz}) \tag{8.10a*}$$

$$\varepsilon_y^*=\frac{1}{E}[\sigma_y-\mu(\sigma_x+\sigma_z)]+\frac{1}{G_w}(m_{yx}+m_{yz}) \tag{8.10b*}$$

$$\varepsilon_z^*=\frac{1}{E}[\sigma_z-\mu(\sigma_x+\sigma_y)]+\frac{1}{G_w}(m_{zx}+m_{zy}) \tag{8.10c*}$$

式(8.10)* 即为拉伸和弯曲共同作用下的线应变公式,称为广义线应变定律。

8.3.2　广义角应变定律的推导

单元体同一平面,同时受剪切和扭转作用产生角应变,如图 8.5(c)所示。剪力τ_{xy}使(xy)平面产生角应变$\gamma_{xy\tau}$。扭应矩m_{zz}也使(xy)平面产生角应变γ_{xym},其合成角应变随着剪力与扭应矩作用的方向不同对同一角合成角应变大小也不同。

如图 8.5(a)和图 8.5(b)所示分别为不同作用方向的剪应力产生的角应变,如图 8.5(c)和 8.5(d)所示分别为单元体上不同作用方向扭应矩产生的角应变。图 8.5(a)中,剪应力产生的扭矩方向由右手定则确定为指向单元体(用符号"⊗"表示扭矩指向单元体,用符号"⊙"表示扭矩背离单元体方向);图 8.5(b)中,扭矩的方向是背离单元体的;图 8.5(c)中,扭矩的方向是指向单元体的;图 8.5(d)中,扭矩的方向是背离单元体的。纵观图 8.5(a)、(b)、(c)、(d)可知:在图 8.5(a)和图 8.5(c)中,每个角都产生相同角应变;图 8.5(b)和图 8.5(d)中每个角都产生相同的角应变。因此,可得出如下结论:在剪应力和扭应矩共同作用下,当剪应力产生的扭矩方向(用右手定则判定)与扭应矩方向相同(同时指向作用面,或同时背离作用面)时,其组合角应变相加,绝对值增大;当剪应力产生扭矩方向与扭应矩方向相反时(一个指向作用面,另一个背离作用面),其组合角应变相减,绝对值减小。

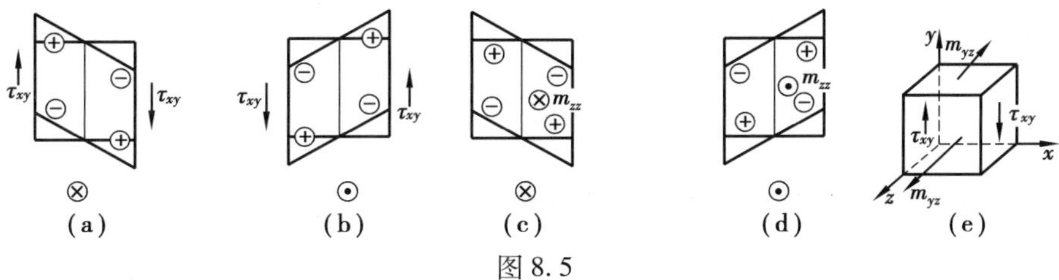

图 8.5

故剪切与扭转共同作用时广义角应变的绝对值为

$$\gamma_{xy}* = \gamma_{yx}* = \left|\frac{\tau_{xy}}{G}\right| \pm \left|\frac{m_{zz}}{G_n}\right| \tag{8.11a}^*$$

$$\gamma_{yz}* = \gamma_{zy}* = \left|\frac{\tau_{yz}}{G}\right| \pm \left|\frac{m_{xx}}{G_n}\right| \tag{8.11b}^*$$

$$\gamma_{xz}* = \gamma_{zx}* = \left|\frac{\tau_{xz}}{G}\right| \pm \left|\frac{m_{xy}}{G_n}\right| \tag{8.11c}^*$$

式(8.11)*就是剪力和扭矩共同作用下同一平面的广义角应变定律。

当剪力产生的扭矩矢量方向与扭应矩矢量方向(指向或离开作用面)相反时,取"-"号;相同时,取"+"号。

8.4　应力应变及弹性常数间的关系

8.4.1　应力第一不变量与体积应变间的关系

将广义胡克定律求线应变的 3 个公式相加,可得体积应变,即

$$\varepsilon_x = \frac{1}{E}[\sigma_x - \mu(\sigma_y + \sigma_z)]$$

$$\varepsilon_y = \frac{1}{E}[\sigma_y - \mu(\sigma_x + \sigma_z)]$$

$$\varepsilon_z = \frac{1}{E}[\sigma_z - \mu(\sigma_x + \sigma_y)]$$

$$\begin{aligned}\varepsilon_x+\varepsilon_y+\varepsilon_z &= \frac{1}{E}[\sigma_x+\sigma_y+\sigma_z-2\mu(\sigma_x+\sigma_y+\sigma_z)] \\ &= \frac{1-2\mu}{E}(\sigma_x+\sigma_y+\sigma_z)\end{aligned} \tag{8.12}$$

用 $e_\sigma=\varepsilon_x+\varepsilon_y+\varepsilon_z$ 表示体积应变，用 $I_1=\sigma_x+\sigma_y+\sigma_z$

表示应力第一不变量，则式(8.12)变为

$$e_\sigma=\frac{I_1}{E}(1-2\mu) \tag{8.13}$$

设

$$C=\frac{E}{1-2\mu} \tag{8.14}$$

则

$$I_1=Ce_\sigma \tag{8.15}$$

式(8.15)说明，应力状态第一不变量和单向拉伸胡克定律相似，是与转动无关的量，C 称为不变量体积弹性模量。

对于碳素钢 $E=2\times10^{11}\ \text{N/m}^2$，$\mu\approx0.3$，则

$$C=\frac{E}{1-2\mu}=\frac{2\times10^{11}}{1-2\times0.3}\ \text{N/m}^2=5\times10^{11}\ \text{N/m}^2 \tag{8.16}$$

8.4.2 平均空间应力与体积弹性模量间的关系

公式 $\bar{\sigma}=\frac{\sigma_x+\sigma_y+\sigma_z}{3}$ 表示空间应力状态下的平均应力，则

$$I_1=3\bar{\sigma}$$

把上式代入式(8.13)，可得

$$e_\sigma=\frac{3(1-2\mu)}{E}\bar{\sigma} \tag{8.17}$$

或

$$\bar{\sigma}=\frac{E}{3(1-2\mu)}e_\sigma \tag{8.17'}$$

令

$$K_\sigma=\frac{E}{3(1-2\mu)} \tag{8.18}$$

则

$$\bar{\sigma}=K_\sigma e_\sigma \tag{8.19}$$

式中　K_σ——应力体积弹性模量。对于 $\mu=0.3$ 的碳素钢的体积弹性模量值为

$$k_\sigma=\frac{E}{3\times(1-2\mu)}=\frac{E}{3\times(1-2\times0.3)}=0.83E=1.66\times10^{11}\ \text{N/m}^2 \tag{8.20}$$

8.5 用不同弹性常数 E,G,μ,e 及 λ 表示的广义胡克定律

把广义胡克定律变形为

$$\varepsilon_x=\frac{1}{E}[(1+\mu)\sigma_x-\mu(\sigma_x+\sigma_y+\sigma_z)]$$

把式(8.17)$e_\sigma = \frac{3(1-2\mu)}{E}\bar{\sigma}$代入上式，消掉应力$\sigma_y$，$\sigma_z$可得

$$\sigma_x = \frac{E}{1+\mu}\varepsilon_x + \frac{\mu E}{(1+\mu)(1-2\mu)}e_\sigma \tag{8.21a}$$

同理，有

$$\sigma_y = \frac{E}{1+\mu}\varepsilon_y + \frac{\mu E}{(1+\mu)(1-2\mu)}e_\sigma \tag{8.21b}$$

$$\sigma_z = \frac{E}{1+\mu}\varepsilon_z + \frac{\mu E}{(1+\mu)(1-2\mu)}e_\sigma \tag{8.21c}$$

设

$$\lambda = \frac{\mu E}{(1+\mu)(1-2\mu)} \tag{8.22}$$

式中　λ——拉梅常数。则式(8.21)可表示为

$$\sigma_x = \frac{E}{1+\mu}\varepsilon_x + \lambda e_\sigma \tag{8.23a}$$

$$\sigma_y = \frac{E}{1+\mu}\varepsilon_y + \lambda e_\sigma \tag{8.23b}$$

$$\sigma_z = \frac{E}{1+\mu}\varepsilon_z + \lambda e_\sigma \tag{8.23c}$$

把$G = \frac{E}{2(1+\mu)}$代入式(8.23)，消除E可得

$$\sigma_x = 2G\varepsilon_x + \lambda e_\sigma \tag{8.24a}$$

$$\sigma_y = 2G\varepsilon_y + \lambda e_\sigma \tag{8.24b}$$

$$\sigma_z = 2G\varepsilon_z + \lambda e_\sigma \tag{8.24c}$$

本节推导出的所有广义虎克定律公式，只适用于没有扭转变形和弯曲变形的受力体内。

第 9 章 弹性变形能

9.1 应力状态下的应变能和总变形能

现行弹性力学推导了用应力和应变表示的弹性应变能(体积应变能和形状应变能)公式，其公式只适用于无扭转和无弯曲的纯应力状态。定义：把体积为 dV 的单元体与体积内的应变能 dU 之比：dU/dV 称为应变比能，或称为单位变形能，或称为应变能流密度。现把有关公式摘录如下：

(1)用应力应变表示的应变比能(单位应变能)

用应力应变表示的应变比能(单位应变能)为

$$u=\frac{1}{2}(\sigma_x\varepsilon_x+\sigma_y\varepsilon_y+\sigma_z\varepsilon_z+\tau_{xy}\gamma_{xy}+\tau_{yz}\gamma_{yz}+\tau_{zx}\gamma_{zx}) \tag{9.1}$$

(2)用应力表示的应变比能

用应力表示的应变比能为

$$u=\frac{1}{2E}[\sigma_x^2+\sigma_y^2+\sigma_z^2-2\mu(\sigma_x\sigma_y+\sigma_y\sigma_z+\sigma_z\sigma_x)+2(1+\mu)(\tau_{xy}^2+\tau_{yz}^2+\tau_{zx}^2)] \tag{9.2}$$

(3)用应变表示的应变比能

用应变表示的应变比能为

$$u=\frac{1}{2}(\lambda+2G)(\varepsilon_x^2+\varepsilon_y^2+\varepsilon_z^2)+\lambda(\varepsilon_x\varepsilon_y+\varepsilon_y\varepsilon_z+\varepsilon_z\varepsilon_x)+\frac{G}{2}(\gamma_{xy}^2+\gamma_{yz}^2+\gamma_{zx}^2) \tag{9.3}$$

(4)纯拉伸时应变比能

纯拉伸时，$\tau_{xy}=\tau_{yz}=\tau_{zx}=0$，由式(9.2)可得纯拉伸时的应变比能为

$$u_\sigma=\frac{1}{2E}[\sigma_x^2+\sigma_y^2+\sigma_z^2-2\mu(\sigma_x\sigma_y+\sigma_y\sigma_z+\sigma_z\sigma_x)] \tag{9.4}$$

(5)纯剪切时的应变比能

只有剪应力时，$\sigma_x=\sigma_y=\sigma_z=0$，由式(9.2)可得纯剪切时的应变比能为

$$u_\tau = \frac{1+\mu}{E}(\tau_{xy}^2 + \tau_{yz}^2 + \tau_{zx}^2) \tag{9.5}$$

只有单一剪应力作用时

$$\left.\begin{aligned} u_{xy} &= \frac{1+\mu}{E}\tau_{xy}^2 \\ u_{yz} &= \frac{1+\mu}{E}\tau_{yz}^2 \\ u_{xz} &= \frac{1+\mu}{E}\tau_{xz}^2 \end{aligned}\right\} \tag{9.6}$$

(6)纯剪切时总变形能

纯剪切时总变形能为

$$U_\tau = \iiint_v v_\tau \, \mathrm{d}x\mathrm{d}y\mathrm{d}z \tag{9.7}$$

把式(9.5)代入式(9.7),且 $\sigma_x = \sigma_y = \sigma_z = 0$,则

$$U_\tau^* = \frac{1+\mu}{E}\iiint_v (\tau_{xy}^2 + \tau_{yz}^2 + \tau_{xz}^2)\,\mathrm{d}x\mathrm{d}y\mathrm{d}z \tag{9.8}$$

(7)纯拉伸时总变形能

由于垂直于 $\sigma_x,\sigma_y,\sigma_z$ 的横截面上无剪应力,即 $\tau_{xy} = \tau_{yz} = \tau_{zx} = 0$,则由式(9.2)可得纯拉伸时总变形能为

$$U_\sigma = \frac{1}{2E}\iiint_v [(\sigma_x^2 + \sigma_y^2 + \sigma_z^2) - 2\mu(\sigma_x\sigma_y + \sigma_y\sigma_z + \sigma_z\sigma_x)]\,\mathrm{d}x\mathrm{d}y\mathrm{d}z \tag{9.9}$$

(8)单轴应力总变形能

单轴应力总变形能为

$$\left.\begin{aligned} U_x &= \frac{1}{2}\int_0^l \frac{N^2(x)}{EA_{yz}}\mathrm{d}x \\ U_y &= \frac{1}{2}\int_0^l \frac{N^2(y)}{EA_{xz}}\mathrm{d}y \\ U_z &= \frac{1}{2}\int_0^l \frac{N^2(z)}{EA_{xy}}\mathrm{d}z \end{aligned}\right\} \tag{9.10}$$

式中　N——轴向力;

　　A——横截面面积。

9.2　应力状态下体积应变能

球形张量状态下的应变能即为体积应变比能。此时,应力状态为

$$\left.\begin{aligned} \sigma_m &= \frac{\sigma_x + \sigma_y + \sigma_z}{3} \\ \tau_{xy} &= \tau_{yz} = \tau_{zx} = 0 \end{aligned}\right\} \tag{9.11}$$

式中　σ_m——平均正应力。

把式(9.11)代入式(9.2),可得体积应变比能为

$$u_v = \frac{1-2\mu}{6E}(\sigma_x + \sigma_y + \sigma_z)^2 \tag{9.12}$$

总体积变形能为

$$U_v=\frac{1-2\mu}{6E}\iiint_v(\sigma_x+\sigma_y+\sigma_z)^2\mathrm{d}v$$
$$=\frac{3(1-2\mu)}{2E}\iiint_v\sigma_m^2\mathrm{d}v \tag{9.13}$$

9.3 应力状态下形状应变比能

(1)偏斜应力张量状态下的应变比能(即形状应变比能)

从总应变比能式(9.2)减去体积应变比能式(9.12),可得出形状应变比能为

$$u_f=\frac{1+\mu}{6E}[(\sigma_x-\sigma_y)^2+(\sigma_y-\sigma_z)^2+(\sigma_z-\sigma_x)^2+6(\tau_{xy}^2+\tau_{yz}^2+\tau_{zx}^2)] \tag{9.14}$$

设当主应力为$\sigma_1,\sigma_2,\sigma_3$时,$\tau_{xy}=\tau_{yz}=\tau_{zx}=0$,则形状应变比能用主应力可表示为

$$u_f=\frac{1+\mu}{6E}[(\sigma_1-\sigma_2)^2+(\sigma_2-\sigma_3)^2+(\sigma_3-\sigma_1)^2] \tag{9.15}$$

(2)总形状变形能

总形状变形能为

$$U_f=\iiint_v\frac{1+\mu}{6E}[(\sigma_x-\sigma_y)^2+(\sigma_y-\sigma_z)^2+(\sigma_z-\sigma_x)^2+6(\tau_{xy}^2+\tau_{yz}^2+\tau_{zx}^2)]\mathrm{d}v \tag{9.16}$$

用主应力表示的总形状变形能为

$$U_f=\iiint_v\frac{1+\mu}{6E}[(\sigma_1-\sigma_2)^2+(\sigma_2-\sigma_3)^2+(\sigma_3-\sigma_1)^2]\mathrm{d}v \tag{9.17}$$

(3)只有正应力时的形状应变比能

当剪应力$\tau_{xy}=\tau_{yz}=\tau_{zx}=0$时,只有正应力$\sigma_x,\sigma_y,\sigma_z$,则形状应变比能为

$$u_{f\sigma}=\frac{1+\mu}{6E}[(\sigma_x-\sigma_y)^2+(\sigma_y-\sigma_z)^2+(\sigma_z-\sigma_x)^2] \tag{9.18}$$

(4)只有剪应力时的形状应变比能

当$\sigma_x=\sigma_y=\sigma_z=0$时,只有剪应力$\tau_{xy},\tau_{yz},\tau_{zy}$。由式(9.14),可得形状应变比能为

$$u_{f\tau}=\frac{1+\mu}{E}(\tau_{xy}^2+\tau_{yz}^2+\tau_{zx}^2) \tag{9.19}$$

9.4 扭转变形能

由于扭转变形能中体积变形能为零,故扭转变形能即为形状变形能。

(1)用应矩和扭转角表示的扭转变形能

如图9.1(a)所示,直径为d,长为l,受外力偶矩$M(x)$作用的轴产生扭转变形,则外力所做的功为

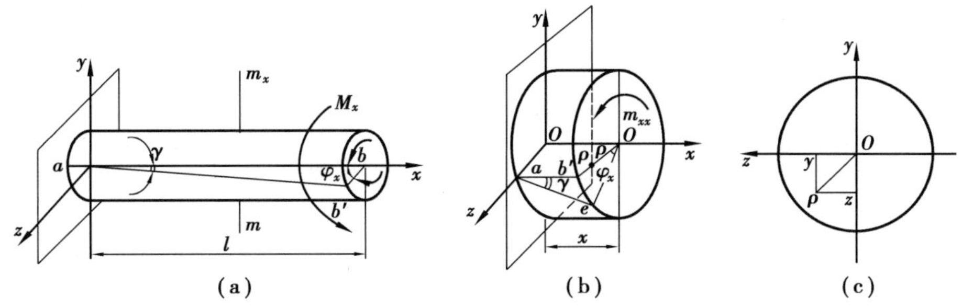

图9.1

$$w_x = \frac{M(x)}{2}\varphi_x \tag{a}$$

式中　φ_x——垂直 x 轴平面的绝对扭转角。

设其变形能为 U_x，根据能量守恒与转化原理，外力所做的功等于变形能，即

$$U_x = w_x \tag{b}$$

用 mm 平面在 x 处把柱体切开，在横截面 A 上取一点 ρ（见图9.1(b)、(c)），则用应矩和单位扭转角表示的单位扭转变形能（即应变比能）为

$$\left.\begin{aligned} u_{nx} &= \frac{1}{2}m_{xx}\varphi_x \\ u_{ny} &= \frac{1}{2}m_{yy}\varphi_y \\ u_{nz} &= \frac{1}{2}m_{zz}\varphi_z \end{aligned}\right\} \tag{9.20}$$

式中　φ_x——单位长度扭转角，且

$$\varphi_x = \frac{\varphi_x}{l} = \frac{M_{nx}}{G_n S_{x0}} \tag{c}$$

m_{xx}——垂直 x 轴截面的扭应矩，且

$$m_{xx} = \frac{M_{nx}\rho_{yz}}{S_{x0}} \tag{d}$$

ρ_{yz}——垂直 x 轴截面（yz）上任一点到形心的半径（见图9.1(c)），则

$$\rho_{yz} = \sqrt{y^2 + z^2}$$

S_{x0}——垂直于 x 轴的横截面的形心静矩，且

$$S_{x0} = \iint_A \rho \mathrm{d}F = \iint_A \sqrt{z^2 + y^2}\mathrm{d}y\mathrm{d}z$$

(2) 用扭矩表示的扭转变形比能

把式(c)、式(d)代入式(9.20)可得

$$\left.\begin{aligned} u_{nx} &= \frac{M_{nx}^2}{2G_n S_{x0}^2}\rho_{yz} \\ u_{ny} &= \frac{M_{ny}^2}{2G_n S_{y0}^2}\rho_{xz} \\ u_{nz} &= \frac{M_{nz}^2}{2G_n S_{z0}^2}\rho_{xy} \end{aligned}\right\} \tag{9.21}$$

式(9.21)即为用扭矩表示的扭转变形比能。

(3)用扭应矩表示的扭转变形比能

由式(d)可得

$$M_{nx}=\frac{m_{xx}S_{x0}}{\rho_{yz}}$$

把上式代入式(9.21)可得,用扭应矩表示的单位变形能公式为

$$\left.\begin{aligned}u_{nx}&=\frac{m_{xx}^2}{2G_n\rho_{yz}}\\u_{ny}&=\frac{m_{yy}^2}{2G_n\rho_{xz}}\\u_{nz}&=\frac{m_{zz}^2}{2G_n\rho_{xy}}\end{aligned}\right\}\tag{9.22}$$

(4)用角应变表示的单位扭转变形能

由第5章扭转定律式(5.9)*,可得

$$\left.\begin{aligned}\gamma_{mxy}=\gamma_{mxz}&=\frac{m_{xx}}{G_n}\\\gamma'_{mxy}=\gamma'_{myz}&=\frac{m_{yy}}{G_n}\\\gamma''_{myz}=\gamma''_{mxz}&=\frac{m_{zz}}{G_n}\end{aligned}\right\}\tag{9.23}$$

式中 $\gamma_m,\gamma_m',\gamma_m''$——扭应矩 m_{xx},m_{yy},m_{zz}产生的角应变,下标 xy,xz,yz 表示产生角应变的平面(角应变发生在和扭应矩矢量平行的平面上)。

把式(9.23)代入式(9.22),可得用角应变表示的单位扭转变形能为

$$\left.\begin{aligned}u_{nx}&=\frac{G_n\gamma_{mxy}^2}{2\rho_{yz}}=\frac{G_n\gamma_{mxz}^2}{2\rho_{yz}}\\u_{ny}&=\frac{G_n(\gamma'_{myz})^2}{2\rho_{xz}}=\frac{G_n(\gamma'_{myx})^2}{2\rho_{xz}}\\u_{nz}&=\frac{G_n(\gamma''_{myz})^2}{2\rho_{xy}}=\frac{G_n(\gamma''_{mxz})^2}{2\rho_{xy}}\end{aligned}\right\}\tag{9.24}$$

(5)三向轴扭矩共同作用时单位扭转变形能

三向轴扭矩共同作用时单位扭转变形能为

$$u_n=u_{nx}+u_{ny}+u_{nz}\tag{9.25}$$

把式(9.21)代入式(9.25),用扭矩表示的总单位扭转变形能公式为

$$u_n=\frac{1}{2G_n}\left(\frac{M_{nx}^2}{S_{x0}^2}\rho_{yz}+\frac{M_{ny}^2}{S_{y0}^2}\rho_{xz}+\frac{M_{nz}^2}{S_{z0}^2}\rho_{xy}\right)\tag{9.26}$$

(6)单向轴扭矩作用下轴的总变形能

长为 l_x 的轴在扭矩 M_{nx}作用下的总变形能为

$$U_x^*=\iiint u_{nx}\mathrm{d}x\mathrm{d}y\mathrm{d}z=\iiint\frac{M_{nx}^2}{2G_nS_{x0}^2}\rho_{yz}\mathrm{d}x\mathrm{d}y\mathrm{d}z=\frac{M_{nx}^2l_x}{2G_nS_{x0}}\tag{9.27a}$$

$$U_y^*=\frac{M_{ny}^2l_y}{2G_nS_{y0}}\tag{9.27b}$$

$$U_z^*=\frac{M_{nz}^2l_z}{2G_nS_{z0}}\tag{9.27c}$$

式(9.27)就是用扭矩表示的单向轴扭转的总变形能,与式(5.75)完全相同。

(7)三向轴扭矩共同作用下总的变形能

三向轴扭矩共同作用下总的变形能为

$$\begin{aligned}U &= U_x + U_y + U_z \\ &= \frac{1}{2G_n}\left(\frac{M_{nx}^2 l_x}{S_{x0}} + \frac{M_{ny}^2 l_y}{S_{y0}} + \frac{M_{nz}^2 l_z}{S_{z0}}\right)\end{aligned} \tag{9.28}$$

9.5　弯曲变形能

(1)单位变形能的推导

如图9.2(a)所示,长为 l 的轴,受力偶矩 m(m 没有下标表示力偶矩,m_{xz},…有下标者表示弯应矩)作用产生弯曲,其端面扭转角为 θ。

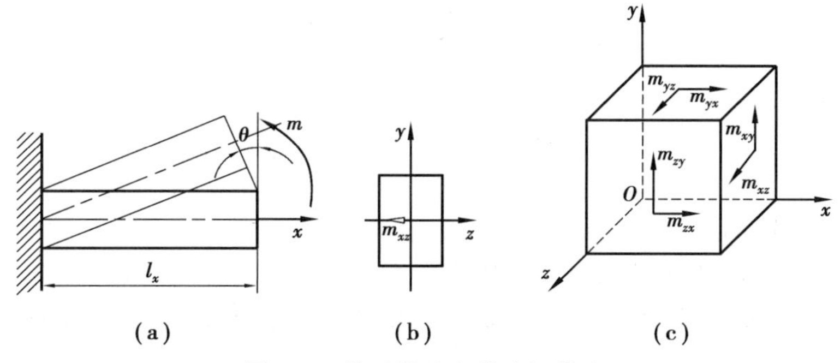

图9.2　单元体纯弯曲应矩状态

如图9.2(a)所示为力偶作用于悬臂梁的纯弯曲,如图9.2(b)所示为其应矩状态,如图9.2(c)所示为受6个弯矩同时作用时的应矩状态(为避免混乱,另3个面上的弯应矩没有画出),则力矩所做的功为

$$W = \frac{1}{2}m\theta \tag{a}$$

设梁弯曲变形能为 U,由于

$$W = U \tag{b}$$

则

$$U = \frac{1}{2}m\theta \tag{c}$$

纯弯曲情况下,外力偶矩 m 可用横截面弯矩 M_w 来表示,即

$$M_w = m$$

则式(c)用弯矩表示为

$$U = \frac{1}{2}M_w\theta \tag{d}$$

设垂直 x 轴横截面的弯应矩为 m_{xz},如图9.2(b)所示。它产生垂直 z 轴平面上的单位长度绝对扭转角为

$$\varphi_z = \frac{\theta}{l} \tag{e}$$

则弯应矩 m_{xz} 产生的单位弯曲变形能由式(d)确定,即

$$\left.\begin{aligned}u_{xz}&=\frac{1}{2}m_{xz}\varphi_z \quad （其中性轴为 z 轴）\\u_{xy}&=\frac{1}{2}m_{xy}\varphi_y \quad （其中性轴为 y 轴）\\u_{yx}&=\frac{1}{2}m_{yx}\varphi_x \quad （其中性轴为 x 轴）\\u_{yz}&=\frac{1}{2}m_{yz}\varphi_z \quad （其中性轴为 z 轴）\\u_{zx}&=\frac{1}{2}m_{zx}\varphi_x \quad （其中性轴为 x 轴）\\u_{zy}&=\frac{1}{2}m_{zy}\varphi_y \quad （其中性轴为 y 轴）\end{aligned}\right\} \tag{9.29}$$

式(9.29)即为梁弯曲单位变形能公式。

由式(7.6)* 可知,梁的转角为

$$\theta=\frac{M_w l}{G_w|S_z|} \qquad \text{rad} \tag{f}$$

单位长度转角为

$$\varphi=\frac{\theta}{l}=\frac{M_w}{G_w|S_z|} \qquad \text{rad/m} \tag{9.30}$$

式中　G_w——弯曲弹性模量;

$|S_z|$——横截面绝对静矩,下标 z 表示中性轴。

用 m_{xz}表示垂直于 x 轴的平面平行于 z 轴的弯应矩(右手定则确定的方向)。把式(f)代入式(9.29),可得单位弯曲变形能为

$$\left.\begin{aligned}u_{xz}&=\frac{m_{xz}M_{xz}}{2G_w|S_z|}=\frac{M_{xz}^2}{2G_w|S_z|^2}y=\frac{m_{xz}^2}{2G_w y}\\u_{xy}&=\frac{m_{xy}M_{xy}}{2G_w|S_y|}=\frac{M_{xy}^2}{2G_w|S_y|^2}z=\frac{m_{xy}^2}{2G_w z}\\u_{yx}&=\frac{m_{yx}M_{yx}}{2G_w|S_x|}=\frac{M_{yx}^2}{2G_w|S_x|^2}z=\frac{m_{yx}^2}{2G_w z}\\u_{yz}&=\frac{m_{yz}M_{yz}}{2G_w|S_z|}=\frac{M_{yz}^2}{2G_w|S_z|^2}x=\frac{m_{yz}^2}{2G_w x}\\u_{zx}&=\frac{m_{zx}M_{zx}}{2G_w|S_x|}=\frac{M_{zx}^2}{2G_w|S_x|^2}y=\frac{m_{zx}^2}{2G_w y}\\u_{zy}&=\frac{m_{zy}M_{zy}}{2G_w|S_y|}=\frac{M_{zy}^2}{2G_w|S_y|^2}x=\frac{m_{zy}^2}{2G_w x}\end{aligned}\right\} \tag{9.31}$$

6 个弯应矩共同作用时产生的总单位应变能为

$$u_w=u_{xz}+u_{xy}+u_{yx}+u_{yz}+u_{zx}+u_{zy} \tag{9.32}$$

将式(9.31)代入式(9.32),可得

$$u_w=\frac{1}{2G_w}\left(\frac{M_{xz}^2}{|S_z|^2}y+\frac{M_{xy}^2}{|S_y|^2}z+\frac{M_{yx}^2}{|S_x|^2}z+\frac{M_{yz}^2}{|S_z|^2}x+\frac{M_{zx}^2}{|S_x|^2}y+\frac{M_{zy}^2}{|S_y|^2}x\right) \tag{9.33}$$

(2)总变形能的推导

①长 l_x 的梁在一个弯矩 m_{xz}作用下总的应变能 U_{xz}为

$$\left.\begin{aligned}
&U_{xz}=\iiint_v \frac{M_{xz}^2}{2G_w|S_z|^2}y\mathrm{d}x\mathrm{d}y\mathrm{d}z=\frac{M_{xz}^2 l_x}{2G_w|S_z|^2}|S_z|=\frac{M_{xz}^2 l_x}{2G_w|S_z|}\\
&\text{同理,可求得}\\
&U_{xy}=\frac{M_{xy}^2 l_x}{2G_w|S_y|}\\
&U_{yx}=\frac{M_{yx}^2 l_y}{2G_w|S_x|}\\
&U_{yz}=\frac{M_{yz}^2 l_y}{2G_w|S_z|}\\
&U_{zx}=\frac{M_{zx}^2 l_z}{2G_w|S_x|}\\
&U_{zy}=\frac{M_{zy}^2 l_z}{2G_w|S_y|}
\end{aligned}\right\} \tag{9.34}$$

式中　l_x,l_y,l_z——沿梁坐标轴 x,y,z 方向上梁的长度；

$|S_x|,|S_y|,|S_z|$——梁横截面对 x,y,z 坐标方向的中性轴的绝对静矩。

②6个弯矩同时作用时的总弯曲变形能为

$$U_w=U_{xz}+U_{xy}+U_{yx}+U_{yz}+U_{zx}+U_{zy} \tag{9.35}$$

(3)纯弯曲的体积变形为零

如图9.3所示,正方形的单元体在弯应矩 m_w 作用下产生弯曲变形。根据平面假设,左侧面(abb_1a_1)以中性轴 OO 为轴转动了一个角度,右侧面(cdd_1c_1)以中性轴 O_1O_1 为轴转动了一个角度;中性面(OO_1O_1O)以上为压缩变形,中性面以下为拉伸变形。对于各向同性材料,压缩线应变与拉伸线应变相等。因此,正方形体在弯应矩作用下变成了梯形体,但其体积没有改变,即纯弯曲时体积应变为零。因此,弯曲应变能就是形状应变能。

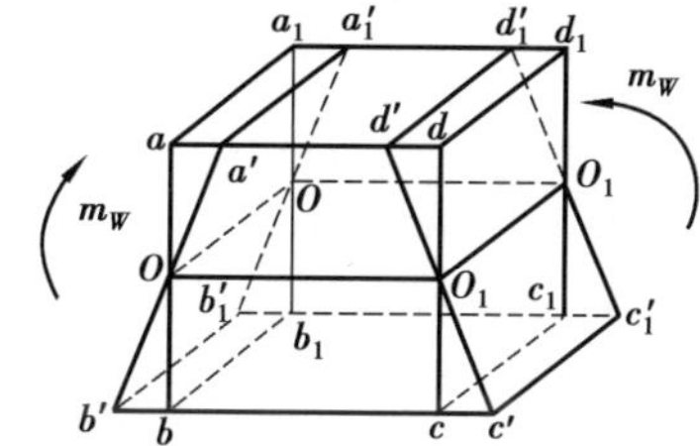

图9.3

第 10 章 应力应矩组合强度理论

当只有正应力和剪应力作用时,有四大经典强度理论。当有弯应矩和扭应矩存在时强度理论将是如何? 这是一个要广泛深入研究的课题。本文用新概念建立出新强度理论,供实验研究验证。

10.1 最大拉应力和拉应矩准则(第一强度理论)

第一强度理论的观点是,只要材料的最大主应力(拉应力 σ_1)达到了材料拉伸时的极限应力,材料就断裂,即最大拉应力准则。有了应矩的概念后,第一强度理论应加上"材料的最大弯应矩达到弯曲极限应矩时材料就断裂"。

10.1.1 单元体平衡下的第一强度理论

(1)应力单独作用

应力单独作用时,第一强度理论为

$$\sigma_1 \leqslant \frac{\sigma_u}{n} = [\sigma] \tag{10.1*}$$

式中 σ_1——复杂应力状态下最大主应力或简单拉伸时拉应力;

σ_u——极限应力(对塑性材料取材料的屈服极限 σ_s,对脆性材料取强度极限 σ_b);

n——安全系数;

$[\sigma]$——许用应力。

(2)弯应矩单独作用

弯应矩单独作用时,第一强度理论为

$$m_{w\max} \leqslant \frac{m_u}{n} = [m_w] \tag{10.2*}$$

式中 $m_{w\max}$——最大弯应矩;

m_u——极限应矩(对塑性材料取屈服时极限应矩 m_s,对脆性材料取强度应矩 m_b);

n——安全系数;

$[m_w]$——许用弯应矩。

10.1.2 质点平衡应力的第一强度理论

三向应力状态下的质点平衡合成主应力为

$$\sigma^* = \sqrt{\sigma_1^2 + \sigma_2^2 + \sigma_3^2}$$

式中 $\sigma_1, \sigma_2, \sigma_3$——主应力。

则其强度条件为

$$\sigma^* = \sqrt{\sigma_1^2 + \sigma_2^2 + \sigma_3^2} \leqslant \frac{\sigma_u}{n} = [\sigma] \tag{10.3}^*$$

式(10.3)* 被碳素钢二向等应力拉伸实验所证实,详见第 15 章实验验证 4。

10.1.3 质点平衡应矩的第一强度理论

由于单元体的三向应矩状态和三向应力状态完全相同,因此,类比单元体三向应力状态下的质点平衡应力式(1.24)*,直接可得到三向应矩状态下质点平衡应矩的公式为

$$m^* = \sqrt{(m_{yx} + m_{zx} + m_{xx})^2 + (m_{xy} + m_{zy} + m_{yy})^2 + (m_{xz} + m_{yz} + m_{zz})^2} \tag{10.4}$$

当只有弯应矩而没有扭应矩时,$m_{xx} = m_{yy} = m_{zz} = 0$,则式(10.4)成为

$$m_w^* = \sqrt{(m_{yx} + m_{zx})^2 + (m_{xy} + m_{zy})^2 + (m_{xz} + m_{yz})^2} \tag{10.4'}$$

则用质点平衡弯矩表示的第一强度理论为

$$m_w = \sqrt{(m_{yx} + m_{zx})^2 + (m_{xy} + m_{zy})^2 + (m_{xz} + m_{yz})^2} \leqslant \frac{m_{uw}}{n} = [m_w] \tag{10.5}$$

用三向主应矩 m_1, m_2, m_3 表示的质点平衡应矩及强度理论为

$$m* = \sqrt{m_1^2 + m_2^2 + m_3^2} \leqslant \frac{m_{un}}{n} = [m_n] \tag{10.6}^*$$

式中 m_{uw}, m_{un}——极限弯应矩、极限扭应矩(对塑性材料分别取屈服极限 m_{sw}, m_{sn},对脆性材料分别取强度极限 m_{bw}, m_{bn})。

10.1.4 二向应力状态质点平衡应力的第一强度理论

二向应力状态质点平衡应力的第一强度理论详见第 1 章 1.4 节。质点在平衡应力下得出的拉伸-剪切组合强度公式为

$$\sqrt{\sigma^2 + 2\sigma\tau + 2\tau^2} \leqslant [\sigma]$$

由此公式可知,塑性材料拉伸屈服时,滑移线发生在 45°的截面上,与实践完全符合;而第三和第四强度理论公式得出塑性材料屈服时,滑移线分别发生在 30°和 35°的截面上,与实践不符合。此公式解决了拉伸-剪切比压缩-剪切更容易破坏。这一实验现象,现行弹性理论无法解决。此强度理论公式已被清华大学国家破坏力学重点实验室的实验所证实。详见第 15 章实验验证 5。由公式计算出的断裂应力与实验值误差只有 1%;而用第三、第四强度理论计算,其误差分别为 14.2% 和18.2%。

10.2 最大线应变准则(第二强度理论)

10.2.1 只有应力作用时单元体平衡的强度理论

第二强度理论观点是,只要材料的最大伸长线应变达到拉伸时极限线应变,材料就断裂。设 ε_1

表示主应力作用下的最大线应变(主应变),ε_u 为材料断裂时线应变,用极限应力 σ_u 作为材料断裂时拉应力,则3个主应力 $\sigma_1,\sigma_2,\sigma_3$ 产生的线应变为

$$\varepsilon_1=\frac{1}{E}[\sigma_1-\mu(\sigma_2+\sigma_3)] \tag{a}$$

断裂极限应力的线应变为

$$\varepsilon_u=\frac{\sigma_u}{E} \tag{b}$$

当 $\varepsilon_u=\varepsilon_1$ 时,材料发生断裂,则

$$\sigma_1-\mu(\sigma_2+\sigma_3)=\sigma_u$$

强度条件为

$$\sigma_1-\mu(\sigma_2+\sigma_3)\leqslant\frac{\sigma_u}{n}=[\sigma]$$

即

$$\sigma_1\leqslant[\sigma]+\mu(\sigma_2+\sigma_3) \tag{10.7}$$

式(10.7)即为只有应力作用时的最大线应变准则公式。

10.2.2　弯应矩单独作用时质点平衡的强度理论

如图10.1(a)所示为一受弯矩作用的单元体。由狭义弯曲定律式(8.3)*,求得 x,y,z 方向上的线应变分别为

$$\varepsilon_{mx}=\frac{1}{G_w}(m_{xz}+m_{xy})$$

$$\varepsilon_{my}=\frac{1}{G_w}(m_{yx}+m_{yz})$$

$$\varepsilon_{mz}=\frac{1}{G_w}(m_{zx}+m_{zy})$$

根据应矩理论,最大合成主应变是 $\varepsilon_{mx},\varepsilon_{my},\varepsilon_{mz}$ 组成的长方体对角线,如图10.1(b)所示。

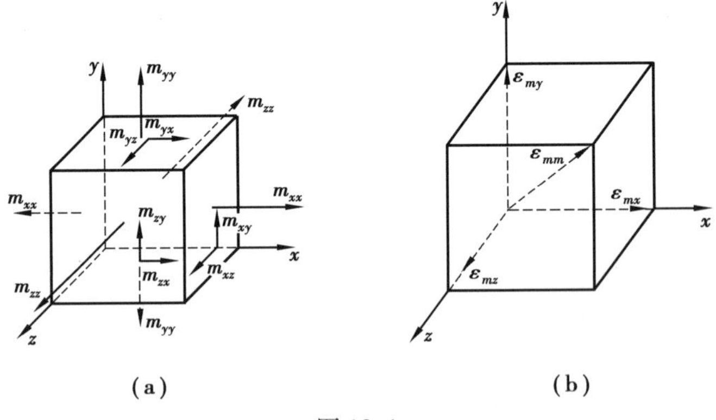

图10.1

即

$$\varepsilon_{m\max}^{*}=\sqrt{\varepsilon_{mx}^2+\varepsilon_{my}^2+\varepsilon_{mz}^2}$$

则其强度条件为

$$\varepsilon_{m\max}^{*}=\sqrt{\varepsilon_{mx}^2+\varepsilon_{my}^2+\varepsilon_{mz}^2}\leqslant\frac{m_{uw}}{G_w n}=[\varepsilon_w] \tag{10.8}^{*}$$

式中　m_{uw}——弯曲强度极限(对塑性材料取 $m_{uw}=m_s$,对脆性材料取 $m_{uw}=m_b$);

$[\varepsilon_w]$——许用线应变；

ε_u——强度线应变（对塑性材料 $\varepsilon_u=\varepsilon_s$，对脆性材料 $\varepsilon_u=\varepsilon_b$）。

把式(8.3)*代入式(10.8)*，可得

$$\varepsilon_{m\max}^{*}=\sqrt{(m_{xz}+m_{xy})^2+(m_{yx}+m_{yz})^2+(m_{zx}+m_{zy})^2}\leqslant\frac{m_{uw}}{G_w n}\leqslant[\varepsilon_w] \tag{10.9}$$

10.2.3　应力应矩共同作用时强度理论

(1)单元体平衡应力下的强度条件

应力和应矩共同作用下的第二强度条件：正应力产生的最大线应变与应矩产生的最大线应变之和小于或等于材料断裂时的线应变，即

$$\varepsilon_{\sigma\max}+\varepsilon_{m\max}\leqslant[\varepsilon_{u\sigma}]=[\varepsilon_{um}] \tag{10.10}$$

把本章 10.2.1 小节式(a)和式(8.3)*代入式(10.10)，可得塑性材料单元体平衡的强度条件为

$$\varepsilon_{\sigma mx}=\frac{1}{E}[\sigma_x-\mu(\sigma_y+\sigma_z)]+\frac{1}{G_w}(m_{xy}+m_{xz})\leqslant\frac{\sigma_s}{nE}=[\varepsilon_\sigma] \tag{10.11a}^{*}$$

$$\varepsilon_{\sigma my}=\frac{1}{E}[\sigma_y-\mu(\sigma_x+\sigma_z)]+\frac{1}{G_w}(m_{yx}+m_{yz})\leqslant\frac{\sigma_s}{nE}=[\varepsilon_\sigma] \tag{10.11b}^{*}$$

$$\varepsilon_{\sigma mz}=\frac{1}{E}[\sigma_z-\mu(\sigma_x+\sigma_y)]+\frac{1}{G_w}(m_{zx}+m_{zy})\leqslant\frac{\sigma_s}{nE}=[\varepsilon_\sigma] \tag{10.11c}^{*}$$

式(10.11)*就是应力和应矩共同作用下的单元体平衡第二强度理论。

对于碳素钢

$$E=200\times10^9\ \mathrm{N/m^2}$$

$$\sigma_s=(216\sim275)\times10^6\ \mathrm{N/m^2}$$

由此可求出普通碳素刚出现屈服极限时的最大线应变值为

$$\begin{aligned}\varepsilon_{\sigma s}&=\frac{\sigma_s}{E}=\frac{(216\sim275)\times10^6}{200\times10^9}\\&=(1.08\sim1.38)\times10^{-3}\ \mathrm{m/m}\\&=1.08\sim1.38\ \mathrm{mm/m}\end{aligned} \tag{a}$$

弯应矩作用下，普通碳素钢屈服时最大线应变与应力作用下屈服时最大线应变相等。

取平均值可得

$$\varepsilon_{\sigma s}=\varepsilon_{ms}=1.23\times10^{-3}\ \mathrm{m/m}=1.23\ \mathrm{mm/m} \tag{b}^{*}$$

(2)质点平衡下的强度条件

应力应矩共同作用下的合成主应变为

$$\varepsilon_{\sigma m}^{*}=\sqrt{\varepsilon_{\sigma mx}^2+\varepsilon_{\sigma my}^2+\varepsilon_{\sigma mz}^2} \tag{c}$$

式中　$\varepsilon_{\sigma mx},\varepsilon_{\sigma my},\varepsilon_{\sigma mz}$——应力和应矩在 x,y,z 轴方向产生的线应变之和，即

$$\varepsilon_{\sigma mx}=\varepsilon_{\sigma x}+\varepsilon_{mx}$$

$$\varepsilon_{\sigma my}=\varepsilon_{\sigma y}+\varepsilon_{my}$$

$$\varepsilon_{\sigma mz}=\varepsilon_{\sigma z}+\varepsilon_{mz}$$

由式(10.11)*，可得塑性材料的第二强度理论的强度条件为

$$\varepsilon_{\sigma m}^{*}=\sqrt{\varepsilon_{\sigma mx}^2+\varepsilon_{\sigma my}^2+\varepsilon_{\sigma mz}^2}\leqslant[\varepsilon_s]=\frac{\sigma_s}{nE} \tag{10.12a}^{*}$$

式中　$[\varepsilon_s]$——塑性材料许用线应变。

脆性材料的强度条件为

$$\varepsilon_{\sigma m}^{*}=\sqrt{\varepsilon_{\sigma mx}^{2}+\varepsilon_{\sigma my}^{2}+\varepsilon_{\sigma mz}^{2}}\leqslant[\varepsilon_{b}]=\frac{\sigma_{b}}{nE} \tag{10.12b}^{*}$$

式中　$[\varepsilon_b]$——脆性材料许用线应变；

n——安全系数。

10.3　最大剪应力理论(第三强度理论)

最大剪应力理论认为，材料发生塑性流动是由最大剪应力引起的。因此，它认为最大剪应力是引起破坏的主要原因，即第三强度理论。

10.3.1　单元体平衡下的最大剪应力理论

设主应力为 $\sigma_1,\sigma_2,\sigma_3$，则复杂应力作用下的最大剪应力[1]为

$$\tau_{\max}=\frac{\sigma_1-\sigma_3}{2} \tag{a}$$

塑性材料屈服时，最大剪应力发生在与拉应力成45°角的斜面上，则

$$\tau_{\max}=\frac{\sigma_s}{2} \tag{b}$$

(如果按质点平衡应力计算，则 $\tau_{\max}=\frac{\sqrt{2}}{2}\sigma_s$)

由式(a)和式(b)也可求得屈服应力为

$$\tau_{\max}=\frac{\sigma_1-\sigma_3}{2}=\frac{\sigma_s}{2} \tag{c}$$

即

$$\sigma_1-\sigma_3=\sigma_s \tag{d}$$

于是强度条件为

$$\sigma_1-\sigma_3\leqslant\frac{\sigma_s}{n}=[\sigma] \tag{10.13}$$

式(10.13)就是应力理论下单元体平衡的第三强度理论。当三向等应力拉伸时，$\sigma_1=\sigma_2=\sigma_3$，出现 $\sigma_s=0$，表明无论多么大的应力拉伸，材料都不会被破坏，这不符合实际。

10.3.2　质点平衡应力下的最大剪应力理论

设三向应力状态下的主应力为 $\sigma_1,\sigma_2,\sigma_3$，则质点平衡应力为

$$\sigma_d^{*}=\sqrt{\sigma_1^2+\sigma_2^2+\sigma_3^2}$$

最大剪应力发生在45°的斜面上，则

$$\tau_{\max}^{*}=\sigma_d^{*}\cos 45°=\frac{\sqrt{2}}{2}\sqrt{\sigma_1^2+\sigma_2^2+\sigma_3^2}$$

则强度理论为

$$\tau_{\max}^{*}=\frac{\sqrt{2}}{2}\sqrt{\sigma_1^2+\sigma_2^2+\sigma_3^2}\leqslant\frac{\tau_s}{n}=[\tau_s] \tag{10.14}^{*}$$

由于新弹性理论认为扭转不产生剪应力，故纯扭转时无第三强度理论。后面将用新的强度理论——最大角应变理论——来解决扭转的强度条件。

10.4　形状改变比能准则(第四强度理论)

10.4.1　应力状态下单元体平衡的屈服形状改变比能准则

此理论认为形状改变比能 u_x 是引起材料流动破坏的主要原因。

塑性材料的第四强度理论认为,使材料达到屈服极限的形状改变比能即为强度条件,即

$$u_{max} = u_s \tag{10.15}$$

式中　u_s——屈服极限形状改变比能;

u_{max}——材料单元体最大形状改变比能。纯应力状态下的形状改变比能由式(9.15)确定,即

$$u_f = \frac{1+\mu}{6E}[(\sigma_1-\sigma_2)^2+(\sigma_2-\sigma_3)^2+(\sigma_3-\sigma_1)^2]$$

单向拉伸时,$\sigma_2 = \sigma_3 = 0$,则

$$u_f = \frac{1+\mu}{3E}\sigma_1^2$$

达到屈服时的形状改变比能为

$$u_s = \frac{1+\mu}{3E}\sigma_s^2 \tag{10.16}$$

对于普通碳钢 A_3,则

$$E = 200\ \text{GPa}$$

$$\sigma_s = 230\ \text{MPa}$$

$$\mu = 0.3(\text{取中间值})$$

代入式(10.16),可得

$$u_s = \frac{1+\mu}{3E}\sigma_s^2 = \frac{1+0.3}{3\times 200\times 10^9}\times 230^2\times 10^{12} = 1.15\times 10^5\ \text{N}\cdot\text{m/m}^3 \tag{10.16$'$}$$

把式(9.15)和式(10.16)代入式(10.15),可得

$$\frac{1+\mu}{6E}[(\sigma_1-\sigma_2)^2+(\sigma_2-\sigma_3)^2+(\sigma_3-\sigma_1)^2] = \frac{1+\mu}{3E}\sigma_s^2 \tag{10.17}$$

由于等式两边都大于零,故两边同开方时不等式仍然成立,即

$$\sqrt{\frac{1}{2}[(\sigma_1-\sigma_2)^2+(\sigma_2-\sigma_3)^2+(\sigma_3-\sigma_1)^2]} = \sigma_s \tag{10.17$'$}$$

称公式左边为相当应力 σ_d,即

$$\sigma_d = \sqrt{\frac{1}{2}[(\sigma_1-\sigma_2)^2+(\sigma_2-\sigma_3)^2+(\sigma_3-\sigma_1)^2]} \tag{10.17$''$}$$

设安全系数为 n,根据许用应力的定义 $[\sigma] = \frac{\sigma_s}{n}$,则强度公式为

$$\sigma_d \leqslant \frac{\sigma_s}{n} = [\sigma] \tag{10.18}$$

即材料的相当许用应力等于其许用应力时,就断裂。但是相当应力的概念模糊,它不符合力的三要素:大小、方向和作用点,不知力方向是什么。因此,相当应力不是力。

(1)简单拉伸时第四强度理论

由式(10.17″)和式(10.18)可得

$$\sqrt{\frac{1}{2}[(\sigma_1-\sigma_2)^2+(\sigma_2-\sigma_3)^2+(\sigma_3-\sigma_1)^2]}\leqslant\frac{\sigma_s}{n}=[\sigma] \qquad (10.18')^*$$

简单拉伸时，$\sigma_2=\sigma_3=0$，则

$$\sigma_1\leqslant\frac{\sigma_s}{n}=[\sigma] \qquad (10.19)$$

由于 $\sigma_s\approx\sigma_p$，因此，该公式与第一强度理论的结论相同。

(2)纯剪切时的第四强度理论

由式(9.5)得纯剪切的单位变形能为

$$u_\tau=\frac{1+\mu}{E}(\tau_{xy}^2+\tau_{yz}^2+\tau_{zx}^2)$$

则单剪应力作用下屈服变形剪应力为

$$u_{\tau_s}=\frac{1+\mu}{E}\tau_s^2 \qquad (10.20)$$

纯剪切应变为纯形状应变，由式(9.5)和式(10.20)，可得第四强度理论为

$$\sqrt{\tau_{xy}^2+\tau_{yz}^2+\tau_{zx}^2}\leqslant\frac{\tau_s}{n}=[\tau] \qquad (10.21)^*$$

式(10.21)* 就是纯剪切时的第四强度理论公式。

(3)只有平面剪应力作用时的第四强度理论

当只有平面剪应力作用时，$\tau_{yx}=\tau_{zx}=0$，则

$$\tau_{xy}\leqslant\frac{\tau_s}{n}=[\tau] \qquad (10.22)$$

式(10.22)是平面剪应力作用下的第四强度理论。

10.4.2 应矩状态下单元体平衡时的第四强度理论

(1)单轴扭应矩作用下的单位变形能及强度公式

单轴纯扭转时，应矩作用下的应变比能(即单位变形能)为式(9.21)和式(9.22)，即

$$u_{nx}=\frac{M_{nx}^2}{2G_nS_{0x}^2}\rho_{yz}=\frac{m_{xx}^2}{2G_n\rho_{yz}}$$

式中 M_{nx}——垂直 x 轴平面的扭矩；

G_n——扭转弹性模量；

ρ_{yz}——垂直 x 平面上距圆心为 ρ 的半径，$\rho_{yz}=\sqrt{y^2+z^2}$；

m_{xx}——垂直 x 轴平面的扭应矩；

S_{0x}——垂直 x 轴平面上(即 yOz 平面)的极惯性矩，且由式(5.16)* 可知，对于实心圆截面有

$$S_{0x}=\iint_A\rho_{yz}\mathrm{d}y\mathrm{d}z=\frac{2}{3}\pi R^3$$

第四强度理论的准则是：当塑性材料单位扭转变形能达到该材料屈服极限的单位变形能时，材料就断裂；当脆性材料单位扭转变形能达到强度极限单位变形能时，材料就断裂。由式(9.22)可得，对于塑性材料第四强度理论公式为

$$\left.\begin{aligned}u_{nx\max}&=\frac{m_{xx}^2}{2G_nR}\leqslant\frac{u_s}{n}=[u]\\u_{ny\max}&=\frac{m_{yy}^2}{2G_nR}\leqslant\frac{u_s}{n}=[u]\\u_{nz\max}&=\frac{m_{zz}^2}{2G_nR}\leqslant\frac{u_s}{n}=[u]\end{aligned}\right\} \qquad (10.23)^*$$

式中　u_s——材料屈服时的单位屈服变形能；

$[u]$——许用单位变形能；

n——安全系数。

碳素钢的单位屈服变形能由式(10.16′)确定，即

$$u_s = 1.15 \times 10^5 \text{ N} \cdot \text{m/m}^3$$

对于脆性材料，用 u_b 代替 u_s 进行计算即可。

(2)单弯矩作用下的第四强度理论

如图 10.2 所示为一个处在弯矩 m 作用下的梁。

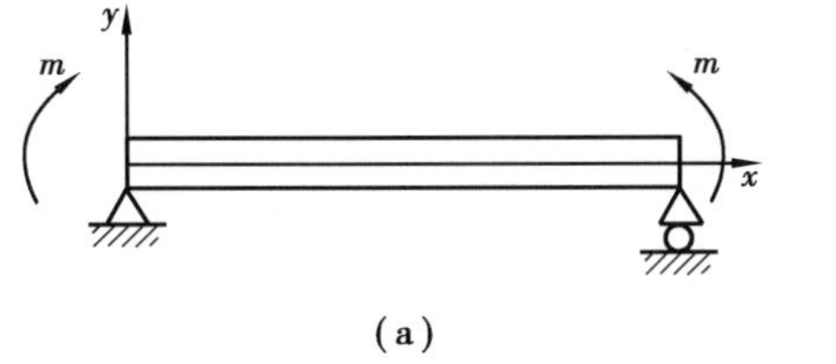

(a)　　(b)

图 10.2

纯弯曲梁的应变能由式(9.31)确定，即

$$u_{xz} = \frac{M_{xz}^2}{2G_w |s_z^2|} y = \frac{m_{xz}^2}{2G_w y}$$

$$u_{xy} = \frac{M_{xy}^2}{2G_w |S_y^2|} z = \frac{m_{xy}^2}{2G_w z}$$

$$u_{yx} = \frac{M_{yx}^2}{2G_w |S_x^2|} z = \frac{m_{yx}^2}{2G_w z}$$

$$u_{yz} = \frac{M_{yz}^2}{2G_w |S_z^2|} x = \frac{m_{yz}^2}{2G_w x}$$

$$u_{zx} = \frac{M_{zx}^2}{2G_w |S_x^2|} y = \frac{m_{zx}^2}{2G_w y}$$

$$u_{zy} = \frac{M_{zy}^2}{2G_w |S_y^2|} x = \frac{m_{zy}^2}{2G_w x}$$

由于弯曲应变能就是形状应变能(详见第 9 章 9.5 节纯弯曲体积变形能为零)，设屈服时单位弯曲变形能为 u_{sw}，安全系数为 n，则根据第四强度理论准则可得

$$u_{xz\max} = u_{sw}$$

由式(9.31)，可得屈服时单位变形能为

$$u_{sw} = \frac{m_{sw}^2}{2G_w y}$$

则

$$\frac{m_{xz}^2}{2G_w y} = \frac{m_{sw}^2}{2G_w y} \tag{10.24}$$

即

$$\mathrm{m}_{xz} = m_{sw}$$

则强度条件为

$$\mathrm{m}_{xz} \leqslant \frac{m_{sw}}{n} = [m_w] \qquad (10.25)^*$$

弯应矩屈服极限由式(6.48′)* 确定，即

$$m_{sw}=\sigma_s\times10^{-2}\ \mathrm{m}$$

式(10.25)* 即为单弯曲时第四强度理论。

(3)应力应矩共同作用下的总形状应变比能强度理论

应力和应矩共同作用下的强度理论是,应力的单位变形能加上应矩的单位变形能等于屈服时应力单位变形能或者应矩单位变形能,即为总比能强度理论条件。

1)主应力、扭应矩和弯应矩的单位变形能

由式(9.15)为主应力作用的形状改变比能,即

$$u_{\sigma f}=\frac{1+\mu}{6E}[(\sigma_1-\sigma_2)^2+(\sigma_2-\sigma_3)^2+(\sigma_3-\sigma_1)^2]$$

式(9.26)为受三向扭矩体内任一点的最大应变比能,即

$$u_n=\frac{1}{2G_n}\left(\frac{M_{nx}^2}{S_{xo}^2}R_{yz}+\frac{M_{ny}^2}{S_{yo}^2}R_{xz}+\frac{M_{nz}^2}{S_{zo}^2}R_{xy}\right)$$

对于圆轴扭转,取 $\rho=R$ 时有最大值。实际中,扭转没有 3 向轴同时出现的情况,一般为单轴扭转,括号中的 3 项,只出现一项。

式(9.33)为 6 个弯矩共同作用时的单位应变比能,即

$$u_w=\frac{1}{2G_w}\left(\frac{M_{xz}^2}{|S_z^2|}y+\frac{M_{xy}^2}{|S_y^2|}z+\frac{M_{yx}^2}{|S_x^2|}z+\frac{M_{yz}^2}{|S_z^2|}x+\frac{M_{zx}^2}{|S_x^2|}y+\frac{M_{zy}^2}{|S_y^2|}x\right)$$

当距中性轴处的 x,y,z 取最大值时(圆梁取 $x=r$,长方形梁取 $x=\frac{h}{2}$),有最大弯应矩,一般情况下只作用有一个弯矩,即只有一个变形能。

2)应力应矩共同作用下的总形状应变比能强度条件

应力、应矩共同作用下的强度条件应同时满足

$$u_{\sigma f}+u_n+u_w\leqslant\frac{u_s}{n}=[u_s] \tag{10.26*}$$

式中 $u_{\sigma f}$——主应力作用下的形状应变比能;

u_w——弯应矩下形状应变比能;

u_n——扭应矩下形状应变比能。

由于是用主应力表示的变形比能,因此,剪应力的变形比能为零。

10.4.3 质点平衡应力、扭矩和弯矩共同作用下总应变比能强度理论

总变形比能的强度条件是,质点平衡时所受的应力总应变能,加扭矩和弯矩所受到的应变能,要等于或小于屈服剪应力的应变比能。作为强度条件,总应变能中没有去掉体积应变能。由《材料力学》推导可得体积应变比能为

$$u_v=\frac{3\sigma_m\varepsilon_m}{2} \tag{a}$$

而平均应力为

$$\sigma_m=\frac{\sigma_1+\sigma_2+\sigma_3}{3} \tag{b}$$

由于平均线应变 ε_m 是很小的数,从式(a)可见体积改变比能 u_v 远小于形状改变比能,故可省略。设微元体同时受主应力($\sigma_1,\sigma_2,\sigma_3$)扭应矩和弯应矩作用。其应变比能如下:

①设微元受主应力 $\sigma_1,\sigma_2,\sigma_3$,则质点平衡应力为

$$\sigma^*=\sqrt{\sigma_1^2+\sigma_2^2+\sigma_3^2}$$

三向主应力状态下的应变比能[6]为

$$u_{\sigma}^{*}=\frac{(\sigma^{*})^{2}}{2E}=\frac{\sigma_{1}^{2}+\sigma_{2}^{2}+\sigma_{3}^{2}}{2E} \tag{10.27}$$

②受三向扭转最大应变比能由(9.26)式确定

$$u_{n}=\frac{1}{2G_{n}}\left(\frac{M_{nx}^{2}}{S_{xo}^{2}}R_{yz}+\frac{M_{ny}^{2}}{S_{yo}^{2}}R_{xz}+\frac{M_{nz}^{2}}{S_{zo}^{2}}R_{xy}\right)$$

式中　R_{yz},R_{xz},R_{xy}——距扭转中心 ρ 的最大值。

③弯曲应变比能由式(9.33)确定，其中距中性轴的坐标 x,y,z 取最大值，则弯曲应变比能的最大值为

$$u_{w}=\frac{1}{2G_{w}}\left(\frac{M_{xz}^{2}}{|S_{z}|^{2}}y_{\max}+\frac{M_{xy}^{2}}{|S_{y}|^{2}}z_{\max}+\frac{M_{yx}^{2}}{|S_{x}|^{2}}z_{\max}+\frac{M_{yz}^{2}}{|S_{z}|^{2}}x_{\max}+\frac{M_{zx}^{2}}{|S_{x}|^{2}}y_{\max}+\frac{M_{zy}^{2}}{|S_{y}|^{2}}x_{\max}\right)$$

④应力、扭矩和弯矩共同作用下，塑性材料应变比能强度条件为

$$u_{\sigma m}=u_{\sigma}^{*}+u_{n}+u_{w}\leqslant\frac{u_{s}}{n}=[u_{s}] \tag{10.28a*}$$

⑤应力、扭矩、弯矩共同作用下，脆性材料的应变比能强度条件为

$$u_{\sigma m}=u_{\sigma}^{*}+u_{n}+u_{w}\leqslant\frac{u_{b}}{n}\leqslant[u_{b}] \tag{10.28b*}$$

10.5　最大角应变强度理论

最大角应变强度理论认为，材料的角应变达到角应变极限值，即塑性材料达到屈服极限的角应变、脆性材料达到强度极限的角应变时，材料就破坏。

新理论认为，剪应力产生角应变，扭应矩也产生角应变，只要它们的合成角应变达到屈服角应变时，材料就破坏。

10.5.1　单元体平衡下的广义角应变强度条件(剪切-扭转组合强度条件)

由广义角应变定律式(8.11)*，可直接写出角应变强度条件为

$$\gamma_{xy}^{*}=\gamma_{yx}^{*}=\left|\frac{\tau_{xy}}{G}\right|\pm\left|\frac{m_{zz}}{G_{n}}\right|\leqslant\frac{\tau_{s}}{nG}=[\gamma] \tag{10.29a}$$

$$\gamma_{yz}^{*}=\gamma_{zy}^{*}=\left|\frac{\tau_{yz}}{G}\right|\pm\left|\frac{m_{xx}}{G_{n}}\right|\leqslant\frac{\tau_{s}}{nG}=[\gamma] \tag{10.29b}$$

$$\gamma_{xz}^{*}=\gamma_{zx}^{*}=\left|\frac{\tau_{xz}}{G}\right|\pm\left|\frac{m_{yy}}{G_{n}}\right|\leqslant\frac{\tau_{s}}{nG}=[\gamma] \tag{10.29c}$$

式中　$\frac{\tau_{s}}{G}$——屈服极限角应变(τ_s 由第 5 章 5.5.1 小节式(a)* $\tau_{s}=\sigma_{s}\cos\frac{\pi}{4}$求得)；

$[\gamma]$——许用角应变；

n——安全系数。

当剪应力产生的扭矩矢量的方向和扭应矩矢量方向一个指向作用面，一个背离作用面时，则两个角应变相减；若两个同时指向或同时背离作用面时，则角应变相加，如图 8.5 所示。

10.5.2　单元体平衡下用主应力表示的最大角应变强度条件

设主应力为 $\sigma_{1},\sigma_{2},\sigma_{3}$，则最大剪应力由式(2.91)*可得

$$\tau_{max}=\frac{\sigma_1-\sigma_3}{2}$$

则强度条件为

$$\gamma_{max}=\frac{\tau_{max}}{G}=\frac{\sigma_1-\sigma_3}{2G}\leqslant\frac{\tau_s}{nG}=[\gamma] \tag{10.30}$$

或

$$\sigma_1-\sigma_3\leqslant 2G[\gamma] \tag{10.30'}$$

10.5.3　单元体平衡下用主应矩表示的最大角应变强度条件

设单元体受3个主应矩共同作用,其主应矩为 m_1, m_2, m_3,且单元体最大主应矩为 m_1,最小主应矩为 m_3,则作用在单元体某一截面上的法线方向上的最大正应矩(最大扭应矩)为

$$m_{n\,max}=\sqrt{m_1^2+m_2^2+m_3^2} \tag{10.31}$$

则用主应矩表示的最大角应变强度条件(设应力产生的屈服角应变和应矩产生的屈服角应变相等)为

$$\gamma_{max}=\frac{m_{n\,max}}{G_n}\leqslant[\gamma] \tag{10.32}$$

即

$$\gamma_{max}=\frac{\sqrt{m_1^2+m_2^2+m_3^2}}{G_n}\leqslant\frac{\tau_s}{nG}=[\gamma] \tag{10.33}$$

式中　γ_s——屈服极限角应变 $=\frac{\tau_s}{G}$;

τ_s——屈服剪应力 $=\frac{\sqrt{2}}{2}\sigma_s$。

屈服时普通碳素钢

$$\sigma_s=(216\sim275)\times10^6\ \text{N/m}^2\qquad G=8\times10^{10}\ \text{N/m}$$

由第15章实验验证3得

$$G_n=2.3\times10^8\ \text{N/m}$$

则其屈服极限角应变

$$\gamma_s=\frac{\frac{\sqrt{2}}{2}\times(216\sim275)\times10^6}{8\times10^{10}}=(1.9\sim2.4)\times10^{-3}\ \text{rad} \tag{a}$$

其平均值为

$$\gamma_s^*=2.15\times10^{-3}\ \text{rad} \tag{a$'$)*}$$

本章提出的强度理论都是经理论推导得出的,由于条件限制,只对二向主应力状态质点平衡应力强度理论做过实验验证,证明了质点平衡理论的正确性(详见第15章实验验证4)。本文提出的其他强度理论都需要进行实验验证。

低碳钢的拉伸试验表明,在与拉伸成45°的方向上出现了由最大剪应力造成的滑移线。只有用质点平衡应力推导出来的强度公式(1.15)* 才与试验结论相同,而第三、第四强度理论得出的公式,都与试验不符(按第三强度理论滑移线应出现在与拉伸成30°的方向上,第四强度理论得出滑移线应出现在与拉伸成35°角的方向上)。这说明用质点平衡理论得到的强度公式(1.15)* 是正确的(详见第1章1.4节)。

第 11 章 动应力和动应矩计算

11.1 概　述

若构件中各质点以变速运动而具有明显的加速度时,构件就承受动载荷。质点加速度引起惯性力,其方向与加速度方向相反。动载荷使构件产生的应力为动应力。动应力不超过比例极限时,胡克定律仍有效,其弹性模量也相同。

工程常见的动载荷有下列 4 种,应力理论与应矩理论下的结论如下:

①构件做加速直线运动和匀速转动时的惯性力,应力和应矩两种理论结论相同。

②杆件做加速转动时,其惯性剪应力不存在,被惯性扭应矩代替。

③冲击载荷中,两种理论的结论不一样。

④振动载荷中,两种理论的结论不一样。

11.2 构件做匀加速直线运动时的应力

构件做匀速直线运动时的应力、应矩两种理论的结论完全一样。

受外力 F 作用的一均匀杆,重度为 γ,横截面为 A,以加速度 a 向上做直线运动,如图 11.1(a)所示。其横截面上的动应力如图 11.1(b)所示,则杆受到的动应力为

$$\sigma_d = k_d \sigma_j \tag{11.1}$$

其中

$$\sigma_j = \gamma x \tag{11.2}$$

式中　σ_j——杆自重引起的静应力;

$k_d = 1 + \dfrac{a}{g}$——动荷系数;

g——重力加速度;

a——上升加速度;

γ——材料的重度（详见《材料力学》推导）。

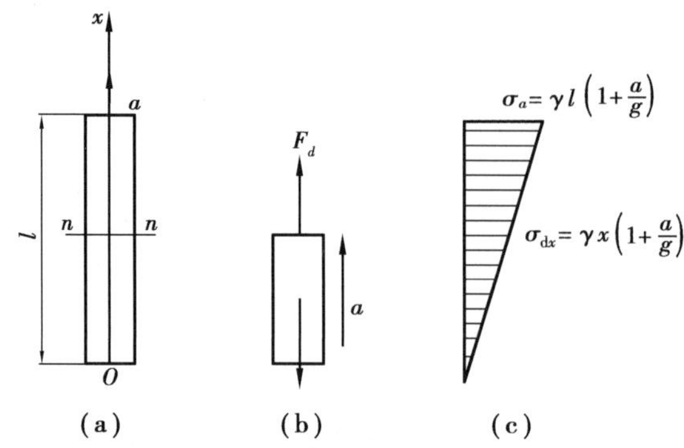

图 11.1　均匀杆做匀加速直线运动时的动应力

最大动应力发生在上端，如图 11.1(c)所示，其值为

$$\sigma_d=\gamma l\left(1+\frac{a}{g}\right) \tag{11.3}$$

动应力的强度条件为

$$\sigma_{d\max}=k_d\sigma_{j\max}\leqslant[\sigma] \tag{11.4}$$

式中　$[\sigma]$——杆件静载荷下的许用应力。

11.3　杆件做匀速转动时的应力计算

如图 11.2(a)所示为一水平等截面长为 l、横截面积为 A、重度为 γ 的直杆，以角速度 ω 绕 z 轴匀速转动。如图 11.2(b)所示，不计杆件重力，则距 x 处的横截面上各点的向心加速度为

$$a_n=x\omega^2 \tag{a}$$

x 横截面上惯性力的集度 q_d（单位长度杆的质量与加速度的乘积）为

$$q_d(x)=\frac{\gamma A\omega^2}{g}x \tag{b}$$

x 横截面上的动应力为

$$\sigma_d=\frac{\gamma\omega^2}{2g}(l^2-x^2) \tag{c}$$

式中　g——重力加速度；

x——距 O 点杆长（详见秦惠民《材料力学》第十章“动应力计算”）。

由式(c)可知，当 $x=0$ 时，杆件具有最大动应力为

$$\sigma_{d\max}=\frac{\gamma\omega^2l^2}{2g} \tag{11.5}$$

其强度条件为

$$\sigma_{d\max}\leqslant[\sigma] \tag{11.6}$$

杆的总伸长度为

$$\Delta l=\frac{\gamma\omega^2l^3}{3Eg} \tag{11.7}$$

式中　E——材料弹性模量。

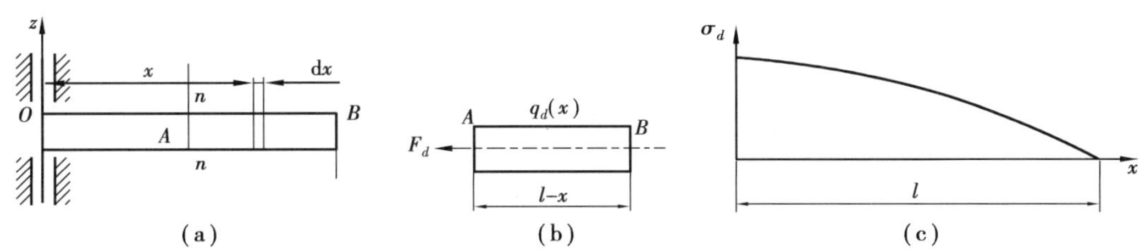

图 11.2　杆件做匀速转动时的动应力

上述公式只适用于纯拉伸，当有弯矩产生时，要用应矩理论来计算。

例 11.1　如图 11.3 所示为一曲柄轴机构，OA 的角速度为 ω，$OA=R$，则做平面运动的 AB 杆上每一点（A，B 点除外）都有向心加速度和水平的线速度。若忽略线加速度，已知连杆 AB 的横截面为矩形，高 $h=100$ mm，宽 $b=40$ mm，横截面积 $A=bh$，材料的 $\sigma_s=240$ MPa，$m_{sw}=2.4\times10^6$ N/m，材料单位体积质量为 γ，不计连杆自重。求应力、应矩两种理论下，连杆破坏时的最大临界转速之比。

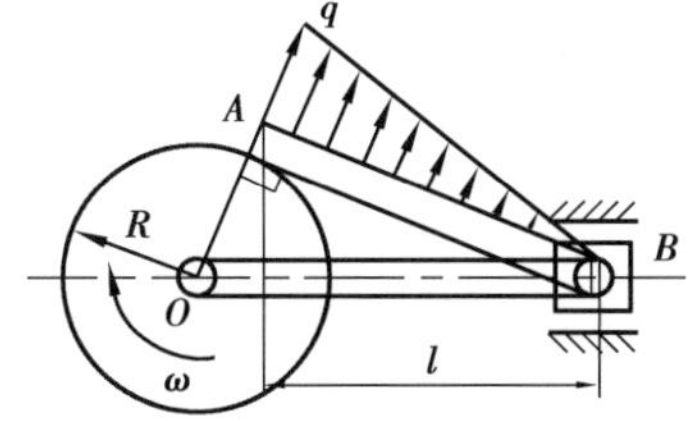

图 11.3　曲柄连杆机构的临界转速

解　当连杆 AB 与曲柄 OA 互相垂直时，A 点向心加速度方向与 AB 杆垂直，且有最大的惯性力，则 A 点的惯性力集度为

$$q_0=\frac{A\gamma}{g}\omega^2R \tag{d}$$

AB 杆其他各点的惯性力，可视为按线性分布，如图 11.3 所示。把 AB 杆视为简支梁，最大弯应矩发生在距 B 端 $x=\frac{l}{\sqrt{3}}$ 的截面上[5]，其值为

$$M_{\max}=\frac{q_0l^2}{9\sqrt{3}} \tag{e}$$

按应力理论计算时，最大弯曲正应力为

$$\sigma_{\max}=\frac{M_{\max}}{w_\sigma}=\frac{q_0l^2}{9\sqrt{3}w_\sigma}=\frac{bh\omega^2Rl^2A}{9\sqrt{3}w_\sigma g} \tag{f}$$

按应矩理论计算时，最大弯应矩为

$$m_{\max}=\frac{M_{\max}}{w_m}=\frac{q_0l^2}{9\sqrt{3}w_m}=\frac{bh\omega^2Rl^2A}{9\sqrt{3}w_m g} \tag{g}$$

截面为矩形时，式(f)中应力理论的抗弯截面模量为

$$w_\sigma=\frac{bh^2}{6}$$

截面为矩形时，式(g)中应矩理论的抗弯截面模量为

$$w_m=\frac{bh}{2}$$

当转速 ω 值使 $\sigma_{\max}$ 或 $m_{\max}$ 达到屈服值时，就是 ω 的临界转速。由式(f)和式(g)可得

$$\frac{\sigma_s}{m_s}=\frac{\dfrac{bh\omega_{\sigma s}^2Rl^2A}{9\sqrt{3}w_\sigma g}}{\dfrac{bh\omega_{ms}^2Rl^2A}{9\sqrt{3}w_m g}}=\frac{\dfrac{\omega_{\sigma s}^2}{w_\sigma}}{\dfrac{\omega_{ms}^2}{w_m}}=\frac{\omega_{\sigma s}^2w_m}{\omega_{ms}^2w_\sigma} \tag{h}$$

由式(h)可得，应力与应矩两种理论下的临界转速之比为

$$\frac{\omega_{\sigma s}^2}{\omega_{ms}^2}=\frac{\sigma_s w_\sigma}{m_s w_m}=\frac{\dfrac{240\times10^6\times40\times10^{-3}\times(100\times10^{-3})^2}{6}}{\dfrac{2.4\times10^6\times40\times10^{-3}\times(100\times10^{-3})}{2}}\approx3.33$$

即

$$\frac{\omega_{\sigma s}}{\omega_{ms}}=\sqrt{3.33}\approx1.83\quad 或\quad \omega_{ms}=0.55\omega_{\sigma s}$$

上式表明，连杆破坏时，用应矩理论求得的临界转速只是用应力理论求得的临界转速的50%多，进而说明用应力理论求解动应力问题是不安全的。

11.4 圆轴做加速转动时扭应矩计算

如图11.4所示，直径为 D 的圆轴做加速转动，如刹车时，产生角加速度 ε，其轴的转动惯量为 I，则产生惯性动力偶矩为

$$M_d=I\varepsilon \tag{11.8}$$

在应矩理论下，最大扭应矩作用在圆轴最表面，即

$$m_{\max}=\frac{M_d}{W_n}=\frac{I\varepsilon}{\dfrac{\pi D^2}{6}}=\frac{6I\varepsilon}{\pi D^2} \tag{11.9}$$

在应力理论下，最大剪应力为

$$\tau_{\max}=\frac{M_d}{w_\tau}=\frac{I\varepsilon}{\dfrac{\pi D^3}{16}}=\frac{16I\varepsilon}{\pi D^3} \tag{11.10}$$

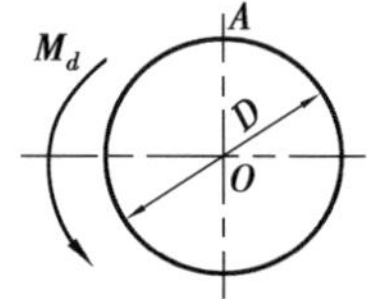

图11.4 轴做加速转动时的惯性动力偶矩

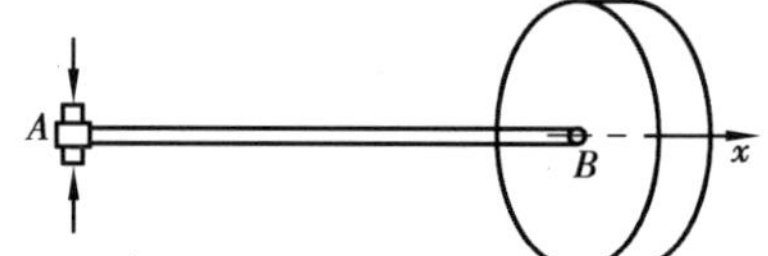

图11.5 飞轮刹车时轴内产生最大动应矩

例11.2 在如图11.5所示的圆轴上，B 端装有飞轮，其转动惯量为 $I_x=0.5\ \text{kN}\cdot\text{m}\cdot\text{s}^2$，转速 $n=300\ \text{r/min}$，A 端装有刹车离合器，刹车时在 $t=10\ \text{s}$ 内匀减速停止转动。若轴径 $d=100\ \text{mm}$，45号碳素钢的拉伸屈服极限为335 MPa，不计轴的质量，试求轴内最大动应矩和安全系数。

解 1）按应矩理论解

轴与飞轮的角速度为

$$\omega_0=\frac{\pi n}{30}=\frac{300\pi}{30}=10\pi\ \text{rad/s}^2$$

刹车时产生角加速度为

$$\varepsilon=\frac{\omega_1-\omega_0}{t}=\frac{0-10\pi}{10}=-\pi\ \text{rad/s}^2$$

由式(11.9)，可得最大扭应矩为

$$m_{\max}=\frac{Md}{W_n}=\frac{I\varepsilon}{\dfrac{\pi D^2}{6}}=\frac{6\times0.5\times10^3\times\pi}{\pi\times(100\times10^{-3})^2}=3\times10^5\text{N/m}$$

由第 5 章 5.5.1 小节式(a)*,可得

$$\tau_s = \sigma_s \cos 45° = 335 \times 10^6 \times \frac{\sqrt{2}}{2} = 251 \times 10^6 \text{N/m}^2$$

碳钢扭应矩屈服极限由式(5.47)可得

$$m_s = \frac{G_n}{G}\tau_s = \frac{3 \times 10^8}{80 \times 10^9} \times 251 \times 10^6 = 9.4 \times 10^5 \text{N/m}$$

式中,45 号钢扭转弹性模量,由第 15 章实验验证 1 得出 $G_n = 3 \times 10^8$N/m,剪切弹性模量 $G = 80 \times 10^9$ N/m^2。

其安全系数为

$$n = \frac{m_s}{m_{\max}} = \frac{9.4 \times 10^5}{3 \times 10^5} = 3.1$$

2)按应力理论解

轴内有剪应力,由式(11.10)可得其最大值为

$$\tau_{\max} = \frac{16I\varepsilon}{\pi D^3} = \frac{16 \times 0.5 \times 10^3 \pi}{\pi(100 \times 10^{-3})^3} = 8 \times 10^6 \text{N/m}^2$$

则应力理论下的安全系数为

$$n_\tau = \frac{\tau_s}{\tau_{\max}} = \frac{251 \times 10^6}{8 \times 10^6} = 31$$

对比两种理论下得到的安全系数可知,应力理论下的安全系数是应矩理论下安全系数的 10 倍,说明用应力理论设计的轴是很不安全的。这就是圆盘摩擦冲压机出现大量断轴事故的根本原因。

11.5　杆件受横向冲击载荷作用时应矩计算

11.5.1　两种理论下的应力、应矩计算

杆件受横向冲击载荷时,由于应矩理论认为弯曲体内只有弯应矩而无正应力,因此,应力和应矩理论产生了不同的结果。

3 个假设条件:

①不计被冲击件的质量。

②冲击件被冲击物附着在一起运动,冲击物为刚体,即略去其变形的影响。

③不计能量损失。

如图 11.6 所示为质量为 P 的物体从高 h 处做自由落体运动,设与简支梁接触时冲击力为 P_d,使梁产生的最大挠度为 Δd。设冲击物与梁接触时动能为 T,梁受弹性变形能为 U。根据能量守恒定律,可得

$$T = U \tag{a}$$

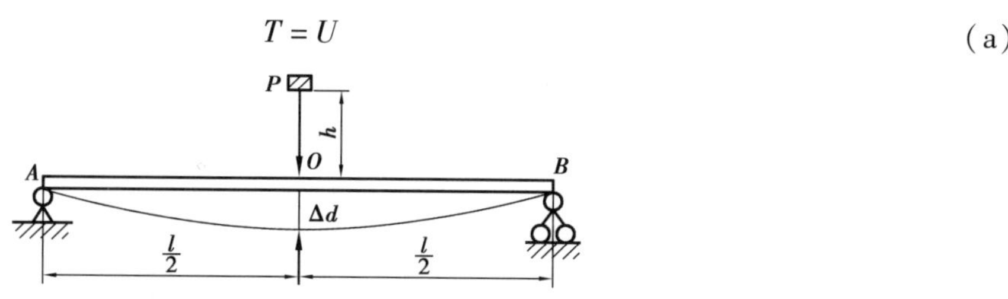

图 11.6　杆件受横向冲击载荷作用

冲击物的动能为

$$T = P(h + \Delta d) \tag{b}$$

梁的弹性变形能为

$$U = \frac{1}{2}P_d \Delta d \tag{c}$$

由式(a)、式(b)、式(c)可得

$$P(h + \Delta d) = \frac{1}{2}P_d \Delta d \tag{d}$$

应力理论下的梁的跨中挠度(见刘鸿文《材料力学》"用叠加法求弯曲变形"部分)为

$$\Delta d = \frac{P_d l^3}{48EI_z} \tag{e}$$

把式(e)代入式(d)得

$$P_d^2 - 2PP_d - \frac{2P^2 h}{\dfrac{Pl^3}{48EI_z}} = 0 \tag{f}$$

设 $\Delta j = \dfrac{Pl^3}{48EI_z}$,$\Delta j$ 表示质量 P 静载荷作用在梁上 O 点时,O 点的挠度,则式(f)成为

$$P_d^2 - 2PP_d - \frac{2P^2 h}{\Delta j} = 0 \tag{g}$$

解此一元二次方程可得

$$P_d = P\left(1 \pm \sqrt{1 + \frac{2h}{\Delta j}}\right)$$

取"+"号,并令

$$k_d = 1 + \sqrt{1 + \frac{2h}{\Delta j}} \tag{11.11}$$

则

$$P_d = k_d P \tag{11.12}$$

式中　k_d——动荷系数。

而应矩理论下梁跨中挠度(由第7章7.4节的结论"应矩产生的变形公式形式与应力作用下公式形式完全相同"直接得出)为

$$\Delta d_m = \frac{P_d l^3}{48G_w |S_z|} \tag{h}$$

式中,$G_w = 2 \times 10^9$ N/m;对于矩形梁,$|S_z| = \dfrac{bh^2}{4}$。

其应矩理论的动荷系数公式与应力理论下动荷系数公式形式完全相同,即

$$k_{dm} = 1 + \sqrt{1 + \frac{2h}{\Delta j_m}} \tag{11.13}$$

式(11.13)就是应矩理论下的动荷系数。

11.5.2　实例计算

例 11.3　如图 11.7 所示,质量为 $P = 150$ N 的自由物体,从高度 75 mm 处下落到 45 号钢梁的中点 C 处,其屈服极限 $\sigma_s \approx 355$ MPa。已知正方形截面钢梁边长 $a = 50$ mm,长 $l = 1$ m,$I_z = \dfrac{a^4}{12}$,$|S_z| = \dfrac{a^3}{4}$,

应力理论下抗弯截面模量 $W_{\sigma z}=\frac{a^3}{6}$，应矩理论下的抗弯截面模量 $W_{mz}=\frac{a^2}{2}$，$E=200\ \text{GPa}$，$G_w=2\times10^9\text{N/m}$。求梁的相当最大正应力和最大弯矩，并求其安全系数。

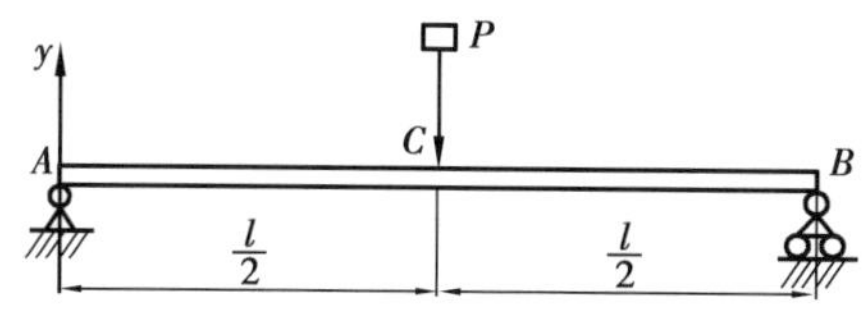

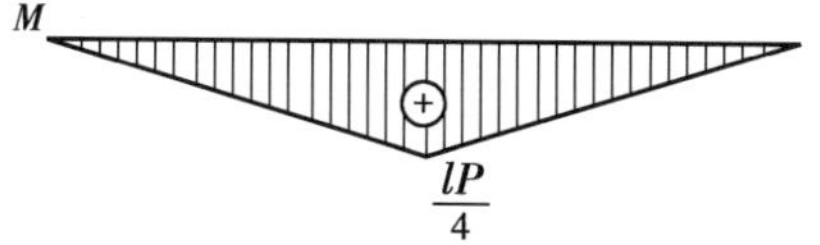

图 11.7　简支梁受自由落体冲击时的最大弯矩

解　1）应力理论的计算

梁中点挠度为

$$\Delta j=\frac{Pl^3}{48EI_z}=\frac{150\times1^3}{48\times200\times10^9\times\frac{(50\times10^{-3})^4}{12}}=3\times10^{-5}\ \text{m}$$

则动荷系数为

$$k_d=1+\sqrt{1+\frac{2h}{\Delta j}}=1+\sqrt{1+\frac{2\times75\times10^{-3}}{3\times10^{-5}}}=72$$

弯矩方程为

$$M_x=\frac{b}{l}Px\left(\frac{l}{2}\geqslant x\geqslant0\right)$$

式中，b 为力的作用点到 A 点的距离，这里 $b=\frac{l}{2}$，$x=\frac{l}{2}$，其最大弯矩为

$$M_{\max}=\frac{1}{2}\times P\times\frac{l}{2}=\frac{1}{4}Pl$$

则

$$\sigma_{j\max}=\frac{M_{\max}}{w_\sigma}=\frac{\frac{lP}{4}}{\frac{a^3}{6}}=\frac{150\times1\times6}{4\times50^3\times10^{-9}}=1.8\times10^6\ \text{N/m}^2$$

$$\sigma_{d\max}=k_d\sigma_{jm}=72\times1.8\times10^6=130\times10^6\text{N/m}^2$$

2）应矩理论的计算

梁中点挠度为

$$\Delta j_m=\frac{Pl^3}{48G_w\,|S_z|}=\frac{150\times1^3}{48\times2\times10^9\times\frac{(50\times10^{-3})^3}{4}}=5\times10^{-5}\text{m}$$

动荷系数为

$$k_{dm}=1+\sqrt{1+\frac{2h}{\Delta j_m}}=1+\sqrt{1+\frac{2\times75\times10^{-3}}{5\times10^{-5}}}=55.8$$

则

$$m_{\max}=\frac{M_{\max}}{w_m}=\frac{\frac{lP}{4}}{\frac{a^2}{2}}=\frac{150\times\frac{1}{4}}{\frac{(50\times10^{-3})^2}{2}}=3\times10^4\text{N/m}$$

动荷最大弯应矩为

$$m_{d\max}=k_dm_{\max}=55.8\times3\times10^4=1.67\times10^6\text{N/m}$$

3）对比两种理论下的安全系数

已知 45 号碳素钢的屈服极限为

$$\sigma_s = 355 \times 10^6 \text{N/m}^2$$

由第 6 章 6.11 节式(c)可知,45 号碳素钢的弯曲屈服应矩极限

$$m_s = 3.5 \times 10^6 \text{N/m}$$

则应力理论下的安全系数为

$$n_\sigma = \frac{\sigma_s}{\sigma_{\text{dmax}}} = \frac{355 \times 10^6}{130 \times 10^6} = 2.7$$

应矩理论下的安全系数为

$$n_m = \frac{m_s}{m_{\text{dmax}}} = \frac{3.5 \times 10^6}{1.67 \times 10^6} = 2.1$$

对比可见 $n_\sigma > n_m$,说明应力理论下得到的安全系数的虚加百分比为

$$\Delta = \frac{2.7 - 2.1}{2.7} \times 100\% = 22\%$$

11.6 受迫振动的应矩计算

若在如图 11.8 所示简支梁的中点 C 处,有一台质量为 Q 的电动机,其转子以角速度 p 转动。由于转子偏心转动所引起的离心惯性力为 H,H 的垂直分量 $H\sin pt$ 即为周期变化的干扰力,从而引起横向强迫振动,而 H 的水平分量 $H\cos pt$,将引起梁的纵向强迫振动,它的影响远小于横向振动,通常不进行计算,故只研究系统的横向振动。而梁本身的质量对系统的振动影响很小,可忽略不计。这样,振动物体(电机)就简化成只有一个自由度的振动系统。

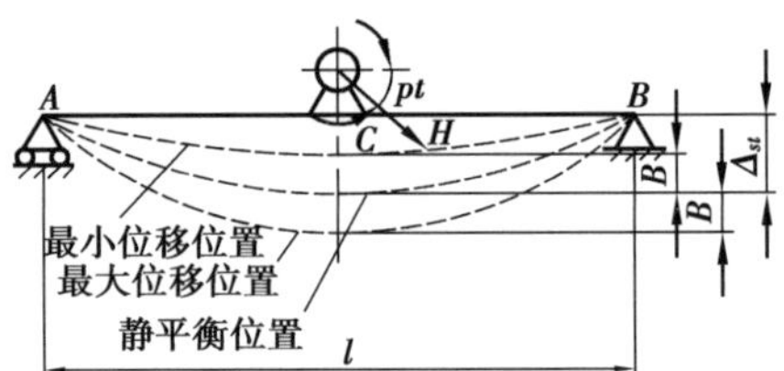

图 11.8 电机转子偏心转动引起的强迫振动频率固有频率

11.6.1 应力理论受迫振动的公式推导

长为 l 的简支梁在静载荷 Q 作用下,中点的静位移为 Δ_{st},其应力理论为

$$\Delta_{st} = \frac{Ql^3}{48EI} = \frac{Q}{C} \tag{a}$$

式中 E——材料拉伸弹性模量;

I——对中性轴的惯性矩。

则弹簧常数(柔度指数)C 为

$$C = \frac{48EI}{l^3} \tag{b}$$

由理论力学知识可知,系统的固有频率 ω 为

$$\omega = \sqrt{\frac{g}{\Delta_{st}}} = \sqrt{\frac{Cg}{Q}} \tag{11.14}$$

则可得出强迫振动的方程为

$$x = B\sin(pt + \varepsilon) \tag{c}$$

式中　B——强迫振动振幅。

由理论力学知识得

$$B = \frac{Hg}{Q\omega^2\sqrt{\left[1-\left(\frac{p}{\omega}\right)^2\right]^2+4\left(\frac{n}{\omega}\right)^2\left(\frac{p}{\omega}\right)^2}} \tag{d}$$

式中　g——重力加速度；

H——由于转子偏心引起的离心惯性力；

ε——初相角，且

$$\varepsilon = \arctan\frac{2np}{\omega^2 - p^2} \tag{e}$$

式中　n——阻尼系数。

把式(11.14)代入式(d)，可得

$$\frac{Hg}{Q\omega^2} = \frac{H}{C} = \Delta_H \tag{f}$$

把式(b)代入式(f)，可得

$$\Delta_H = \frac{Hl^3}{48EI} \tag{g}$$

式(g)中 Δ_H 可解释为把干扰力 H 按静载荷方式作用于系统上时，产生的静位移。

式(d)中引用放大系数 β，则

$$\beta = \frac{1}{\sqrt{\left[1-\left(\frac{p}{\omega}\right)^2\right]^2+4\left(\frac{n}{\omega}\right)^2\left(\frac{p}{\omega}\right)^2}} \tag{11.15}$$

则振幅 B 便可写为

$$B = \beta\Delta_H \tag{h}$$

放大系数 β 的意义是，振幅与干扰力产生的最大静位移的倍数。

如图 11.8 所示，跨度中点的最大位移和最小位移分别为

$$\left.\begin{aligned}\Delta_{d\max} &= \Delta_{st} + B = \Delta_{st} + \beta\Delta_H \\ \Delta_{d\min} &= \Delta_{st} - B = \Delta_{st} - \beta\Delta_H\end{aligned}\right\} \tag{11.16}$$

对于服从胡克定律的材料的梁，在静平衡位置时的最大静应力为 σ_{st}，与在最大位移时最大动应力 $\sigma_{d\max}$ 间的关系为

$$\frac{\sigma_{d\max}}{\sigma_{st}} = \frac{\Delta_{d\max}}{\Delta_{st}} = 1 + \beta\frac{\Delta_H}{\Delta_{st}}$$

而

$$\frac{\Delta_H}{\Delta_{st}} = \frac{H}{Q}$$

则上式可写为

$$\sigma_{d\max} = \sigma_{st}\left(1 + \beta\frac{\Delta_H}{\Delta_{st}}\right) = \sigma_{st}\left(1 + \beta\frac{H}{Q}\right) = K_d\sigma_{st} \tag{11.17}$$

式中　K_d——动荷系数，且

$$K_d = 1 + \beta\frac{\Delta_H}{\Delta_{st}} = 1 + \beta\frac{H}{Q} \tag{11.18}$$

同理，可求得梁在最小位移时的动应力为

$$\sigma_{d\min} = \sigma_{st}\left(1 - \beta\frac{\Delta_H}{\Delta_{st}}\right) = \sigma_{st}\left(1 - \beta\frac{H}{Q}\right) \tag{11.19}$$

把β与$\frac{p}{\omega}$和$\frac{n}{\omega}$的关系用曲线表示出来(见图11.9),即可得出下面结论:

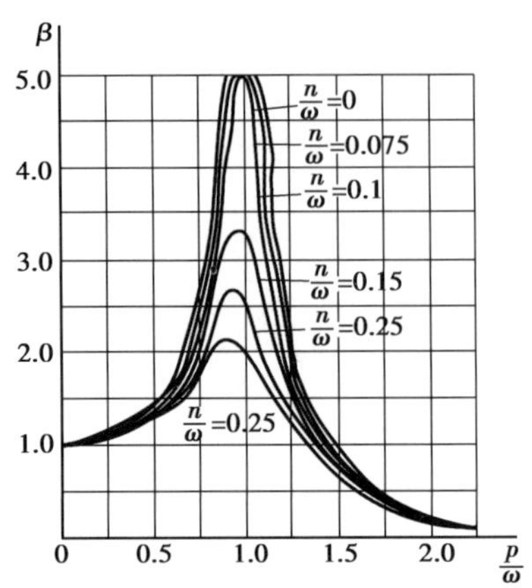

图11.9 放大倍数与干扰频率、固有频率及阻尼系数间的关系图

①当$\frac{p}{\omega}$接近1时,即干扰力的频率p接近系统的固有频率ω时,放大系数β值最大,将引起很大的动应力,产生共振;而增大阻尼系数n,则可使β明显降低。

②当$\frac{p}{\omega}$远小于1时,此时振幅B就是H作为静载荷时的挠度Δ_H。要减小$\frac{p}{\omega}$,只有增加固有频率ω,由式(11.14)可知,增加弹簧常数c,则ω增大。

③当$\frac{p}{\omega}$大于1时,β随$\frac{p}{\omega}$增加而减小,即强迫运动的影响随$\frac{p}{\omega}$增加而减弱。

④β与$\frac{p}{\omega}$和$\frac{n}{\omega}$的关系如图11.9所示,在应矩理论下形式相同,只是把ω改成ω_m,β改成β_m。

11.6.2 应矩理论下受迫振动公式推导

应矩理论认为"弯曲体内无正应力而有弯应矩",因此,用应力理论推导出的某些公式应加以修正。

①简支梁静载荷下Q作用的中点静位移,应矩理论为

$$\Delta_{mst} = \frac{Ql^3}{48G_w|S_z|} = \frac{Q}{C_m} \tag{a'}$$

则弹簧常数

$$C_m = \frac{48G_w|S_z|}{l^3} \tag{b'}$$

②系统的固有频率为

$$\omega_m = \sqrt{\frac{g}{\Delta_{mst}}} = \sqrt{\frac{C_m g}{Q}} \tag{11.20}$$

对比式(11.20)与式(11.14)可知,两种理论得出的系统固有频率不同,而干扰力的频率p相同,很有可能是应力理论计算出的ω与p相差很大,不可能产生共振;而实际(应矩理论)是固有频率ω_m与p很接近,甚至相等,发生了共振。

③应矩理论与应力理论固有频率之比为

$$\frac{\omega_m}{\omega}=\frac{\sqrt{\dfrac{C_m g}{Q}}}{\sqrt{\dfrac{Cg}{Q}}}=\frac{\sqrt{C_m}}{\sqrt{C}}=\frac{\sqrt{\dfrac{48G_w|S_z|}{l^3}}}{\sqrt{\dfrac{48EI_z}{l^3}}}=\sqrt{\frac{G_w|S_z|}{EI_z}} \tag{11.21}$$

对于碳素钢的矩形梁，$E=200\times10^9$ Pa，$G_w=2\times10^9$ N/m，$I_z=\dfrac{bh^3}{12}$，$|S_z|=\dfrac{bh^2}{4}$，则

$$\frac{\omega_m}{\omega}=\frac{\sqrt{2\times10^9\times\dfrac{bh^2}{4}}}{\sqrt{200\times10^9\times\dfrac{bh^3}{12}}}=\frac{\sqrt{3}}{10\sqrt{h}}$$

或

$$\omega_m=\frac{\sqrt{3}}{10\sqrt{h}}\omega \tag{11.22}$$

由式(11.22)可知，增加梁的高度可减小固有频率。当 $\omega_m=\omega$ 时，可得梁的临界尺寸为

$$h^*=30\ \text{mm} \tag{11.22$'$}$$

式(11.22′)表明，矩形碳素钢梁，当高 $h<30$ mm 时，用应力理论设计受迫振动强度是安全的；当 $h\geqslant30$ mm时，用应力理论设计是不安全的。必须用应矩理论设计才能保证强度安全。但是，临界尺寸 h^* 与共振无关。

④放大倍数为

$$\beta_m=\frac{1}{\sqrt{\left[1-\left(\dfrac{p}{\omega_m}\right)^2\right]^2+4\left(\dfrac{n}{\omega_m}\right)^2\left(\dfrac{p}{\omega_m}\right)^2}} \tag{11.23}$$

⑤初相角为

$$\varepsilon=\arctan\frac{2np}{\omega_m^2-p^2} \tag{e$'$}$$

⑥干扰力 H 产生的位移式(f)变为式(f′)，即

$$\frac{Hg}{Q\omega_m^2}=\frac{H}{C_m}=\Delta_{mH} \tag{f$'$}$$

⑦干扰力 H 按静载荷作用于系统上的静位移为

$$\Delta_{mH}=\frac{Hl^3}{48G_w|S_z|} \tag{g$'$}$$

⑧跨度中点最大位移和最小位移为

$$\left.\begin{aligned}\Delta_{d\max}&=\Delta_{mst}+B_m=\Delta_{mst}+\beta_m\Delta_{mH}\\ \Delta_{d\min}&=\Delta_{mst}-B_m=\Delta_{mst}-\beta_m\Delta_{mH}\end{aligned}\right\} \tag{11.24}$$

⑨最大动应力修正为最大动弯应矩，即

$$m_{d\max}=m_{st}\left(1+\beta_m\frac{\Delta_{mH}}{\Delta_{mst}}\right)=m_{st}\left(1+\beta_m\frac{H}{Q}\right)=K_{md}m_{st} \tag{11.25}$$

式中

$$K_{md}=1+\beta_m\frac{\Delta_{mH}}{\Delta_{mst}}=1+\beta_m\frac{H}{Q} \tag{11.26}$$

⑩最小动应力修正为最小弯应矩，即

$$m_{d\min} = m_{st}\left(1 - \beta_m \frac{\Delta_{mH}}{\Delta_{mst}}\right) = m_{st}\left(1 - \beta_m \frac{H}{Q}\right) \tag{11.27}$$

11.6.3 杆件发生纵向振动时的固有频率

(1)应力理论的固有频率

如图11.10所示的圆杆直径为d,圆盘重Q,其直径为D,轴长为l,剪切弹性模量为G,扭转弹性模量为G_n,圆盘的转动惯量$I = \frac{QD^2}{8g}$,惯性矩为I_p,对圆轴$I_p = \frac{\pi d^4}{32}$,形心静矩$S_o = \frac{\pi}{12}D^3$。应力理论下的固有频率为

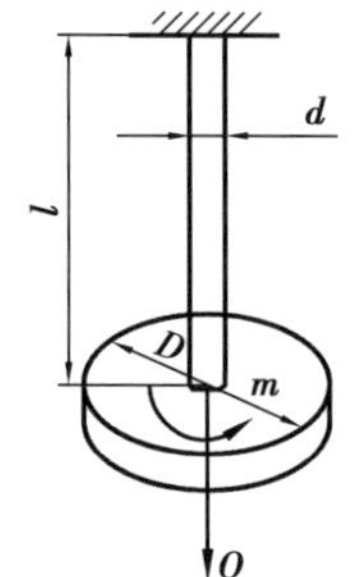

图11.10 杆件的纵向振动

$$\omega = \sqrt{\frac{C}{I}} \tag{11.28}$$

式中 C——弹簧常数。

$$C = \frac{GI_p}{l} = \frac{\pi d^4 G}{32l} \tag{11.29}$$

则固有频率为

$$\omega = \sqrt{\frac{\pi d^4 Gg}{4D^2 Ql}} = \frac{d^2}{2D}\sqrt{\frac{\pi Gg}{Ql}} \tag{11.30}$$

(2)应矩理论的固有频率

应矩理论下的扭转,以扭应矩代替剪应力,其固有频率为

$$\omega_m = \sqrt{\frac{C_m}{I}} \tag{11.31}$$

式中 C_m——弹簧常数,即

$$C_m = \frac{G_n S_o}{l} = \frac{\pi d^3 G_n}{12l} \tag{11.32}$$

式中 S_o——形心静矩,对于实心轴,则

$$S_o = \frac{\pi d^3}{12}$$

则应矩理论下的固有频率为

$$\omega_m = \frac{d}{D}\sqrt{\frac{2\pi d G_n g}{3Ql}} \tag{11.33}$$

例11.4 用应力和应矩两种理论,对比计算强迫振动实例。

如图11.8所示的简支梁由两根20b工字钢组成。已知跨度$l = 3$ m,$E = 200$ GPa。安装于跨度中点的电机质量$Q = 12$ kN,转子偏心惯性力$H = 2.5$ kN,转速为1 500 r/min。$\sigma_s = 235 \times 10^6 \text{N/m}^2$,$m_s = 5 \times 10^5 \text{N/m}$。若不计梁的质量和介质阻力(即$n = 0$),求最大、最小动应力和动应矩及发生共振时电机转速。

解 1)用应力理论计算

查表得20b工字钢$I_z = 2\ 500\ \text{cm}^4$,$W = 250\ \text{cm}^3$。

弯矩为

$$M_{\max} = \frac{Q}{2} \cdot \frac{l}{2} = \frac{Ql}{4}$$

最大静应力为

$$\sigma_{st} = \frac{M_{\max}}{w_\sigma} = \frac{Ql}{4w_\sigma} = \frac{12 \times 10^3 \times 3}{4 \times 2 \times 250 \times 10^{-6}} = 18\ \text{MPa}$$

在Q作用下跨度中点的静挠度Δ_{st}为

$$\Delta_{st}=\frac{Ql^3}{48EI_z}=\frac{12\times10^3\times3^3}{48\times200\times10^9\times2\times2\ 500\times10^{-8}}=0.675\times10^{-3}\text{m}$$

系统固有频率为

$$\omega_\sigma=\sqrt{\frac{g}{\Delta_{st}}}=\sqrt{\frac{9.8}{0.675\times10^{-3}}}=120\ \text{rad/s}$$

发生共振时,电机转速为

$$n_\sigma=\frac{30}{\pi}\omega=\frac{30}{\pi}\times120=1\ 146\ \text{r/min}$$

干扰力的频率为

$$p=\frac{2\pi\times1\ 500}{60}=157\ \text{rad}$$

当 $n=0$ 时,$\omega_\sigma\neq p$,不会发生共振,则放大系数为

$$\beta_\sigma=\frac{1}{\sqrt{\left[1-\left(\frac{p}{\omega}\right)^2\right]^2+4\times\left(\frac{n}{\omega}\right)^2\times\left(\frac{p}{\omega}\right)^2}}=\frac{1}{\sqrt{\left[1-\left(\frac{157}{120}\right)^2\right]^2+4\times\left(\frac{0}{120}\right)^2\times\left(\frac{157}{120}\right)^2}}=1.41$$

最大动应力为

$$\sigma_{d\max}=\sigma_{st}\left(1+\beta\frac{H}{Q}\right)=18\times\left(1+1.41\times\frac{2.5}{12}\right)=23.3\ \text{MPa}$$

$$\sigma_{d\min}=\sigma_{st}\left(1-\beta\frac{H}{Q}\right)=18\times\left(1-1.41\times\frac{2.5}{12}\right)=12.7\ \text{MPa}$$

安全系数为

$$n_\sigma=\frac{\sigma_s}{\sigma_{d\max}}=\frac{235\times10^6}{23.3\times10^6}=11$$

说明该梁是安全的。

2)用应矩理论计算

已知弯曲弹性模量为

$$G_w=2\times10^9\text{N/m}$$

由式(6.12)* 可知,工字钢的绝对静矩为

$$|S_z|=\frac{1}{4}[bh^2-(b-d)(h-2t)^2]$$

查表得 20b 工字钢的有关尺寸为 $h=200$ mm,$b=102$ mm,$d=9$ mm,$t=11.4$ mm,代入上式可得

$$|S_z|=\frac{1}{4}[102\times10^{-3}\times(200\times10^{-3})^2-(102-9)\times10^{-3}\times(200-2\times11.4)^2\times10^{-6}]$$
$$=0.93\times10^{-3}\text{m}^3$$

$$w_w=\frac{|S_z|}{\frac{h}{2}}=\frac{2\times0.93\times10^{-3}}{200\times10^{-3}}=0.93\times10^{-2}\ \text{m}^2$$

两根工字钢的最大弯应矩为

$$m_{st}=\frac{M_{\max}}{2W_w}=\frac{12\times10^3\times3}{2\times4\times0.93\times10^{-2}}=4.7\times10^5\text{N/m}$$

在 Q 作用下跨度中点的静挠度 Δ_{mst} 为

$$\Delta_{mst}=\frac{Ql^3}{48G_w\times2|S_z|}=\frac{12\times10^3\times3^3}{48\times2\times10^9\times2\times0.93\times10^{-3}}=1.79\times10^{-3}\ \text{m}$$

对比应力、应矩两种理论,得出的挠度之比为

$$\frac{\Delta_{mst}}{\Delta_{st}}=\frac{1.79\times10^{-3}}{0.675\times10^{-3}}\approx2.6$$

上式表明应矩理论得出的挠度是应力理论得出挠度的2.6倍。

系统的固有频率为

$$\omega_m=\sqrt{\frac{g}{\Delta_{mst}}}=\sqrt{\frac{9.8}{1.79\times10^{-3}}}=79\ \text{rad/s}$$

应矩理论发生共振时的电机转速为

$$n_m=\frac{30}{\pi}\omega_m=\frac{30}{\pi}\times79=755\ \text{r/min}$$

干扰力的频率相等,即

$$p=157\ \text{rad/s}$$

在应力理论下

$$\frac{p}{\omega}=\frac{157}{120}=1.3$$

在应矩理论下

$$\frac{p}{\omega_m}=\frac{157}{79}=1.98$$

对比上两式值,并由图11.9可知,应力理论使放大系数β值增大。

由式(11.23),可得应矩理论的放大系数为

$$\beta_m=\frac{1}{\sqrt{\left[1-\left(\frac{157}{79}\right)^2\right]^2+4\times\left[\frac{0}{79}\right]^2\times\left[\frac{157}{79}\right]^2}}=0.58$$

可见应矩理论下得出的放大系数小于应力理论放大系数。

最大动应矩为

$$m_{d\max}=m_{st}\left(1+\beta\frac{H}{Q}\right)=4.7\times10^5\times\left(1+0.58\times\frac{2.5\times10^3}{12\times10^3}\right)$$
$$=4.7\times10^5\times(1+0.12)=5.26\times10^5\text{N/m}$$

最小动应矩为

$$m_{d\min}=m_{st}\left(1-\beta\frac{H}{Q}\right)=4.7\times10^5\times\left[1-0.58\times\frac{2.5\times10^3}{12\times10^3}\right]=4.4\times10^5\text{N/m}$$

应矩理论下的安全系数为

$$n_m=\frac{m_s}{m_{d\max}}=\frac{2.35\times10^6}{5.26\times10^5}=4.5$$

式中,$m_s=2.35\times10^6$N/m,由6.11节式(b)*得出。两种理论下得出的安全系数相差百分率为

$$i_n=\frac{11-4.5}{11}\times100\%=59\%$$

这说明应力理论设计的受迫振动,当构件尺寸大于临界尺寸时,是不能保证安全的。

第12章 压杆稳定

12.1 应矩理论下两端铰支细长压杆的临界力

用应力理论推导出来的两端铰支细长杆的临界力的欧拉公式[1]为

$$F_{lj}=\frac{\pi^2 EI}{(\mu l)^2} \tag{a}$$

式中 F_{ij}——压杆稳定的临界力；

I——横截面惯性矩；

l——杆长；

μ——长度系数；

E——拉伸弹性模量。

下面用应矩理论推导新欧拉公式。

如图12.1(a)所示，压杆在临界压力 F_{lj} 作用下，加一横向干扰力后，压杆产生弯曲，其弯矩如图12.1(b)所示。

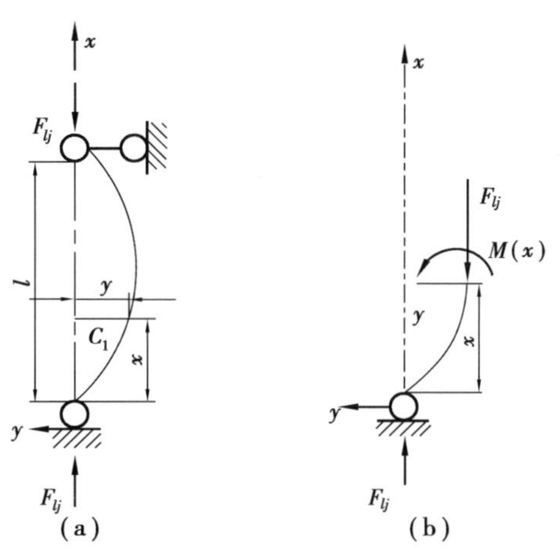

图12.1 两端铰支细长压杆的临界力

弯矩为

$$M(x) = -F_{lj}y \tag{b}$$

杆变形后的挠曲线微分方程由式(7.4)*可知

$$\frac{d^2y}{dx^2} = \frac{M(x)}{G_w|S_z|} \tag{c}$$

把式(b)代入式(c),可得

$$\frac{d^2y}{dx^2} = \frac{F_{lj}y}{G_w|S_z|} \tag{d}$$

设

$$k_m^2 = \frac{F_{lj}}{G_w|S_z|}$$

则式(d)可改写为

$$\frac{d^2y}{dx^2} + k_m^2 y = 0 \tag{e}$$

此微分方程与应力理论下的压杆稳定微分方程形式是一样的,只是常数 E 换成 G_w,I_z 换成 $|S_z|$,故解的过程这里省略(详见赵久江,张少实,王春香《材料力学》"压杆稳定"中的"两端铰支细长压杆的临界力"一节),类比可得

$$F_{ljm} = \frac{\pi^2 G_w|S_z|}{l^2} \tag{12.1}$$

式(12.1)就是应矩理论下的两端铰支细长杆的临界力计算公式。其他形式的杆端约束的细长压杆的临界力计算公式为

$$F_{ljm} = \frac{\pi^2 G_w|S_z|}{(\mu l)^2} \tag{12.2}$$

式中 G_w——弯曲弹性模量,碳素钢 $G_w = 2\times10^9$ N/m;

l——压杆长度;

$|S_z|$——通过形心轴对横截面的绝对静矩(对矩形截面,取通过形心轴之中绝对值最小的静矩 $|S_z| = \frac{bh^2}{4}$或$|S_y| = \frac{hb^2}{4}$);

μ——长度系数,考虑杆端不同约束情况对临界力的影响,μ 值如表 12.1 所示。

表 12.1　各种杆端约束下压杆的长度系数和欧拉公式

杆端约束情况	两端铰支	一端滑动 一端铰支	一端固定 一端滑动	一端固定 一端自由	一端固定 一端两向滑动
失稳时挠曲线形状	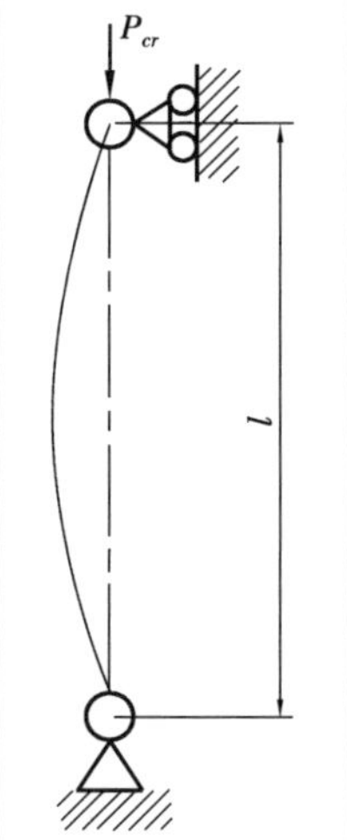 P_{cr}, l	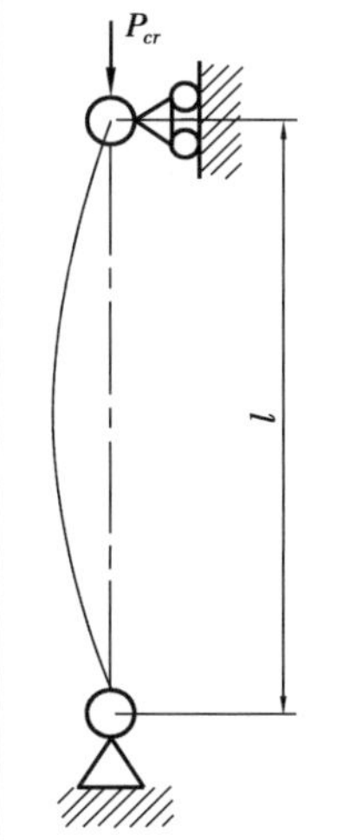 P_{cr}, l	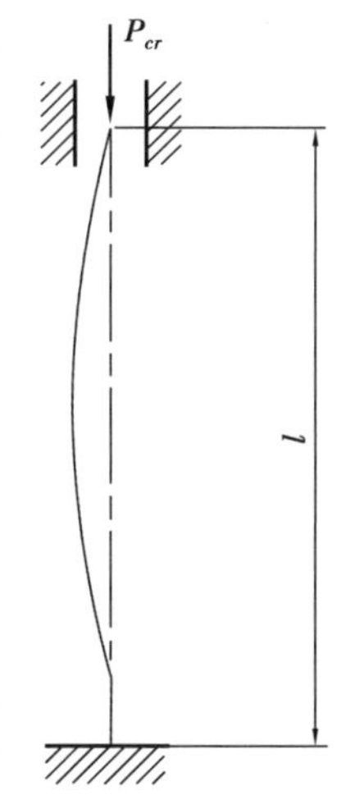 P_{cr}, l	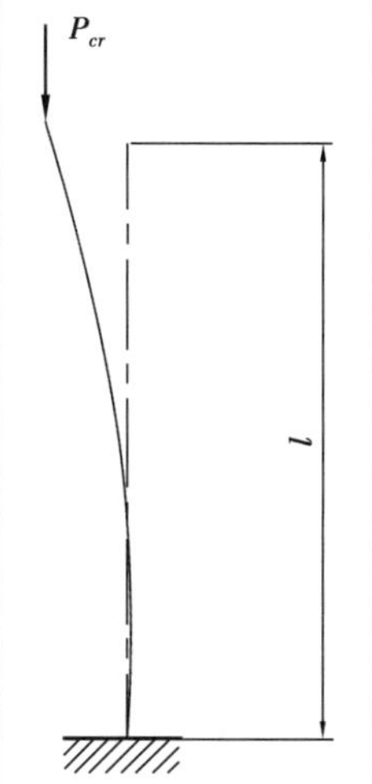 P_{cr}, l	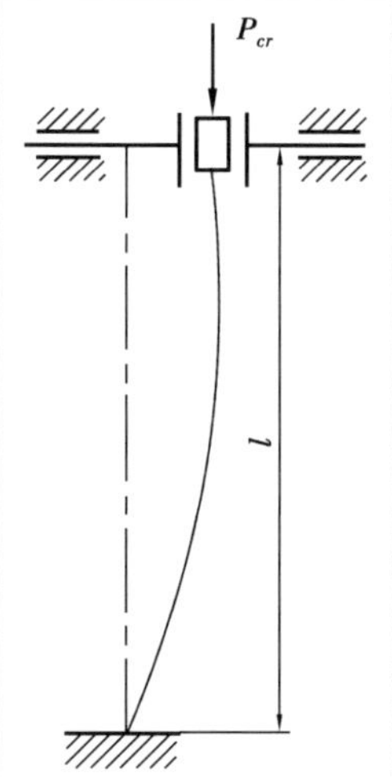 P_{cr}, l
长度系数	$\mu=1$	$\mu=0.7$	$\mu=0.5$	$\mu=2$	$\mu=1$
欧拉公式	$F_{lj}=\frac{\pi^2 EI}{l^2}$	$F_{lj}=\frac{\pi^2 EI}{(0.7l)^2}$	$F_{lj}=\frac{\pi^2 EI}{(0.5l)^2}$	$F_{lj}=\frac{\pi^2 EI}{(2l)^2}$	$F_{lj}=\frac{\pi^2 EI}{l^2}$

12.2　临界应力及新欧拉公式的应用条件

12.2.1　临界应力表示的新欧拉公式

将式(12.2)两端同时除以压杆横截面面积,则得到压杆的临界应力为

$$\sigma_{ljm}=\frac{F_{lj}}{A}=\frac{\pi^2 G_w}{(\mu l)^2}\frac{|S_z|}{A} \tag{12.3}$$

式中　$\frac{|S_z|}{A}$——单位面积绝对静矩,即单位面积抗弯刚度。设

$$i_m^2=\frac{|S_z|}{A} \tag{12.4}$$

则称 i 为惯性半径,它表示压杆抗弯曲变形的能力,i 大表示抗弯能力大。

则式(12.3)成为

$$\sigma_{ijm}=\frac{\pi^2 G_w}{(\mu l)^2}i_m^2=\frac{\pi^2 G_w}{\frac{(\mu l)^2}{i_m^2}} \tag{12.5}$$

令

$$\lambda_m=\frac{\mu l}{i_m} \tag{12.6}$$

则式(12.6)称为应矩理论下压杆的柔度,它的量纲是$\sqrt{\mathrm{m}}$,代入式(12.5)可得

$$\sigma_{ljm}=\frac{\pi^2 G_w}{\lambda_m^2} \tag{12.7}$$

式(12.7)即为应矩理论下，压杆稳定的新欧拉公式。

当临界应力不超过材料的比例极限时，可得应矩理论下的压杆稳定条件为

$$\sigma_{ljm}=\frac{\pi^2 G_w}{\lambda_m^2}\leqslant\sigma_p \tag{12.8}$$

式中　σ_p——材料比例极限。

由式(12.8)可得

$$\lambda_{pm}\geqslant\pi\sqrt{\frac{G_w}{\sigma_p}} \tag{12.9}$$

式(12.9)即为保持压杆稳定的临界柔度。

12.2.2　新理论下的柔度 λ_{pm} 的临界值

柔度值和材料有关，应力理论已计算出低碳钢的柔度临界值 $\lambda_{p\sigma}=100$。应矩理论下低碳钢的柔度临界值 λ_{pm} 由式(12.9)可直接计算出来。

已知低碳钢 Q235 的比例极限和弯曲弹性模量为

$$\sigma_p=200\times10^6\,\mathrm{N/m^2}$$
$$G_w=2\times10^9\,\mathrm{N/m}$$

将上述值代入式(12.9)，可得低碳钢的柔度临界值为

$$\lambda_{pm}=\pi\sqrt{\frac{2\times10^9}{200\times10^6}}\approx10\sqrt{\mathrm{m}} \tag{12.10}$$

45 号中碳钢的比例极限 $\sigma_p=350\ \mathrm{N/m^2}$，则同理可得其柔度临界值为

$$\lambda_{pm}=7.5\sqrt{\mathrm{m}} \tag{12.10$'$}$$

注意，应力理论的柔度是无量纲值，应矩理论下的柔度量纲为 $\sqrt{\mathrm{m}}$。

12.2.3　两种理论下压杆稳定的临界尺寸

应力理论下的临界力 $F_{ij\sigma}$ 与应矩理论下的临界力 F_{ijm} 之比为

$$\frac{F_{ij\sigma}}{F_{ijm}}=\frac{\pi^2 EI_z/(\mu l)^2}{\dfrac{\pi^2 G_w|S_z|}{(\mu l)^2}}=\frac{EI_z}{G_w|S_z|} \tag{a}$$

对于低碳钢，则

$$E=2\times10^{11}\,\mathrm{N/m^2},\ G_w=2\times10^9\,\mathrm{N/m}$$

(1)圆柱形压杆稳定的临界尺寸

对于圆柱形压杆，$I_z=\dfrac{\pi D^4}{64}$，$|S_z|=\dfrac{D^3}{6}$，代入式(a)可得

$$\frac{F_{ij\sigma}}{F_{ijm}}=\frac{EI_z}{G_w|S_z|}=\frac{2\times10^{11}\times\dfrac{\pi D^4}{64}}{2\times10^9\times\dfrac{D^3}{6}}=\frac{3\pi}{32}D\times10^2\approx29.4D$$

即

$$F_{ij\sigma}=29.4DF_{ijm} \tag{12.11}$$

式(12.11)为应力、应矩理论下，低碳钢压杆稳定临界力的当量关系式。

当 $F_{ij}=F_{ijm}$ 时，由式(2.11)可得

$$D^{*}=34\times10^{-3}\text{m}=34\ \text{mm} \tag{b}$$

$D^{*}=34$ mm 为实心圆柱压杆稳定的临界尺寸，当碳钢圆柱压杆直径 $D>D^{*}=34$ mm 时，已不是细长杆，应力理论的欧拉公式不能使用。这与圆梁的强度和刚度的临界尺寸完全相同。

(2)正方形压杆稳定的临界尺寸

对正方形压杆，$I_z=\frac{a^4}{12}$，$|S_z|=\frac{a^3}{4}$，则低碳钢正方形压杆的临界力之比由式(a)可得

$$\frac{F_{ij}}{F_{ijm}}=\frac{\dfrac{2\times10^{11}\times a^4}{12}}{\dfrac{2\times10^{9}a^3}{4}}=\frac{100}{3}a$$

当 $F_{ij}=F_{ijm}$ 时，可得压杆稳定的临界尺寸为

$$a^{*}=\frac{3}{100}\ \text{m}=30\ \text{mm} \tag{c}$$

式(c)表明，低碳钢正方形压杆 $a>30$ mm 时，已不是细长杆，应力理论的欧拉公式不能使用。这与正方形梁的强度和刚度的临界尺寸完全相同。

12.2.4　欧拉公式的适用条件

①当 $\lambda>\lambda_p$ 时，压杆为细长杆或大柔度杆，可用欧拉公式计算压杆的临界应力。

②当 $\lambda_s\leqslant\lambda\leqslant\lambda_p$ 时，临界应力 $\sigma_{ij}>\sigma_p$，这是超过材料比例极限的压杆稳定问题，欧拉公式不适用，要用经验公式进行计算。

③当 $\lambda\leqslant\lambda_p$ 时，压杆是短粗杆，不存在稳定问题，只存在强度问题。

④细长杆的定义就是小于或等于临界尺寸的杆。应力理论的欧拉公式只适用细长杆。

12.3　压杆稳定的实用计算

应力理论下的压杆稳定条件为

$$\sigma=\frac{F_{ij}}{A}\leqslant\frac{\sigma_{ij}}{n_{ij}} \tag{a}$$

式中　n_{ij}——压杆工作安全系数，则

$$n_{ij}=\frac{F_{lj}}{F} \tag{b}$$

A——压杆的横截面面积；

F_{lj}——压杆的临界力；

F——压杆实际承受的轴向力。

工程上用应力 σ 和折减系数 φ 表示的压杆稳定条件为

$$\sigma=\frac{F}{A}\leqslant\varphi[\sigma]_{ij} \tag{12.12}$$

式中　φ——折减系数，随柔度 λ 不同而不同，λ 值越大，φ 越小，且 $\varphi<1$；

$[\sigma]_{ij}$——稳定许用应力，不但与材料有关，也与 λ 有关。

由式(a)和式(12.12)可得

$$\frac{\sigma_{lj}}{n_{lj}}=\varphi[\sigma]_{lj} \tag{c}$$

把式(12.7)代入式(c),可得应矩理论的折算系数为

$$\varphi_m=\frac{\pi^2 G_w}{n_{lj}[\sigma]_{lj}}\cdot\frac{1}{\lambda_m^2} \tag{12.13}$$

由式(12.13)可知,φ_m 是 λ_m 的函数,即 $\varphi_m=f(\lambda_m)$,故可绘制出曲线或制成新折减系数表以便使用。

例 12.1 如图 12.2(a)所示的结构由直径相同的圆杆组成,材料为 A_3 钢,已知 $h=0.4$ m,$d=20$ mm,$F=16$ kN,$[\sigma]_{ij}=160$ MPa,$G_w=2\times10^9$ N/m。试用应力、应矩两种理论校核 AB,AC 两杆的稳定性。

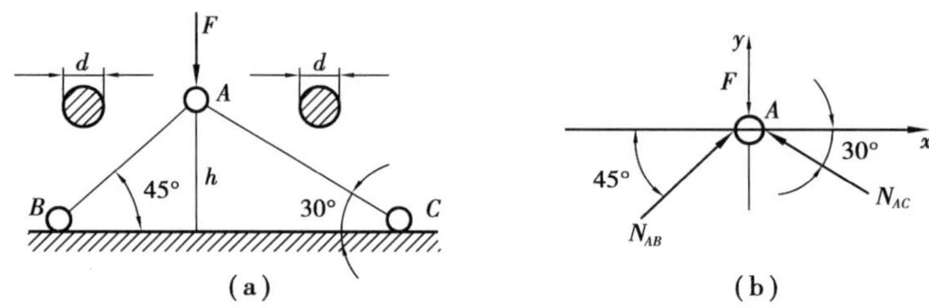

图 12.2 实例计算图示二杆的稳定性

解 1)用应力理论解

$d=20$ mm <34 mm。可使用欧拉公式计算压杆稳定。

节点 A 的受力情况如图 12.2(b)所示,则

$$\sum x=0 \quad N_{AB}\cos 45°-N_{AC}\cos 30°=0$$

$$\sum y=0 \quad N_{AB}\sin 45°+N_{AC}\sin 30°-F=0$$

解得两杆的压力为

$$F_{AB}=N_{AB}=0.896F \quad F_{AC}=N_{AC}=0.732F$$

两杆长度为

$$l_{AB}=0.566\ \text{m} \quad l_{AC}=0.8\ \text{m}$$

两端铰支时,$\mu=1$,则两杆的柔度分别为

$$\lambda_1=\frac{\mu l_{AB}}{i}=\frac{\mu l_{AB}}{\frac{d}{4}}=\frac{1\times0.566}{\frac{0.02}{4}}=113 \quad (AB\ 杆)$$

$$\lambda_2=\frac{\mu l_{AC}}{i}=\frac{\mu l_{AC}}{\frac{d}{4}}=\frac{1\times0.8}{\frac{0.02}{4}}=160 \quad (AC\ 杆)$$

查折减系数表可得

$\lambda_1=113$ 时,$\varphi_1=0.515$;

$\lambda_2=160$ 时,$\varphi_2=0.272$。

按稳定条件

$\frac{F}{A\varphi}\leqslant[\sigma]$,则

$$AB\ 杆 \quad \frac{F_{AB}}{A\varphi_1}=\frac{0.896F}{A\varphi_1}=\frac{0.896\times16\times10^3}{\pi\times\frac{0.02^2}{4}\times0.515}=88.5\ \text{MPa}<[\sigma]_{ij}=160\ \text{MPa}$$

$$AC\text{ 杆}\quad \frac{F_{AC}}{A\varphi_2}=\frac{0.732F}{A\varphi_2}=\frac{0.732\times 16\times 10^3}{\pi\times\dfrac{0.02^2}{4}\times 0.272}=137\ \text{MPa}<[\sigma]_{ij}=160\ \text{MPa}$$

说明两杆均满足稳定条件。

2)用应矩理论解

惯性半径为

$$i=\sqrt{\frac{|S_z|}{A}}=\sqrt{\frac{\dfrac{D^3}{6}}{\dfrac{\pi D^2}{4}}}=\sqrt{\frac{2D}{3\pi}}=\sqrt{\frac{2\times 0.02}{3\pi}}$$

$$=\sqrt{4.2\times 10^{-3}}=6.48\times 10^{-2}\sqrt{\text{m}}$$

两杆的柔度分别为

$$\lambda_{m1}=\frac{\mu l_{AB}}{i}=\frac{1\times 0.566}{6.48\times 10^{-2}}=8.73\sqrt{\text{m}}\quad (AB\text{ 杆})$$

$$\lambda_{m2}=\frac{\mu l_{AC}}{i}=\frac{1\times 0.8}{6.48\times 10^{-2}}=12.3\sqrt{\text{m}}\quad (AC\text{ 杆})$$

由式(12.10)可知,极限临界柔度 $\lambda_p=10\sqrt{\text{m}}$。

因此,AB 杆的柔度小于屈服临界柔度($\lambda_{m1}=8.73\sqrt{\text{m}}<\lambda_p=10\sqrt{\text{m}}$),属于短粗杆,无压杆稳定问题,不需要校核;AC 杆 $\lambda_{m2}=12.3\sqrt{\text{m}}>\lambda_p=10\sqrt{\text{m}}$,可用新欧拉公式进行压杆稳定性校核。

AB 杆的临界应力为

$$\sigma_{lj}=\frac{\pi^2 G_w}{\lambda_m^2}=\frac{\pi^2\times 2\times 10^9}{12.3^2}=130\ \text{MPa}$$

其稳定性系数为

$$n_{st}=\frac{F_{lj}}{F_{AC}}=\frac{\sigma_{lj}\times A}{0.732\times 15\times 10^3}=\frac{130\times 10^6\pi\times\dfrac{0.02^2}{4}}{0.732\times 15\times 10^3}=3.7$$

其折减系数为

$$\varphi_m=\frac{\sigma_{lj}}{n_{st}[\sigma]_{ij}}=\frac{130\times 10^6}{3.7\times 160\times 10^6}=0.22$$

按稳定性条件$\frac{F}{A\varphi_m}\leqslant[\sigma]$,则 AC 杆

$$\frac{F}{A\varphi_m}=\frac{0.732\times 16\times 10^3}{\pi\times\dfrac{0.02^2}{4}\times 0.22}=171\ \text{MPa}>[\sigma]_{ij}=160\ \text{MPa}$$

可见,AC 杆不能满足应矩理论下的稳定条件。

从两种理论下压杆稳定性计算可知,应矩理论下 AC 杆不能满足稳定条件,而应力理论下的 AC 杆还有 23 MPa 的余量,这说明应力理论满足了稳定条件而实际上不能保证压杆的稳定性。

第 13 章 交变应矩下的疲劳

13.1 引起金属疲劳的原因

齿轮啮合时,齿根上受到的作用,应力理论认为是正应力,应矩理论则认为是弯应矩;火车轴上所受到的作用,应力理论认为是应力,应矩理论则认为是弯应矩。

如图 13.1(a)所示,A 点到中性轴的距离 y 为

$$y = r\sin\omega t \tag{a}$$

式中 r——轴的半径;

ω——角速度;

t——时间。

应力理论认为正应力为

$$\sigma = \frac{My}{I_z} = \frac{Mr}{I_z}\sin\omega t \tag{b}$$

其分布图如图 13.1(b)所示。

而应矩理论弯应矩由式(6.5)确定,即

$$m_w = \frac{My}{|S_z|} = \frac{Mr}{|S_z|}\sin\omega t \tag{b'}$$

其分布图如图 13.1(c)所示。

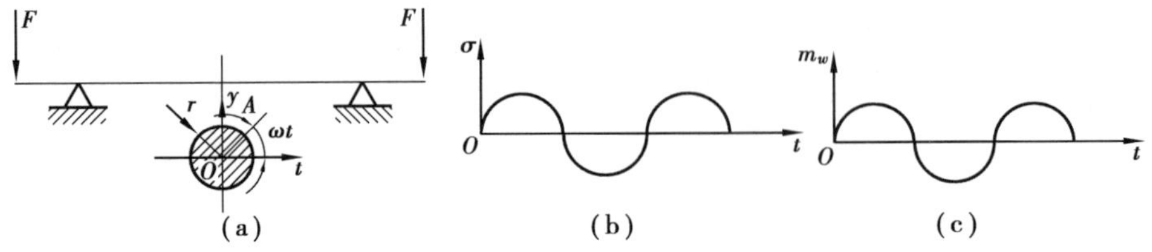

图 13.1 交变弯应矩引起疲劳失效

可见上述实例中,构件所受到的是交变应矩,而不是交变应力。因此,受弯应矩和扭应矩作用产生的金属疲劳不是应力引起的,而是应矩引起的;只有受拉-压应力作用产生的疲劳,才是应力引起的。

13.2　交变应矩的循环特征及应矩幅和平均应矩

如图13.2(a)所示为按正弦变化的应力与时间 t 间的关系，应矩与时间 t 间关系如图13.2(b)所示。

在图13.2(b)中，由 a 到 b 变化的全过程为应矩一个循环，完成一个循环所需的时间为一个周期 T。

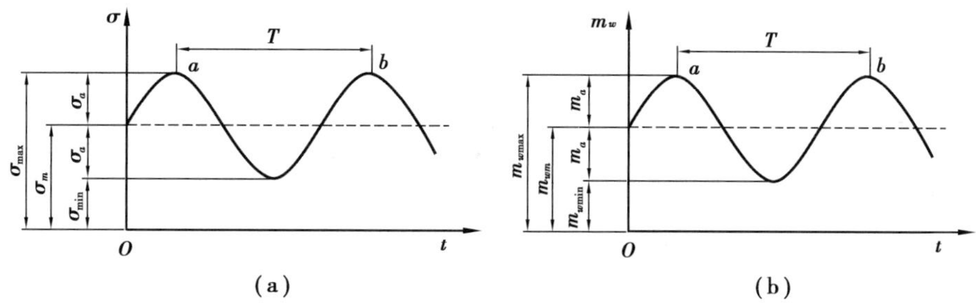

图13.2　交变应力和交变应矩的循环特征

交变应力循环特征

$$r=\frac{\sigma_{\min}}{\sigma_{\max}} \tag{13.1}$$

应改为交变应矩循环特征

$$r_m=\frac{m_{w\min}}{m_{w\max}} \tag{13.1'}$$

式中　$\sigma_{\max},\sigma_{\min}$——最大、最小应力；

$m_{w\max},m_{w\min}$——最大、最小弯应矩。

平均应力

$$\sigma_m=\frac{1}{2}(\sigma_{\max}+\sigma_{\min}) \tag{13.2}$$

应改为平均应矩

$$m_m=\frac{1}{2}(m_{\max}+m_{\min}) \tag{13.2'}$$

应力幅

$$\sigma_a=\frac{1}{2}(\sigma_{\max}-\sigma_{\min}) \tag{13.3}$$

应改为应矩幅

$$m_a=\frac{1}{2}(m_{\max}-m_{\min}) \tag{13.3'}$$

若交变应矩(应力)的 $m_{\max}(\sigma_{\max})$ 和 $m_{\min}(\sigma_{\min})$ 大小相等、符号相反时(见图13.1(b))，称为对称循环。由式(13.1′)、式(13.2′)和式(13.3′)可得

$$r=-1,\sigma_m=0,\sigma_a=\sigma_{\max} \tag{a}$$

应改为

$$r_m=-1,m_m=0,m_a=m_{\max} \tag{a'}$$

除对称循环外，其余情况统称为不对称循环。由式(13.2′)和式(13.3′)可得

$$\sigma_{\max}=\sigma_m+\sigma_a,\sigma_{\min}=\sigma_m-\sigma_a \tag{13.4}$$

应改为

$$m_{max}=m_m+m_a\,,m_{min}=m_m-m_a \tag{13.4'}$$

可见,任一不对称循环都可看为是在平均应矩 m_m 上叠加一个幅度为 m_a 的对称循环。若应矩循环中的 $m_{min}=0$(或 $m_{max}=0$),则表示交变应矩变动于某一应矩与零之间。这种情况称为脉动循环。齿轮传动中,齿根上的交变力矩就是脉动循环,则

$$r=0\,,\sigma_a=\sigma_m=\frac{1}{2}\sigma_{max} \tag{b}$$

应改为

$$r_m=0\,,m_a=m_m=\frac{1}{2}m_{max} \tag{b'}$$

或

$$r=-\infty\,,\ -\sigma_a=\sigma_m=\frac{1}{2}\sigma_{min} \tag{c}$$

应改为

$$r_m=-\infty\,,\ -m_a=m_m=\frac{1}{2}m_{min} \tag{c'}$$

静应矩可看做交变应矩的特例,即应矩无变化,故

$$r=1\,,\sigma_a=0\,,\sigma_{max}=\sigma_{min}=\sigma_m \tag{d}$$

应改为

$$r_m=1\,,m_a=0\,,m_{max}=m_{min}=m_m \tag{d'}$$

13.3 持久极限

在对称循环下测定疲劳强度时,将金属加工成 $d=7\sim10$ mm、表面光滑的小试样,每组为 10 根。试件在疲劳试验机上承受纯弯矩。由于纯弯曲的物体内无正应力,是弯应矩使试件产生疲劳破坏,因此,图 13.3(a)中,应力理论作出的应力-寿命曲线(即 *S-N* 曲线)的纵坐标不应是应力而是应矩,如图 13.3(b)所示。当应矩降到某一极限值时,*S-N* 线趋近水平线,即试件经过无限次循环而不发生疲劳。交变应矩的这一极限值称为疲劳极限或持久极限,对称循环的持久极限记为 m_{-1}。规定 10^7 次循环仍未疲劳的最大应矩为钢材的持久极限,把 $N_0=10^7$ 称为循环基数。对于有色金属,*S-N* 曲线无明显趋于水平的直线部分,规定 $N_0=10^8$ 对应的最大弯应矩当做“条件”持久极限。

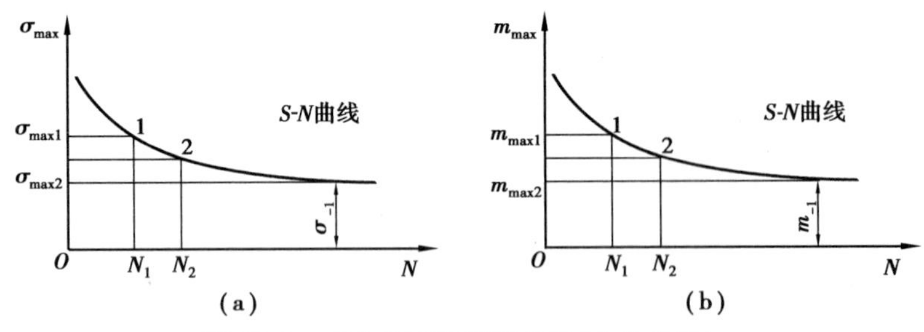

图 13.3 应力及应矩疲劳曲线(*S-N* 曲线)

S-N 曲线的横坐标为寿命 N,纵坐标为弯曲正应力 σ,而应矩理论认为弯曲体内只有弯应矩 m_w 而无正应力 σ。因此,*S-N* 曲线的纵坐标应为弯应矩 m_w。应力理论下的 *S-N* 曲线与应矩理论下的 *S-N* 曲线是完全相似的,因此,不需要重新试验制作 *S-N* 曲线。

下面来证明两种理论下 *S-N* 曲线的相似性。设圆轴直径为 D。

最大弯曲正应力的公式[1]为

$$\sigma_{\max}=\frac{M}{W_{\sigma}}=\frac{M}{\frac{\pi}{32}D^{3}}$$

最大弯应矩的公式为式(6.14)*，即

$$m_{w\max}=\frac{M}{W_{w}}=\frac{M}{\frac{1}{3}D^{2}}$$

最大弯曲正应力与最大弯应矩之比为

$$\frac{\sigma_{\max}}{m_{w\max}}=\frac{\frac{M}{\frac{\pi}{32}D^{3}}}{\frac{M}{\frac{1}{3}D^{2}}}=\frac{32}{3\pi D}$$

即

$$m_{w\max}=\frac{3\pi D}{32}\sigma_{\max} \tag{13.5}$$

式(13.5)即为弯应矩与弯曲正应力的当量转换式。

设

$$C=\frac{3\pi D}{32}\text{为常数} \tag{13.6}$$

则

$$m_{w\max}=C\sigma_{\max} \tag{13.5'}$$

式(13.5′)说明，当直径 D 一定时，最大弯应矩与最大弯曲正应力成正比，可见两种理论下的 S-N 曲线相似。在应力理论的 S-N 曲线基础上，横坐标 N 不变，纵坐标换成 $m_{w\max}=\frac{3\pi D}{32}\sigma_{\max}$（$D$ 为试件的直径），把 S-N 曲线的每一点纵坐标都上移 $C=\frac{3\pi D}{32}$，即得到应矩理论的 S-N 曲线。

13.4　影响持久极限的因素

13.4.1　构件外形的影响

构件上有槽、孔、缺口、轴肩，将引起应力集中、局部区域形成疲劳裂纹，使持久极限显著降低。在对称循环下，若以 $(m_{w-1})_d$ 或 $(m_{n-1})_d$ 表示无应力集中的受弯或受扭光滑试件的持久极限；$(m_{w-1})_k$ 或 $(m_{n-1})_k$ 表示有应力集中试样，且尺寸与无应力集中试件相同，则比值为

$$k_{w}=\frac{(m_{w-1})_{d}}{(m_{w-1})_{k}}\quad\text{或}\quad k_{n}=\frac{(m_{n-1})_{d}}{(m_{n-1})_{k}} \tag{13.7}$$

由于

$$(m_{w-1})_{d}>(m_{w-1})_{k},(m_{n-1})_{d}>(m_{n-1})_{k}$$

因此

$$K_{w}>1,K_{n}>1$$

式中 K_w, K_n——弯曲、扭转有效应矩集中系数。

应力理论得出的有效应力集中系数与应矩理论下的有效应矩集中系数完全相等，即

$$k_w = k_\sigma = \frac{(\sigma_{-1})_d}{(\sigma_{-1})_k} \quad 或 \quad k_n = k_\tau = \frac{(\tau_{-1})_d}{(\tau_{-1})_k} \tag{13.7'}$$

这表明应力理论给出的有效应力集中系数的曲线和表格与应矩理论完全相同，只是图中的材料的拉应力强度极限 σ_b 转换成材料的弯曲强度极限 m_b。碳素钢纯拉伸正应力与弯应矩间的关系式(6.48′)*可求得

$$m_b = \sigma_b \times 10^{-2} \text{N/m}$$

13.4.2 构件尺寸的影响

持久极限一般是用直径为 7 ~ 10 mm 的小试样测定的。随着试件横截面尺寸增大，持久极限却相应地降低。对称循环下，光滑小试件的持久极限 m_{-1} 与光滑大试件 $(m_{-1})_d$ 之比值为

$$\varepsilon_w = \frac{(m_{w-1})_d}{m_{w-1}} \tag{13.8}$$

$$\varepsilon_n = \frac{(m_{n-1})_d}{m_{n-1}} \tag{13.9}$$

式中 $\varepsilon_w, \varepsilon_n$——弯曲、扭转尺寸系数。

同样，应力理论与应矩理论的尺寸系数完全相同，即

$$\varepsilon_w = \varepsilon_\sigma = \frac{(\sigma_{-1})_d}{\sigma_{-1}} \tag{13.10a}$$

$$\varepsilon_n = \varepsilon_\tau = \frac{(\tau_{-1})_d}{\tau_{-1}} \tag{13.10b}$$

13.4.3 构件表面质量的影响

表面加工留下的刀痕、擦伤等将引起应力集中，降低持久极限。设表面磨光试件的持久极限为 $(m_{-1})_d$，而表面为其他加工情况构件的持久极限为 $(m_{-1})_\beta$，则两种理论下的表面质量系数相等，即

$$\beta = \frac{(m_{-1})_\beta}{(m_{-1})_d} = \frac{(\sigma_{-1})_\beta}{(\sigma_{-1})_d} \tag{13.11}$$

式中 β——表面质量系数，且 $\beta < 1$。

但是，当构件经淬火、渗碳、氮化等热处理或化学处理后，使表面强化，或者经表面滚压、喷丸等机械处理，都会明显提高构件持久极限，得到 $\beta > 1$。

综合上述 3 个因素，对应循环下构件的持久极限为

$$m_{w-1}^0 = \frac{\varepsilon_w \beta}{K_w} m_{w-1} \tag{13.12}$$

$$m_{w-1}^0 = \frac{\varepsilon_n \beta}{K_n} m_{n-1} \tag{13.13}$$

式(13.12)、式(13.13)分别为弯曲、扭转构件的持久极限。

而应力理论下的持久极限为

$$\sigma_{-1}^0 = \frac{\varepsilon_\sigma \beta}{K_\sigma} \sigma_{-1} \tag{13.12'}$$

$$\tau_{-1}^0 = \frac{\varepsilon_\tau \beta}{K_\tau} \tau_{-1} \tag{13.13'}$$

式(13.12′)和式(13.13′)将被式(13.12)和式(13.13)所取代。

13.5　对称循环下构件疲劳强度的计算

构件的许用应矩为

$$[m_{-1}] = \frac{m^0_{-1}}{n} \tag{a}$$

式中，m^0_{-1}——对称循环下材料的弯曲断裂强度。

式(a)将代替以下应力理论的公式

$$[\sigma_{-1}] = \frac{\sigma^0_{-1}}{n} \tag{a'}$$

式中　σ^0_{-1}——对称循环下材料的拉伸断裂强度。

构件的强度条件为

$$m_{\max} \leqslant [m_{-1}] \quad 或 \quad m_{\max} \leqslant \frac{m^0_{-1}}{n} \tag{b}$$

式(b)将代替以下应力理论公式

$$\sigma_{\max} \leqslant [\sigma_{-1}] \quad 或 \quad \sigma_{\max} \leqslant \frac{\sigma^0_{-1}}{n} \tag{b'}$$

把强度条件用安全系数形式表达为

$$n_m = \frac{m^0_{-1}}{m_{\max}} \geqslant n \tag{13.14}$$

式中　n——规定的安全系数；

n_m——工作安全系数。

式(13.14)将取代以下应力理论公式

$$n_\sigma = \frac{\sigma^0_{-1}}{\sigma_{\max}} \geqslant n \tag{13.14'}$$

把式(13.12)代入式(13.14)，可得弯曲交变应矩的强度条件为

$$n_w = \frac{m_{w-1}}{\dfrac{k_w}{\varepsilon_w \beta} m_{w\max}} \geqslant n \tag{13.15}$$

把式(13.13)代入式(13.14)，可得扭转交变应矩强度条件为

$$n_n = \frac{m_{n-1}}{\dfrac{k_n}{\varepsilon_n \beta} m_{n\max}} \geqslant n \tag{13.16}$$

式(13.15)、式(13.16)将取代以下应力理论的强度条件公式

$$n_\sigma = \frac{\sigma_{-1}}{\dfrac{k_\sigma}{\varepsilon_\sigma \beta} \sigma_{\max}} \geqslant n \tag{13.15'}$$

$$n_\tau = \frac{\tau_{-1}}{\dfrac{k_\tau}{\varepsilon_\tau \beta} \tau_{\max}} \geqslant n \tag{13.16'}$$

例 13.1　某减速器第一轴如图 13.4 所示，键槽为端铣加工，A—A 截面上的弯矩 $M = 860$ N · m，材料为 A5，$\sigma_b = 520$ MPa，$\sigma_{-1} = 220$ MPa。若规定安全系数 $n = 1.4$，试分别用应力、应矩两种理论校核 A—A截面的强度。

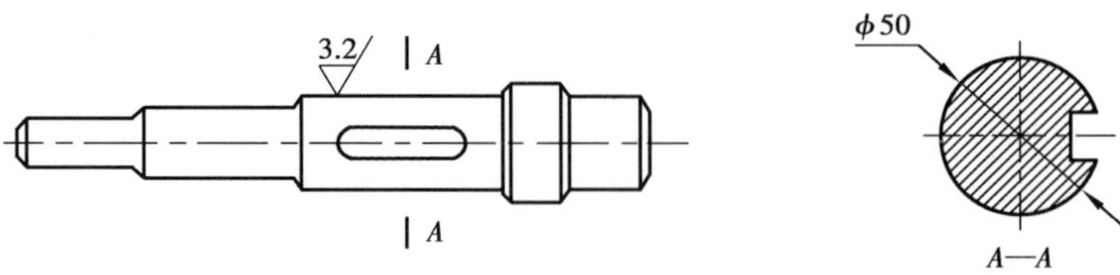

图 13.4　对称循环的疲劳计算实例

解　1)用应力理论解

计算轴在 A—A 截面上的最大工作应力。

若不计键槽对抗弯截面系数的影响,则其抗弯截面系数为

$$W_\sigma = \frac{\pi d^3}{32} = \frac{\pi}{32} \times (50 \times 10^{-3})^3\ \text{m}^3 = 12.3 \times 10^{-6}\ \text{m}^3$$

轴在不变弯矩 M 作用下旋转,故为弯曲变形下的对称循环,则

$$\sigma_{\max} = \frac{M}{W_\sigma} = \frac{860}{12.3 \times 10^{-6}}\ \text{MPa} = 70\ \text{MPa}$$

$$\sigma_{\min} = -70\ \text{MPa}$$

$$r = \frac{\sigma_{\min}}{\sigma_{\max}} = -1$$

为等幅对称循环。

确定 A—A 轴面上的系数 $k_\sigma, \varepsilon_\sigma, \beta$(对应的曲线图及表格详见刘鸿文《材料力学》"交变应力"一章中"影响持久极限的因素")。

端铣加工键槽,当 $\sigma_b = 520$ MPa 时,$k_\sigma = 1.65, \varepsilon_\sigma = 0.84, \beta = 0.936$。

将以上数据代入式(13.15′),求得截面 A—A 的工作安全系数为

$$n_\sigma = \frac{\sigma_{-1}}{\dfrac{k_\sigma}{\varepsilon_\sigma \beta}\sigma_{\max}} = \frac{220}{\dfrac{1.65}{0.84 \times 0.936} \times 70} = 1.5 > n = 1.4$$

故轴的截面 A—A 处满足强度条件。

2)用应矩理论解

抗弯截面系数为

$$W_w = \frac{D^2}{3} = \frac{(50 \times 10^{-3})^2}{3}\ \text{m}^2 = 8.4 \times 10^{-4}\text{m}^2$$

最大弯应矩为

$$m_{\max} = \frac{M}{W_w} = \frac{860}{8.4 \times 10^{-4}}\ \text{N/m} = 103 \times 10^4\text{N/m}$$

最小弯应矩为

$$m_{\min} = -103 \times 10^4\text{N/m}$$

则

$$r = \frac{m_{\min}}{m_{\max}} = -1$$

为等幅对称循环。

A—A 截面上的系数与应力理论相同,即 $k_w = k_\sigma = 1.65, \varepsilon_w = \varepsilon_\sigma = 0.84, \beta = 0.936$。

由第 6 章 6.10 节纯拉伸正应力与弯应矩间的关系式(6.48′)* 给出碳素钢正应力与弯应矩的当量关系为

$$m_{w-1} = \sigma_{-1} \times 10^{-2} = 220 \times 10^6 \times 10^{-2}\text{N/m} = 220 \times 10^4\text{N/m}$$

则应矩理论下 A—A 截面的工作安全系数由式(13.15)可得

$$n_w = \frac{m_{w-1}}{\frac{k_w}{\varepsilon_w \beta} m_{\max}} = \frac{220 \times 10^4}{\frac{1.65}{0.84 \times 0.936} \times 103 \times 10^4} = 1 < n = 1.4$$

故截面 A—A 处不满足强度要求。

对比应力理论安全系数 $n_\sigma = 1.5$,与应矩理论安全系数 $n_w = 1$,可见该例中应力理论比应矩理论的安全系数大。这是因为试件的直径 $d = 50$ mm,大于临界直径 $D^* = 34$ mm,出现 $n_w < n_\sigma$ 的结果;当减小弯矩,直径 $d \leqslant 34$ mm 时,则会出现 $n_w > n_\sigma$ 的结果。

例 13.2　形状如图 13.4 所示的轴,键槽端铣加工,A—A 截面上的弯矩为2 580 N · m,其截面直径 $D = 80$ mm,材料仍为 A5,$\sigma_b = 520$ MPa,$\sigma_{-1} = 220$ MPa,若规定安全系数为 1.6,试分别用应力、应矩两种理论校核 A—A 截面的强度。

解　1)用应力理论解

$$W_\sigma = \frac{\pi}{32} d^3 = \frac{\pi}{32} \times (80 \times 10^{-3})^3 \text{ m}^3 = 50.2 \times 10^{-6} \text{m}^3$$

$$\sigma_{\max} = \frac{M}{W_\sigma} = \frac{2\ 580}{50.2 \times 10^{-6}} = 51.5 \times 10^6 \text{Pa} = 51.5 \text{ MPa}$$

$$\sigma_{\min} = -51.5 \text{ MPa}$$

则

$$r = \frac{\sigma_{\min}}{\sigma_{\max}} = -1$$

为等幅对称循环。

查表(对应的曲线图及表格详见《材料力学》“交变应力”)可得,当 $\sigma_b = 520$ MPa 时,$k_\sigma = 1.65$;当 $D = 80$ mm 时,$\varepsilon_\sigma = 0.75$;$\beta = 0.936$ 时,则

$$n_\sigma = \frac{\sigma_{-1}}{\frac{k_\sigma}{\varepsilon_\sigma \beta} \sigma_{\max}} = \frac{220}{\frac{1.65}{0.75 \times 0.936} \times 51.5} = 1.82 > n = 1.6$$

即应力理论下,该循环满足强度要求。

2)用应矩理论解

实心圆梁的抗弯截面模量

$$W_w = \frac{D^2}{3} = \frac{(80 \times 10^{-3})^2}{3} \text{ m}^2 = 21.4 \times 10^{-4} \text{m}^2$$

$$m_{\max} = \frac{M}{W_w} = \frac{2\ 580}{21.4 \times 10^{-4}} = 121 \times 10^4 \text{N/m}$$

$$m_{\min} = -121 \text{ N/m}$$

则

$$r = \frac{m_{\max}}{m_{\min}} = -1$$

为等幅对称循环。

系数与应力理论相同,而 $k_w = k_\sigma = 1.65$,$\varepsilon_w = \varepsilon_\sigma = 0.75$,$\beta = 0.936$。

则持久极限

$$m_{w-1} = \sigma_{-1} \times 10^{-2} = 220 \times 10^4 \text{N/m}$$

$$n_w = \frac{m_{w-1}}{\frac{k_w}{\varepsilon_w \beta} m_{\max}} = \frac{220 \times 10^4}{\frac{1.65}{0.75 \times 0.936} \times 121 \times 10^4} = 0.78 < n = 1.6$$

即在应矩理论下,该循环不满足强度要求。

这说明,当较大动弯矩作用于粗轴时,其直径 D 大于静应力的临界直径 D^*(碳素钢 $D^* = 34$ mm)时,应力理论强度计算能满足强度要求,而应矩理论的计算不会满足强度要求。

13.6 等幅非对称循环交变应力下构件的疲劳强度计算

13.6.1 非对称循环下构件的疲劳极限图

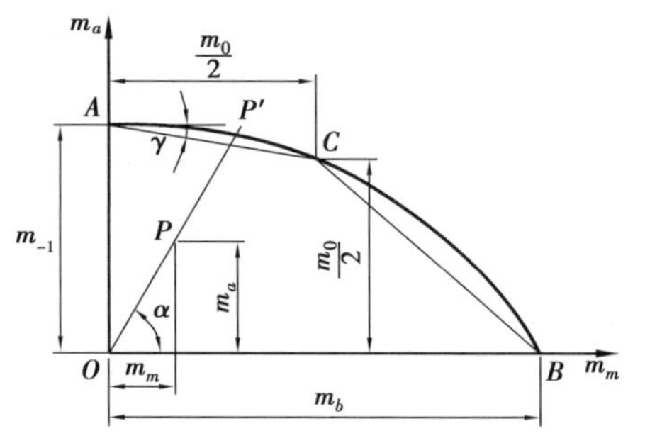

图 13.5 非对称循环下构件的应矩疲劳极限图

σ_r 表示疲劳极限(持久极限),下标 r 代表循环特征,如对称循环 $r = -1$,脉动循环 $r = 0$,不对称循环 $r = 0.25$ 等。交变应力下,循环特征不同,材料的疲劳极限也不同。为了全面反应平均应力的影响,在非对称循环交变应力下,对各种循环特征 r 作疲劳试验,得到非对称循环条件下构件的疲劳极限图,即用折线表示的非对称循环下构件的疲劳极限图。它应该与用应矩做非对称循环疲劳试验得到的图形完全相似。只是将其数据画在以平均应矩 m_m 为横坐标,应矩幅 m_a 为纵坐标平面上,得出疲劳极限图。如图 13.5 所示,在曲线$\widehat{ABC}$与坐标围成的面积内任一点 P,都为不产生疲劳破坏的点。在对称循环($r = -1, m_m = 0, m_a = m_{\max}$)下,循环应矩所有应矩都在纵坐标 OA 上;在静载荷($r = +1, m_m = m_{\max}, m_a = 0$)下,所有静应矩都在横坐标 OB 上;凡是循环特征 r 相同的所有循环应矩,都在同一条以 O 为原点的射线上(同曲线$\widehat{ACB}$交点以内)。

P 点表示循环应矩的最大应矩(等于 P 点纵、横坐标之和),必然小于同一循环特征 r 下的持久极限(等于 P'点的纵、横坐标之和),可见它不会引起疲劳。因此,曲线$\widehat{ACB}$就是持久极限的临界值曲线。

由于需要较多资料才能得到疲劳极限曲线,故采用持久极限的折线 AC 代替持久极限曲线。则直线 AC 的方程式为(类比应力作用下的方程 $\sigma_{rd} = \sigma_1 - \varphi_a \sigma_{rm}$)[1]

$$m_{ra} = m_{-1} - \psi_m m_{rm} \tag{13.17}$$

式中 ψ_m——非对称循环敏感系数,其大小与材料有关,应矩作用与应力作用敏感系数相同。

对于拉-压或弯曲,碳钢 $\psi_w = 0.1 \sim 0.2$;合金钢 $\psi_w = 0.2 \sim 0.3$。

对于扭转,碳钢 $\psi_n = 0.05 \sim 0.1$;合金钢 $\psi_n = 0.1 \sim 0.15$。

13.6.2 非对称循环下构件的疲劳强度计算

持久极限曲线(或折线)都是以光滑小试件做的试验。对实际构件,要考虑应力集中、构件尺寸和表面质量的影响。实验结果表明,上述因素只影响应矩幅,而对平均应矩无影响。因此,把图 13.5 的纵坐标乘以$\dfrac{\varepsilon_m \beta}{k_m}$(应矩理论下的 3 个系数 $\varepsilon_m, \beta, k_m$与应力理论下的系数 $\varepsilon_\sigma, \beta, k_\sigma$ 完全相等),而直线 AC 的横坐标不变,就

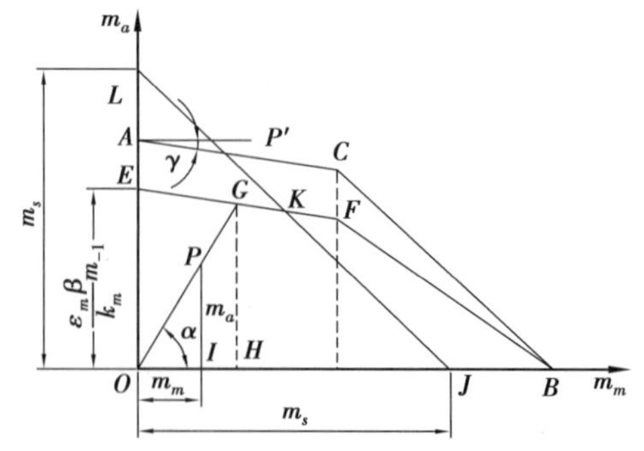

图 13.6 用折线表示的非对称循环下构件的应矩疲劳极限图

得到图 13.6 中的折线 EFB。

由式(13.17)可知，代表构件持久极限的纵坐标值为

$$\frac{\varepsilon_m\beta}{k_m}(m_{-1}-\psi_m m_{rm}) \tag{a}$$

(1)应力理论下构件的工作安全系数

正应力作用下工作安全系数为

$$n_\sigma=\frac{\sigma_r}{\sigma_{\max}} \tag{b}$$

剪应力作用下工作安全系数为

$$n_\tau=\frac{\tau_r}{\tau_{\max}} \tag{b'}$$

(2)应矩理论下构件的工作安全系数

弯应矩作用下工作安全系数为

$$n_w=\frac{m_{wr}}{m_{w\max}} \tag{c}$$

扭应矩作用下工作安全系数为

$$n_n=\frac{m_{nr}}{m_{n\max}} \tag{c'}$$

经过几何关系推导(详见赵久江、张少实、王春香《材料力学》“疲劳”)可得，应力理论交变弯曲正应力作用下的安全系数计算公式为

$$n_\sigma=\frac{\sigma_{-1}}{\dfrac{k_\sigma}{\varepsilon_\sigma\beta}\sigma_a+\psi_\sigma\sigma_m} \tag{13.18}$$

得出等幅非对称循环交变扭转剪应力作用下的工作安全系数计算公式为

$$n_\tau=\frac{\tau_{-1}}{\dfrac{k_\tau}{\varepsilon_\tau\beta}\tau_a+\psi_\tau\tau_m} \tag{13.19}$$

应矩理论下的安全系数计算公式与应力理论下的公式形式上完全相同，只是把正应力换成弯应矩，把剪应力换成扭应矩，其公式为

$$n_w=\frac{m_{w-1}}{\dfrac{k_w}{\varepsilon_w\beta}m_{wa}+\psi_w m_{wm}} \tag{13.18'}$$

$$n_n=\frac{m_{n-1}}{\dfrac{k_n}{\varepsilon_n\beta}m_{na}+\psi_n m_{nm}} \tag{13.19'}$$

构件的疲劳强度条件为

$$n_\sigma\geqslant n,n_\tau\geqslant n,n_w>n,n_n>n \tag{13.20}$$

式中　n_σ,n_τ,n_w,n_n——构件要求的正应力、剪应力、弯应矩、扭应矩的安全系数。

13.7　弯曲与扭转组合等幅交变应力下构件的疲劳强度计算

13.7.1　弯-扭组合的疲劳强度计算公式

实验表明，在弯曲和扭转组合等幅同步对称交变应矩下，应力理论推导出疲劳工作安全系数的计

算公式(详见赵久江、张少实、王春香《材料力学》第十五章第五节推导)为

$$n_{\sigma\tau} = \frac{n_\sigma n_\tau}{\sqrt{n_\sigma^2 + n_\tau^2}} \tag{13.21}$$

应矩理论是弯应矩取代正应力,扭应矩取代剪应力,因此类比式(13.21)成为

$$n_{wn} = \frac{n_w n_n}{\sqrt{n_w^2 + n_n^2}} \tag{13.21'}$$

当构件在非对称循环弯扭组合交变应力工作时,其工作安全系数仍用式(13.21′)计算,只是 n_w 和 n_n 要按非对称循环式(13.18′)和式(13.19′)计算,即

$$n_w = \frac{m_{w-1}}{\frac{k_w}{\varepsilon_w \beta} m_{wa} + \psi_w m_{wm}}$$

$$n_n = \frac{m_{n-1}}{\frac{k_n}{\varepsilon_n \beta} m_{na} + \psi_n m_{nm}}$$

其强度条件为

$$n_{wn} \geqslant n \tag{13.22}$$

除满足疲劳强度条件外,构件的危险点的 $m_{\max}$ 还应低于屈服极限 m_s。在如图 13.6 所示的 m_m-m_a 坐标系中

$$m_{\max} = m_a + m_m = m_s$$

上式表示疲劳极限图(见图 13.6)上的斜直线 LJ,则构件最大应力点应落在 LJ 直线的下方。因此,保证不发生疲劳也不发生塑性变形的区域是折线 EKJ 与坐标轴围成的区域。强度计算时,由构件工作应矩特征 r 确定射线 OP,OP 与 m_m 轴的夹角 α 为

$$\tan \alpha = \frac{m_a}{m_m} = \frac{1 - r}{1 + r} \tag{13.23}$$

如果 OP 先与 EF 相交,则以疲劳失效为主,进行疲劳校核。如果射线 OP 先与直线 KJ 相交,则表示构件在疲劳失效之前已发生塑性变形,应按静强度校核,其强度条件为

$$n_m = \frac{m_s}{m_{\max}} \geqslant n_s \tag{13.24}$$

一般情况下,当 $r > 0$ 时,应按式(13.24)补充静强度校核。用应力表示的强度条件为

$$n_\sigma = \frac{\sigma_s}{\sigma_{\max}} \tag{13.24'}$$

13.7.2 弯-扭组合疲劳强度计算实例

例 13.3 如图 13.7 所示,杆受不对称交变弯矩为 $M_{\max} = 5M_{\min} = 512\ \text{N} \cdot \text{m}$,材料为合金钢,$\sigma_b = 950\ \text{MPa}$,$\sigma_s = 540\ \text{MPa}$,$\sigma_{-1} = 430\ \text{MPa}$,$\psi_b = 0.2$,圆杆表面经磨削加工。若规定安全系数 $n = 2$,$n_s = 1.5$,试校核此杆强度。

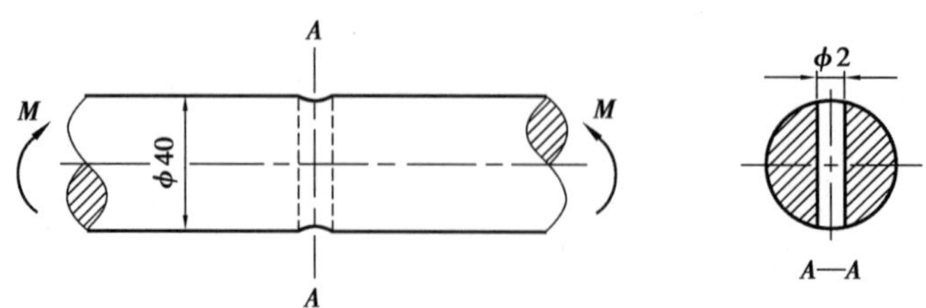

图 13.7 非对称循环疲劳强度计算实例

解　1)用应力理论解

①计算圆杆的工作应力。

$$W_\sigma=\frac{\pi}{32}d^3=\frac{\pi}{32}\times 4^3\text{m}^3=6.28\ \text{cm}^3$$

$$\sigma_{\max}=\frac{M_{\max}}{W_\sigma}=\frac{512}{6.28\times 10^6}\ \text{MPa}=81.5\ \text{MPa}$$

$$\sigma_{\min}=\frac{1}{5}\sigma_{\max}=16.3\ \text{MPa}$$

$$r=\frac{\sigma_{\min}}{\sigma_{\max}}=\frac{1}{5}=0.2$$

$$\sigma_m=\frac{\sigma_{\max}+\sigma_{\min}}{2}=\frac{81.5+16.3}{2}\ \text{MPa}=48.9\ \text{MPa}$$

$$\sigma_a=\frac{\sigma_{\max}-\sigma_{\min}}{2}=32.6\ \text{MPa}$$

②确定系数 k_σ,ε_σ,β。

圆杆的尺寸与孔尺寸之比为

$$\frac{d_0}{d}=\frac{2}{40}=0.05$$

从 k_σ-σ_b 曲线图(详见赵久江、张少实、王春香《材料力学》第十五章第三节)中查得 $k_\sigma=2.18$,查尺寸系数表得 $\varepsilon_\sigma=0.77$,查不同表面粗糙度的表面质量系数表,得 $\beta=1$。

③疲劳强度校核。

由式(13.18)可得

$$n_\sigma=\frac{\sigma_{-1}}{\dfrac{k_\sigma}{\varepsilon_\sigma\beta}\sigma_a+\psi_\sigma\sigma_m}=\frac{430}{\dfrac{2.18}{0.77\times 1}\times 32.6+0.2\times 48.9}=4.21>n=2$$

因此疲劳强度是足够的。

④静强度校核。

因为 $r=0.2>0$,故需要校核静强度。由式(13.24′)可得

$$n_\sigma=\frac{\sigma_s}{\sigma_{\max}}=\frac{540}{81.5}=6.62>n_s=1.5$$

可见静强度条件也是满足的。

2)用应矩理论解

①计算圆杆的工作应矩。

$$W_w=\frac{d^2}{3}=\frac{4^2}{3}=5.4\ \text{cm}^2$$

$$m_{\max}=\frac{M_{\max}}{W_w}=\frac{512}{5.4\times 10^{-4}}\ \text{N/m}=95.8\times 10^4\text{N/m}$$

$$m_{\min}=\frac{1}{5}m_{\max}=19.2\times 10^4\text{N/m}$$

$$r=\frac{m_{\min}}{m_{\max}}=\frac{19.2\times 10^4}{95.8\times 10^4}=0.2$$

$$m_{wm}=\frac{m_{\max}+m_{\min}}{2}=\frac{95.8+19.2}{2}\times 10^4\text{N/m}=57.5\times 10^4\text{N/m}$$

$$m_{wa}=\frac{m_{\max}-m_{\min}}{2}=\frac{95.8-19.2}{2}\times10^4\text{ N/m}=38.3\times10^4\text{ N/m}$$

②确定系数 k_σ，ε_σ，β。

两种理论下系数完全相同，即 $k_m=k_\sigma=2.18$，$\varepsilon_m=\varepsilon_\sigma=0.77$，$\beta=1$。

③疲劳强度校核。

用式(13.18′)进行疲劳强度校核，即

$$n_{0.2w}=\frac{m_{w-1}}{\dfrac{k_m}{\varepsilon_m\beta}m_{wa}+\psi_m m_{wm}}$$

由第6章6.10节式(6.48′)*可知 $m_w=\sigma\times10^{-2}$ N/m，则

$$n_{0.2w}=\frac{430\times10^6\times10^{-2}}{\dfrac{2.18}{0.77\times1}\times38.3\times10^{-4}+0.2\times57.5\times10^{-4}}=3.6$$

④静强度校核。

由式(13.24)可得

$$n_{ms}=\frac{m_s}{m_{\max}}=\frac{540\times10^6\times10^{-2}}{95.8\times10^4}=5.6$$

由计算结果可知，该例中应矩理论得出的 n_w 和 n_m 都小于应力理论得出的 n_σ 和 n_s。这是因为该例中的圆杆直径大于圆轴的临界直径 $D^*=34$ mm 所造成的(当直径加大时，所加弯矩也要加大)。这就是说静载荷细长杆的结论也适用于动载荷：当由应力理论设计得到的轴径 $d<D^*$ 时，$n_\sigma>n_w$，$n_\tau>n_n$；而 $d>D^*$ 时，即为短梁，$n_w<n_\sigma$，$n_n<n_\tau$。

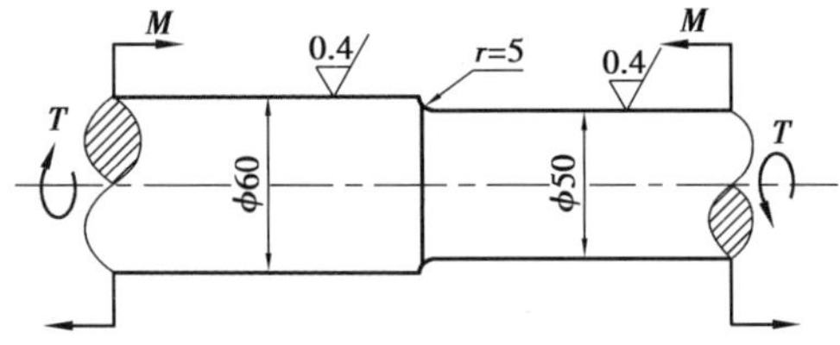

图13.8 弯扭组合交变应矩疲劳强度计算实例

例13.4 阶梯轴的尺寸如图13.8所示，材料为合金钢，$\sigma_b=900$ MPa，$\sigma_{-1}=410$ MPa，$\tau_{-1}=240$ MPa，作用于轴上的弯矩变为 −1 000 ~ 1 000 N，扭矩为 0 ~ 1 500 N·m。若规定安全系数 $n=2$，试校核轴的疲劳强度。

解 1)用应力理论解

①计算轴的工作应力。

首先计算交变弯曲正应力及其循环特征，即

$$W_\sigma=\frac{\pi d^3}{32}=\frac{\pi\times5^3}{32}\text{ cm}^3=12.3\text{ cm}^3$$

$$\sigma_{\max}=\frac{M_{\max}}{W_\sigma}=\frac{1\,000}{12.3\times10^{-6}}\text{ MPa}=81.3\text{ MPa}$$

$$\sigma_{\min}=\frac{M_{\min}}{W_\sigma}=-\frac{1\,000}{12.3\times10^{-6}}\text{ MPa}=-81.3\text{ MPa}$$

则

$$r=\frac{\sigma_{\min}}{\sigma_{\max}}=-1$$

为对称循环。

②计算交变扭转剪应力及其循环特征，即

$$W_\tau=\frac{\pi d^3}{16}=\frac{\pi\times5^3}{16}\text{ cm}^3=24.6\text{ cm}^3$$

$$\tau_{\max}=\frac{T_{\max}}{W_\tau}=\frac{1\,500}{24.6\times10^{-6}}\text{ MPa}=61\text{ MPa}$$

$$\tau_{\min}=0$$

则

$$r=\frac{\sigma_{\min}}{\sigma_{\max}}=0$$

为脉动循环。

又

$$\tau_a=\frac{\tau_{\max}}{2}=30.5\ \text{MPa}$$

$$\tau_m=\frac{\tau_{\max}}{2}=30.5\ \text{MPa}$$

③确定各种系数。

根据$\frac{D}{d}=\frac{60}{50}=1.2$，$\frac{r}{d}=\frac{5}{50}=0.1$，由有效应力集中系数图查得 $k_\sigma=1.55$，查得 $k_\tau=1.24$。

由于名义应力$\tau_{\max}$是按轴直径等于 50 mm 计算的，因此，尺寸系数也应按轴直径等于 50 mm 来确定。由尺寸系数表查得 $\varepsilon_\sigma=0.73$，$\varepsilon_\tau=0.78$；由质量系数表查得 $\beta=1$；合金钢取 $\psi_\tau=0.1$。

④计算弯曲工作安全系数 n_σ 和扭转工作安全系数 n_τ。

因为弯曲正应力是对称循环，$r=-1$，故按式(13.15′)计算其工作安全系数 n_σ，即

$$n_\sigma=\frac{\sigma_{-1}}{\frac{k_\sigma}{\varepsilon_\sigma\beta}\sigma_{\max}}=\frac{410}{\frac{1.55}{0.73\times1}\times81.3}=2.38$$

扭转剪应力是脉动循环，$r=0$，应按非对称循环计算工作安全系数式(13.19)计算 n_τ，即

$$n_\tau=\frac{\tau_{-1}}{\frac{k_\tau}{\varepsilon_\tau\beta}\tau_a+\psi_\tau\tau_m}=\frac{240}{\frac{1.24}{0.78\times1}\times30.5+0.1\times30.5}=4.66$$

⑤计算弯扭组合交变应力下，轴的工作安全系数 $n_{\sigma\tau}$。

由式(13.21)可得

$$n_{\sigma\tau}=\frac{n_\sigma n_\tau}{\sqrt{n_\sigma^2+n_\tau^2}}=\frac{2.38\times4.66}{\sqrt{2.38^2+4.66^2}}=2.12>n=2$$

故该轴满足疲劳强度条件。

2)用应矩理论解

①计算轴的工作弯应矩及循环特征，即

$$W_w=\frac{d^2}{3}=\frac{5^2}{3}\ \text{cm}^2=8.4\ \text{cm}^2$$

$$m_{w\max}=\frac{M_{\max}}{W_w}=\frac{1\ 000}{8.4\times10^{-4}}\ \text{N/m}=120\times10^4\ \text{N/m}$$

$$m_{w\min}=\frac{M_{\min}}{W_w}=\frac{1\ 000}{8.4\times10^{-4}}\ \text{N/m}=-120\times10^4\ \text{N/m}$$

则

$$r=\frac{m_{w\min}}{m_{w\max}}=-1$$

为对称循环。

②计算轴的工作扭应矩及其循环特征，即

$$W_n=\frac{\pi d^2}{6}=\frac{\pi\times5^2}{6}\ \text{cm}^2=13\ \text{cm}^2=13\times10^{-4}\text{m}^2$$

$$m_{n\max}=\frac{M_{\max}}{W_n}=\frac{1\ 500}{13\times 10^{-4}}\ \text{N/m}=115\times 10^4\,\text{N/m}$$

$$m_{n\min}=0$$

则

$$r=\frac{m_{n\min}}{m_{n\max}}=0$$

为脉动循环。

$$m_{na}=\frac{m_{n\max}}{2}=\frac{115\times 10^4}{2}\ \text{N/m}=57.5\times 10^4\,\text{N/m}$$

$$m_{nm}=\frac{m_{n\max}}{2}=57.5\times 10^4\,\text{N/m}$$

③确定各种系数。

各种系数与应力理论相同，即 $K_w=K_\sigma=1.55$，$K_n=K_\tau=1.24$，$\varepsilon_w=\varepsilon_\sigma=0.73$，$\varepsilon_n=\varepsilon_\tau=0.78$，$\beta=1$，合金钢 $\psi_n=\psi_\tau=0.1$。

④计算弯曲工作安全系数。

由于弯应矩是对称循环，故按式(13.15)计算，即

$$n_w=\frac{m_{w-1}}{\dfrac{k_w}{\varepsilon_w\beta}m_{w\max}}=\frac{410\times 10^6\times 10^{-2}}{\dfrac{1.55}{0.73\times 1}\times 120\times 10^4}=1.61$$

⑤计算扭转工作安全系数。

由于扭转 $r=0$，为非对称脉动循环，故按式(13.19′)计算，即

$$\begin{aligned}n_n&=\frac{m_{n-1}}{\dfrac{k_n}{\varepsilon_n\beta}m_{na}+\psi_n m_{nm}}\\&=\frac{240\times 10^6\times 10^{-2}}{\dfrac{1.24}{0.78\times 1}\times 57.5\times 10^4+0.1\times 57.5\times 10^4}=2.47\end{aligned}$$

⑥计算弯扭组合交变应矩下轴的工作安全系数 n_{wn}，即

$$n_{wn}=\frac{n_w n_n}{\sqrt{n_w^2+n_n^2}}=\frac{1.61\times 2.47}{\sqrt{1.61^2+2.47^2}}=1.35<n=2$$

因此，它不满足应矩理论的疲劳条件。圆轴最小直径 $d=50\ \text{mm}>D^*=34\ \text{mm}$，故不能保证安全。

⑦应力理论与应矩理论疲劳强度工作安全系数误差的百分率为

$$i=\left|\frac{1.35-2.12}{1.35}\right|\times 100\%=31.6\%$$

可见，为了保证疲劳安全，必须用应矩理论代替应力理论进行计算。

第 14 章 平面曲杆

14.1 概　述

有些零件,如吊钩、链环、连杆大头盖等,其轴线是曲线,则称为曲杆或曲梁,如图 14.1 所示。研究曲杆限于下列条件:

①曲线有纵向对称面,因而横截面有一对称轴。

②轴线是纵向对称面中的平面曲线,称为平面曲杆。

③作用的载荷都在纵向对称面内,由于对称性,变形后的曲杆轴线仍是对称面内的曲线,这就是平面曲杆的对称弯曲。

应力理论已得出应力解,下面推导应矩理论解。

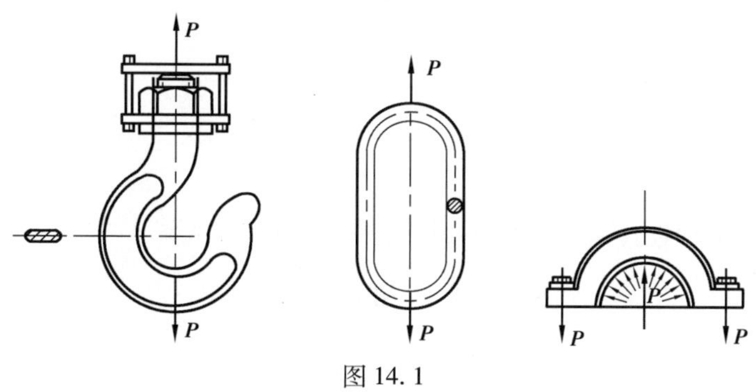

图 14.1

14.2 平面曲杆弯应矩的计算

截取一段曲杆,如图 14.2(a)所示。在曲杆纵向对称面内作用有大小相等、方向相反的两个弯曲力偶矩,构成纯弯曲。直梁纯弯曲的两个假设(平面假设和纵向纤维间无正应力)仍然适用于曲梁的纯弯曲。

受力偶矩 m 作用的曲梁,则横截面上的弯矩 $M_w = m$。设横截面上的弯应矩为 m_w,则

$$M_w = \int_A m_w \mathrm{d}A \tag{a}$$

规定:使曲杆轴线的曲率增加的弯矩为正弯矩,反之为负弯矩。

设中性轴为 z,中性轴的曲率半径为 r,形心轴线的曲率半径为 R。中性轴到轴线的距离为 $e = R_0 - r$。距中性轴为 y 的点的线应变为

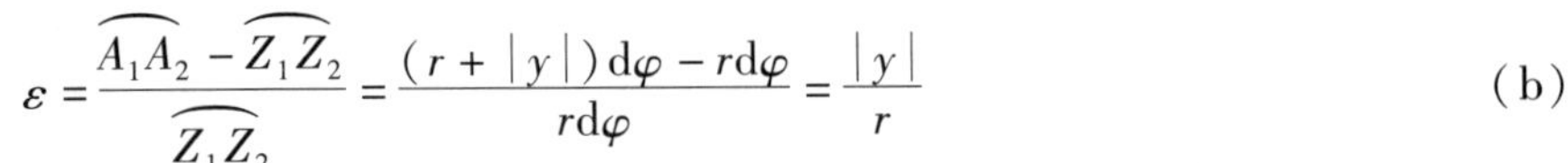

$$\varepsilon = \frac{\widehat{A_1A_2} - \widehat{Z_1Z_2}}{\widehat{Z_1Z_2}} = \frac{(r + |y|)\mathrm{d}\varphi - r\mathrm{d}\varphi}{r\mathrm{d}\varphi} = \frac{|y|}{r} \tag{b}$$

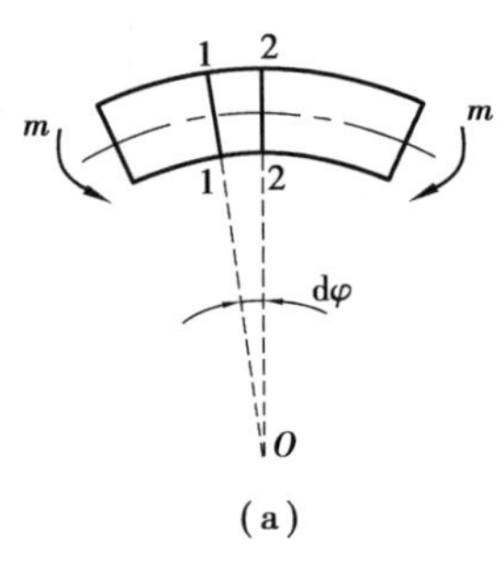

(a)

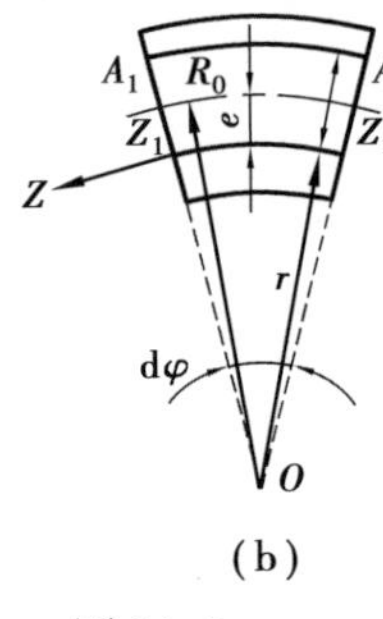

(b)

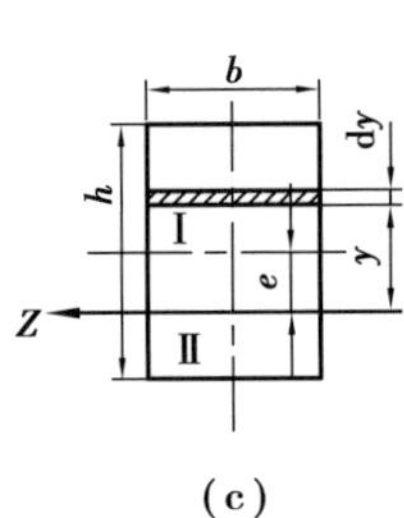

(c)

图 14.2

由弯曲定律

$$M_w = G_w \varepsilon \tag{c}$$

由式(a)、式(b)、式(c)可得

$$M_w = \int_A G_w \frac{|y|}{r} \mathrm{d}A = \frac{G_w}{r} \int_A |y| \mathrm{d}A$$

由式(b)可得 $r = \dfrac{|y|}{\varepsilon}$,代入上式得

$$M_w = \frac{G_w \varepsilon}{y} \int_A |y| \mathrm{d}A = \frac{m_w}{y} \int_A |y| \mathrm{d}A$$

$$m_w = \frac{M_w y}{\int_A |y| \mathrm{d}A} = \frac{M_w y}{|S_z'|} \tag{14.1}$$

式中

$$|S_z'| = \int_A |y| \mathrm{d}A \tag{14.2}$$

式(14.2)为中性轴不在轴线上的绝对静矩,由图 14.2(c)可知

$$\begin{aligned} |S_z'| &= \int_A |y| \mathrm{d}A \\ &= \int_0^{\left(\frac{h}{2}+e\right)} by\mathrm{d}y + \int_0^{\left(\frac{h}{2}-e\right)} by\mathrm{d}y \\ &= \int_0^{\left(\frac{h}{2}+R_0-r\right)} by\mathrm{d}y + \int_0^{\left(\frac{h}{2}-R_0+r\right)} by\mathrm{d}y \\ &= b\left(r^2 - 2R_0 r + R_0^2 + \frac{h^2}{4}\right) \\ &= \frac{bh^2}{4} + b(R_0 - r)^2 \end{aligned} \tag{14.3}$$

式(14.3)为矩形横截面曲杆的绝对静矩。

14.3　曲杆中性轴曲率半径的计算

假设未加载荷时曲杆曲率是由直杆在力偶矩 M 作用下产生的，则直杆在 M 力偶矩作用下，中性轴与轴线重合，其轴线处的曲率半径为 R_0，由式(7.2)可得

$$\frac{1}{R_0}=\frac{M}{G_w|S_z|} \tag{a}$$

可知，由于曲杆的 R_0 很小，则$\frac{1}{R_0}$很大，而 G_W，$|S_z|$为定值，则 M 也很大。

在力偶矩 M 形成曲杆的基础上，再加上力偶矩 M'，则在 $M+M'$ 力偶矩作用下，产生新的曲率半径，即为曲杆的曲率半径 r，其中性轴已不在轴线上，设通过中性轴计算的绝对静应矩为$|S_z'|$，则由式(7.2)可得

$$\frac{1}{r}=\frac{M+M'}{G_w|S_z'|} \tag{b}$$

由于 $M'\ll M$，故 M'可忽略不计，则式(b)成为

$$\frac{1}{r}=\frac{M}{G_w|S_z'|} \tag{c}$$

由式(a)与式(c)可得

$$\frac{|S_z|}{R_0}=\frac{|S_z'|}{r}$$

即

$$r=\frac{|S_z'|}{|S_z|}R_0 \tag{14.4}$$

式(14.4)就是计算任意形状截面曲杆(以中性轴为零线)的曲率半径计算公式。

14.4　矩形曲杆中性层曲率半径及绝对静矩的计算

14.4.1　中性层曲率半径的推导

由式(14.4)可得

$$r|S_z|=|S_z'|R_0$$

把 $R_0=r+e$，$|S_z|=\frac{bh^2}{4}$及$|S_z'|=b\left(r^2-2R_0r+R_0^2+\frac{h^2}{4}\right)$代入上式，得

$$4R_0r^2-(8R_0^2+h^2)r+4R_0\left(R_0^2+\frac{h^2}{4}\right)=0 \tag{a}$$

解方程式(a)，可得

$$r_1=R_0+\frac{h^2}{4R_0} \tag{14.5}$$

$$r_2=R_0 \tag{14.5$'$}$$

由式(14.5)可知，$r_1>R_0$，说明中性轴在轴线的上方。

由式(14.5′)可知，$r_2=R_0$，说明曲杆的曲率半径很大时，即半径接近直杆时，中心线与中性轴重合。

14.4.2 矩形曲杆绝对静矩的计算

把式(14.5)代入式(14.3),可得

$$|S_z'| = \frac{bh^2}{4} + \frac{bh^2}{4}\left(\frac{h}{2R_0}\right)^2 = \frac{bh^2}{4}\left[1 + \left(\frac{h}{2R_0}\right)^2\right] \tag{14.6}$$

由于横截面为矩形的直杆的绝对静矩 $|S_z| = \frac{bh^2}{4}$,则式(14.6)成为

$$|S_z'| = |S_z| + |S_z|\left(\frac{h}{2R_0}\right)^2 = \left[1 + \left(\frac{h}{2R_0}\right)^2\right]|S_z| \tag{14.7}$$

当 $2R_0 \gg h$ 时,$\left(\frac{h}{2R_0}\right)^2$ 可忽略不计,则

$$|S_z'| = |S_z| \tag{14.8}$$

式(14.8)说明,近似计算时,曲杆的绝对静矩可用直杆的绝对静矩计算,但是,其中性轴却不同。

例 14.1 矩形曲杆曲率半径计算实例,如图 14.3(a)所示。矩形横截面的尺寸为 $b=50$ mm,$h=140$ mm,$R_1=260$ mm,$R_2=120$ mm。求中性层的曲率半径 r 值。

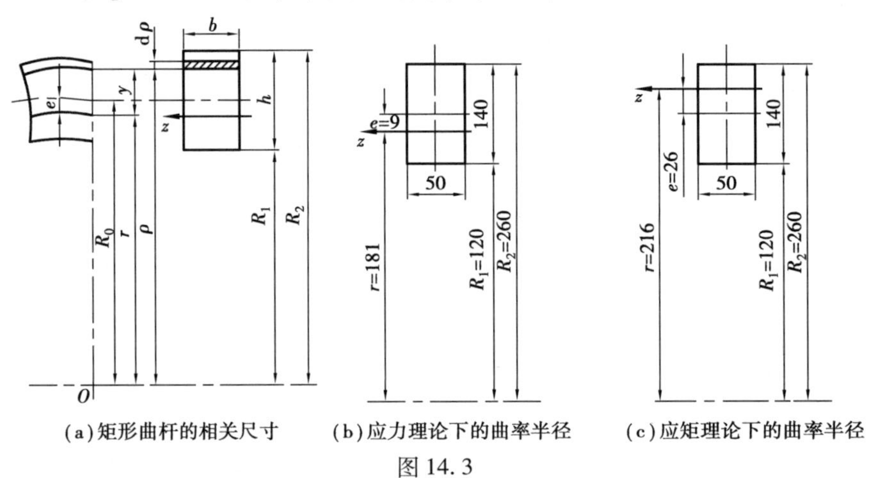

(a)矩形曲杆的相关尺寸　(b)应力理论下的曲率半径　(c)应矩理论下的曲率半径

图 14.3

解 1)用应力理论解

中性层的曲率半径可计算为[7]

$$r = \frac{h}{\ln\frac{R_1}{R_2}} = \frac{140}{\ln\frac{260}{120}}\ \text{mm} = \frac{140}{0.773}\ \text{mm} = 181\ \text{mm}$$

即中性轴在中心线以下,$e=9$ mm 处,如图 14.3(b)所示。

2)用应矩理论解

中性层的曲率半径由式(14.5)可得

$$r = R_0 + \frac{h^2}{4R_0} = \left(120 + \frac{140}{2}\right)\ \text{mm} + \frac{140^2}{4\times\left(120 + \frac{140}{2}\right)}\ \text{mm} = 190\ \text{mm} + 26\ \text{mm} = 216\ \text{mm}$$

即中性轴在中心线以上,$e=26$ mm 处,如图 14.3(c)所示。

可见两种理论下的中性轴的曲率半径不相同,且分别在轴线的上下两边。

例 14.2 矩形截面尺寸与例 14.1 相同受力矩 M 作用,试比较计算直杆、曲杆的最大弯应矩。

解 1)直杆最大弯应矩的计算

最大拉、压弯应矩由式(6.14)* 可得

$$m_{w\max}=\frac{M}{W_w}=\frac{M}{\frac{bh}{2}}=\frac{2M}{bh}=\frac{2M}{50\times10^{-3}\times140\times10^{-3}}=286M \quad \text{N/m}$$

2）曲杆最大弯应矩的计算

用式(14.1)计算曲杆最大变应矩，即

$$m_w'=\frac{My}{|S_z'|}$$

在曲杆内边缘上，即 $y=e+\frac{h}{2}$时，有最大弯应矩，则将 y 值代入式(14.1)，得

$$m_{w\max}'=\frac{M\left(e+\frac{h}{2}\right)}{\frac{bh^2}{4}\left[1+\left(\frac{h}{2R_0}\right)^2\right]}$$

$$=\frac{M\left(26\times10^{-3}+\frac{140}{2}\times10^{-3}\right)}{\frac{50\times10^{-3}\times(140\times10^{-3})^2}{4}\times\left\{1+\left[\frac{140\times10^{-3}}{2\times(120+70)\times10^{-3}}\right]^2\right\}}$$

$$=\frac{96M}{0.245+0.033}=\frac{96M}{0.278}=345M \quad \text{N/m}$$

在外面边缘上，即 $y=\frac{h}{2}-e$ 时，有最大弯应矩，则将 y 值代入式(14.1)，得

$$m_{w\max}''=\frac{M\left(\frac{h}{2}-e\right)}{|S_z'|}=\frac{M(70-26)}{0.278}=158M \quad \text{N/m}$$

从以上计算可得出以下 3 点结论：

①由于曲杆受力方向不同，产生弯矩 M 的正负不同，则内边缘的最大弯应矩也不同。当受拉弯应矩时，曲杆拉弯应矩比直杆的拉弯应矩增加百分比为

$$i=\left|\frac{345-286}{345}\right|\times100\%=17\%$$

即曲杆的强度比直杆下降了 17%。

②当外边缘为拉应矩时，拉应矩 $m_{w\max}''$小于直杆的最大拉应矩，拉应矩减小的百分比为

$$j=\left|\frac{286-158}{286}\right|\times100\%=44\%$$

说明曲杆强度比直杆大 44%。

③如果用直杆绝对静矩代替曲杆的绝对静矩计算，则外缘最大弯应矩为

$$m_{w\max}'''=\frac{M\left(e+\frac{h}{2}\right)}{\frac{bh^2}{4}}=\frac{96M}{0.245}=392M \quad \text{N/m}$$

则其误差百分比为

$$i=\left|\frac{392-345}{392}\right|\times100\%=12\%$$

说明当 R_0 与 h 相差不大时，不能用直杆的 $|S_z|$ 代替曲杆的 $|S_z'|$ 进行计算。

14.5 梯形和三角形直杆的绝对静矩

求直杆组合图形的$|S_z|$,先应求组合图形的形心坐标。其计算公式为

$$\left.\begin{aligned}\bar{y}&=\frac{S_z}{A}=\frac{\sum_{i=1}^{n}\bar{y}_iA_i}{\sum_{i=1}^{n}A_i}\\ \bar{x}&=\frac{S_z}{A}=\frac{\sum_{i=1}^{n}\bar{x}_iA_i}{\sum_{i=1}^{n}A_i}\end{aligned}\right\}\tag{14.9}$$

式中 $\bar{y}_i,\bar{x}_i$——单个图形的形心坐标;

A_i——相对应单个图形的面积;

S_z——组合图形静矩。

把组合图形变成具有对称性且容易计算的图形,再减去或加上对同一坐标具有对称性的图形,在保证原面积不变的条件下,求其绝对静矩的方法称为加减图形法。

(1)梯形的绝对静矩

如图14.4(a)所示,把梯形看成是平行四边形与三角形之和,平行四边的轴心C_1的$\bar{y}_{c_1}$坐标为$h/2$,三角形的$\bar{y}_{c_2}$坐标为$h/3$,则梯形的轴心坐标由式(14.9)为

$$\bar{y}_c=\frac{\frac{h}{2}ah+\frac{h}{3}\cdot\frac{1}{2}(b-a)h}{(a+b)\frac{h}{2}}=\frac{ah+\frac{1}{3}(b-a)h}{a+b}=\frac{2a+b}{3(a+b)}h\tag{14.10}$$

设中心线与形心线间距为e,则

$$e=\frac{h}{2}-\bar{y}_c=\frac{h}{2}-\frac{2a+b}{3(a+b)}h=\frac{b-a}{6(a+b)}h\tag{14.11}$$

由于实际问题中a和b相差不大,故e是一个较小值。

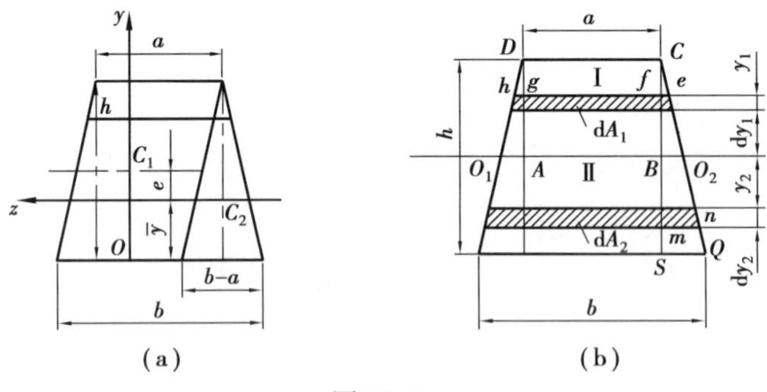

图14.4

例如,设一吊钩的梯形横截面尺寸为$a=40$ mm,$b=60$ mm,$h=140$ mm,则

$$e=\frac{60-40}{6\times(60+40)}\times140\ \text{mm}=\frac{20}{600}\times140\ \text{mm}=4.6\ \text{mm}$$

可见e值很小,因此梯形的绝对静矩,可用梯形中线代替形心轴来求其绝对静矩。

如图14.4(b)所示,则

$$O_1O_2=\frac{a+b}{2} \tag{a}$$

$$O_1A=O_2B=\frac{1}{2}\left(\frac{a+b}{2}-a\right)=\frac{b-a}{4} \tag{b}$$

在距中性轴为 y_1 处取微面积 $\mathrm{d}A_1$，则

$$\mathrm{d}A_1=he\mathrm{d}y_1=(fe+fg+gh)\mathrm{d}y=(2fe+fg)\mathrm{d}y_1 \tag{c}$$

由于 $\triangle ecf \backsim \triangle O_2CB$，则有

$$\frac{cf}{CB}=\frac{fe}{O_2B}$$

即

$$\frac{\frac{h}{2}-y_1}{\frac{h}{2}}=\frac{fe}{\frac{b-a}{4}}$$

则

$$fe=\frac{2}{h}\left(\frac{h}{2}-y_1\right)\frac{b-a}{4}=\frac{(b-a)(h-2y_1)}{4h} \tag{d}$$

故式(c)成为

$$\mathrm{d}A_1=\left(2\frac{(b-a)(h-2y_1)}{4h}+a\right)\mathrm{d}y_1=\left(\frac{a+b}{2}-\frac{b-a}{h}y_1\right)\mathrm{d}y_1 \tag{e}$$

在轴线 O_1O_2 下方 y_2 处，取微面积 $\mathrm{d}A_2$，由 $\triangle cmn \backsim \triangle CSQ$，可得

$$\mathrm{d}A_2=\left(\frac{b+a}{2}+\frac{b-a}{h}y_2\right)\mathrm{d}y_2 \tag{f}$$

$$\begin{aligned}|S_z|&=\int_{A_1}y_1\mathrm{d}A_1+\int_{A_2}y_2\mathrm{d}A_2\\&=\int_0^{\frac{h}{2}}y_1\left(\frac{a+b}{2}-\frac{b-a}{h}y_1\right)\mathrm{d}y_1+\int_0^{\frac{h}{2}}y_2\left(\frac{a+b}{2}+\frac{b-a}{h}y_2\right)\mathrm{d}y_2\\&=\frac{(a+b)h^2}{8}\end{aligned} \tag{14.12}$$

式(14.12)就是计算梯形绝对静矩的公式。

(2)三角形绝对静矩的计算

当梯形上边 $a=0$ 时，梯形成为三角形。因此，由式(14.12)可直接得出三角形绝对静矩的计算公式，即

$$|S_z|=\frac{bh^2}{8} \tag{14.13}$$

或由矩形的绝对静矩直接得出，三角形绝对静矩等于矩形绝对静矩的二分之一，即

$$|S_z|=\frac{bh^2}{4}\times\frac{1}{2}=\frac{bh^2}{8}$$

(3)矩形绝对静矩的计算

当梯形 $a=b$ 时，则梯形成为矩形。因此，由梯形绝对静矩，可直接得出矩形绝对静矩为

$$|S_z|=\frac{(a+b)h^2}{8}=\frac{bh^2}{4}$$

上式与求矩形绝对静矩的式(6.6)* 相同。

由梯形绝对静矩能正确推导出三角形和矩形绝对静矩，说明求梯形绝对静矩的式(14.12)是正确的。

14.6 梯形曲杆绝对静矩及中性轴的推导

(1)梯形曲杆绝对静矩的推导

如图 14.5 所示,梯形曲杆的绝对静矩为

$$|S_z'| = \int_A y\mathrm{d}A = \int_{A_1} y_1\mathrm{d}A_1 + \int_{A_2} y_2\mathrm{d}A_2$$

由 14.5 节式(e)、式(f),可得

$$\begin{aligned}|S_z'| &= \int_{A_1} y_1\mathrm{d}A_1 + \int_{A_2} y_2\mathrm{d}A_2 \\ &= \int_0^{h-\bar{y}+e} y_1\left(\frac{a+b}{2}-\frac{b-a}{h}y_1\right)\mathrm{d}y_1 + \int_0^{\bar{y}-e} y_2\left(\frac{a+b}{2}+\frac{b-a}{h}y_2\right)\mathrm{d}y_2 \\ &= \int_0^{h-\bar{y}+e} \frac{a+b}{2}y_1\mathrm{d}y_1 - \int_0^{h-\bar{y}+e} \frac{b-a}{h}y_1^2\mathrm{d}y_1 + \int_0^{\bar{y}-e} \frac{a+b}{2}y_2\mathrm{d}y_2 + \int_0^{\bar{y}-e} \frac{b-a}{h}y_2^2\mathrm{d}y_2 \\ &= \frac{a+b}{4}(h-\bar{y}+e)^2 - \frac{b-a}{3h}(h-\bar{y}+e)^3 + \frac{a+b}{4}(\bar{y}-e)^2 + \frac{b-a}{3h}(\bar{y}-e)^3\end{aligned}$$

分析上面的结果认为,e 是比 h 小得多的量,且第一项与第三项中 e 的正负符号相反,第二项与第四项也是符号相反,且对应项的幂次相同。故 e 可忽略不计,则

$$|S_z'| = \frac{a+b}{4}[(h-\bar{y})^2+(\bar{y})^2] + \frac{b-a}{3h}[(\bar{y})^3-(h-\bar{y})^3] \tag{14.14}$$

式中 $\bar{y}$——梯形形心坐标,由图 14.5 得

$$\bar{y}_c = \frac{2a+b}{3(a+b)}h$$

式(14.14)为梯形曲杆绝对静矩的近似计算公式。

(2)梯形曲杆中性轴的曲率半径

由式(14.4)可求得

$$r_m = \frac{|S_z'|}{|S_z|}R_0$$

(3)梯形曲杆形心坐标与中性轴的距离

$$\begin{aligned}e &= r_m - R_0 \\ &= \frac{|S_z'|}{|S_z|}R_0 - R_0 = \left(\frac{|S_z'|}{|S_z|}-1\right)R_0\end{aligned} \tag{14.15}$$

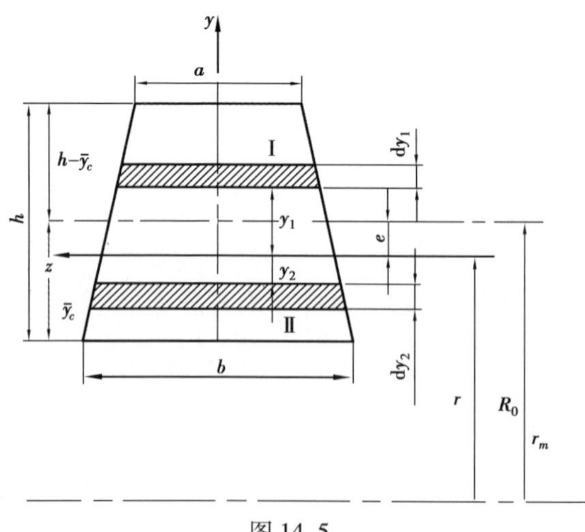

图 14.5

例 14.3　已知起重吊钩(见图 14.6(a))的横截面为梯形,如图 14.6(b)所示。已知 $a=40\ \text{mm}$, $b=60\ \text{mm}$, $h=140\ \text{mm}$, $R_1=260\ \text{mm}$, $R_2=120\ \text{mm}$,求梯形曲杆的曲率半径 r 及绝对静矩 $|S_z'|$。

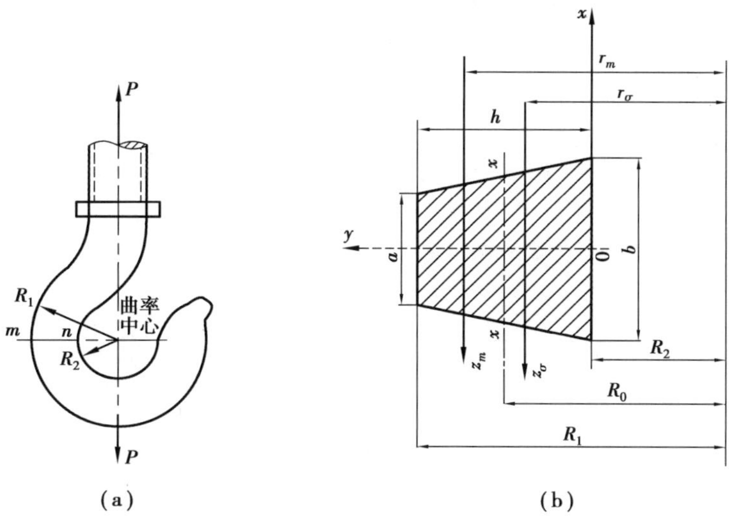

图 14.6

解　(1)用应矩理论解。

①梯形形心半径为

$$R_0=R_2+\overline{y_c}$$

把式(14.10)代入上式,可得

$$\begin{aligned}R_0&=R_2+\overline{y_c}\\&=R_2+\frac{(2a+b)h}{3(a+b)}\\&=120\ \text{mm}+\frac{2\times 40+60}{3\times(40+60)}\times 140\ \text{mm}=185.3\ \text{mm}\end{aligned}$$

②梯形曲杆的曲率半径,由式(14.4)可得

$$r_m=\frac{|S_z'|}{|S_z|}R_0=\frac{24.9\times 10^4}{24.5\times 10^4}\times(120+65.3)\text{mm}=188.3\ \text{mm}$$

说明中性轴在形心线以上(左侧)。$e=r_m-R_0=188.3\ \text{mm}-185.3\ \text{mm}=3\ \text{mm}$

③梯形直杆的绝对静矩,由式(14.12)可得

$$|S_z|=\frac{(a+b)h^2}{8}=\frac{(40+60)\times 140^2}{8}\text{mm}^3=24.5\times 10^4\text{mm}^3$$

④梯形曲杆的绝对静矩,由式(14.14)可得

$$\begin{aligned}|S_z'|&=\frac{a+b}{4}[(h-\bar{y})^2+(\bar{y})^2]+\frac{b-a}{3h}[(\bar{y})^3-(h-\bar{y})^3]\\&=\frac{40+60}{4}[(140-65.3)^2+65.3^2]+\frac{60-40}{3\times 140}[65.3^3-(140-65.3)^3]\text{mm}\\&=24.9\times 10^4\text{mm}^3\end{aligned}$$

(2)用应力理论解。

应力理论下的梯形曲杆的曲率半径 r_σ,其公式为

$$r_\sigma=\frac{\frac{1}{2}(a+b)h}{\frac{bR_1-aR_2}{h}\ln\frac{R_1}{R_2}-(b-a)}$$

$$=\frac{\frac{1}{2}(40+60)\times 140}{\frac{60\times 260-40\times 120}{140}\times \ln\frac{260}{120}-(60-40)}\text{mm}$$

$=176.6\ \text{mm}$

中性轴与形心线间的距离为

$$e_\sigma=R_0-r_\sigma=185.3\ \text{mm}-176.6\ \text{mm}=8.7\ \text{mm}$$

r_σ 位于形心线 x-x 轴以下(右侧)$e=8.7$ mm 处。

可见应力理论和应矩理论的结论完全不同。

14.7 T形直杆绝对静矩的计算

T形是由上、下两个矩形组成的,则可由两个矩形的形心和面积求得T形形心(见图14.7),即

$$\bar{y}=\frac{\left(h_3+\frac{h_2}{2}\right)b_2h_2+\frac{h_3}{2}b_3h_3}{b_2h_2+b_3h_3}=\frac{2b_2h_2h_3+b_2h_2^2+b_3h_3^2}{2(b_2h_2+b_3h_3)} \tag{14.16}$$

而T形的静矩等于矩形 $ABCD$ 对形心轴 x-x 的绝对静矩,减去两个空矩形Ⅰ对 x-x 的绝对静矩,以 x-x 轴为零线,则

$$\begin{aligned}|S_z|=&\int_0^{(h_3+h_2-\bar{y})}b_3y_1\mathrm{d}y_1+\int_0^{\bar{y}}b_3y_1\mathrm{d}y_1-\\&2\left[\int_0^{(h_3+h_2-\bar{y})}\frac{b_3-b_2}{2}y_2\mathrm{d}y_2+\int_0^{(\bar{y}-h_3)}\frac{b_3-b_2}{2}y_2\mathrm{d}y_2\right]\\=&\frac{b_3}{2}[(h_3+h_2-\bar{y})^2+\bar{y}^2]-2\frac{b_3-b_2}{2}\left[\frac{(h_3+h_2-\bar{y})^2}{2}+\frac{(\bar{y}-h_3)^2}{2}\right]\end{aligned}$$

$$|S_z|=\frac{b_3h_3}{2}(2\bar{y}-h_3)+\frac{b_2}{2}[(h_3+h_2-\bar{y})^2+(\bar{y}-h_3)^2] \tag{14.17}$$

式(14.17)即为计算T形直杆的绝对静矩公式。

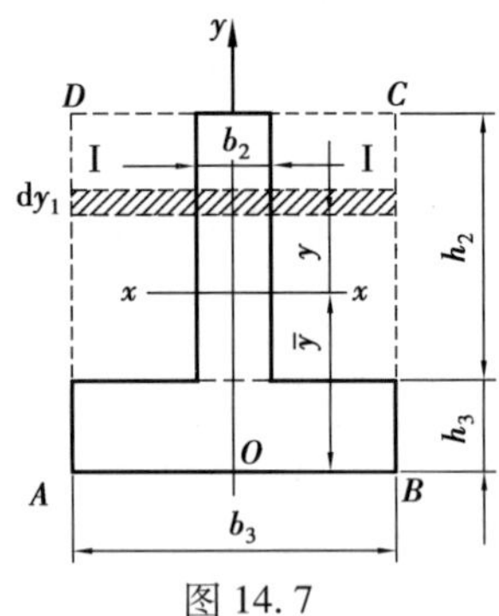

图14.7

14.8 T形曲杆的绝对静矩及曲率半径的计算

设曲杆轴线与中性轴距离为 e,则T形曲杆的绝对静矩是以中性轴为坐标零线进行计算的。计算公式与式(14.19)相同,只是上限相差 e(见图14.8),则

$$|S_z'| = \int_0^{(h_3+h_2-\bar{y}+e)} b_3 y\mathrm{d}y + \int_0^{\bar{y}-e} b_3 y\mathrm{d}y - 2\left[\int_0^{(h_3+h_2-\bar{y}+e)} \frac{b_3-b_2}{2} y\mathrm{d}y + \int_0^{(\bar{y}-h_3-e)} \frac{b_3-b_2}{2} y\mathrm{d}y\right]$$
$$= \frac{b_3}{2}[(\bar{y}-e)^2-(\bar{y}-e-h_3)^2] + \frac{b_2}{2}\{[h_3+h_2-(\bar{y}-e)]^2+(\bar{y}-e-h_3)^2\} \tag{14.18}$$

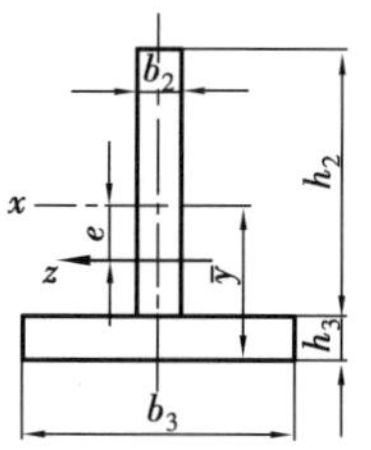

图 14.8

式(14.18)即为 T 形曲杆绝对静矩的计算式。

用$\bar{y}-e$代替$\bar{y}$,代入式(14.17)可得到同样的结果。

把式(14.18)展开并略去 e^2 项,得

$$|S_z'| = (2b_2h_3+b_2h_2-2b_2\bar{y}-b_3h_3)e + \frac{1}{2}[b_3h_3(2\bar{y}-h_3)+b_2(\bar{y}-h_3)^2+b_2(h_3+h_2-\bar{y})^2] \tag{14.19}$$

式(14.19)即为计算曲杆绝对静矩的近似式,为简化公式。

设

$$(2b_2h_3+b_2h_2-2b_2\bar{y}-b_3h_3)=a \tag{14.20}$$

$$\frac{1}{2}[b_3h_3(2\bar{y}-h_3)+b_2(\bar{y}-h_3)^2+b_2(h_3+h_2-\bar{y})^2]=c \tag{14.21}$$

则式(14.19)可表示为

$$|S_z'| = ae+c \tag{14.22}$$

把 $e=R_0-r$ 代入式(14.4),可得

$$r|S_z| = [a(R_0-r)+c]R_0$$

则

$$r = \frac{(aR_0+c)R_0}{|S_z|+aR_0} \tag{14.23}$$

式(14.23)即为 T 形曲杆对中性轴曲率半径计算公式。

把式(14.23)代入式(14.22),可得

$$|S_z'| = aR_0\left(1-\frac{aR_0+c}{|S_z|+aR_0}\right)+c \tag{14.24}$$

式(14.24)即为 T 形曲杆的绝对静矩计算公式。

14.9　曲杆的强度计算

当曲杆上的载荷作用于纵向对称面时,横截面上的内力,除弯矩外,还有轴力和剪力。从如图 14.9(a)所示的曲杆中截取 m-m 右边部分(见图 14.9(b)),则 m-m 横截面上有弯矩 M,轴力 N 和剪力 Q。由物件平衡可得平衡方程为 $M=FR\sin\varphi$,$N=-F\sin\varphi$,$Q=F\cos\varphi$。并规定,引起拉伸的轴力 N 为正,使曲率增加的弯矩为正,剪力使部分体顺时针转动产生的扭矩为正。与 Q 对应的剪应力一般很小,可忽略不计;或者用直梁剪应力分布规律计算就已足够精确。

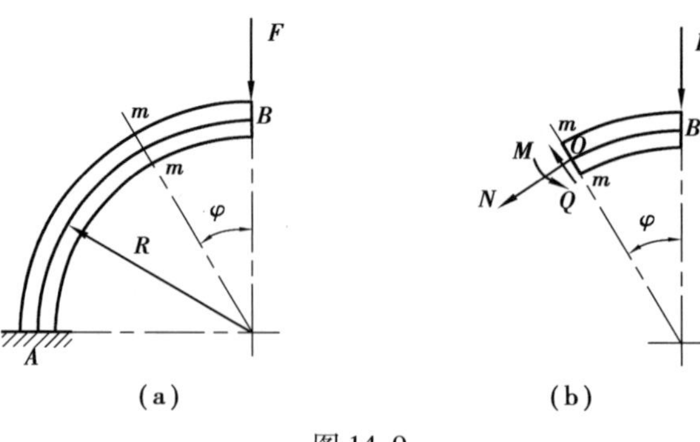

图 14.9

例 14.4　如图 14.6 所示，若例 14.3 中的吊钩载荷 $F=100$ kN，材料的许用应力 $[\sigma]=160$ MPa，试校核该吊钩的强度。

解　1)用应力理论解

在例 14.3 中已求出

$$r_\sigma = 176.6 \text{ mm}$$

中性轴与形心轴间的距离为

$$e = R_0 - r = 185.3 \text{ mm} - 176.6 \text{ mm} = 8.7 \text{ mm}$$

截面面积为

$$A = \frac{1}{2} \times (40 + 60) \times 140 \text{ mm}^2 = 7\ 000 \text{ mm}^2$$

弯矩为

$$M = -FR_0 = -100 \times 10^3 \times 185.3 \times 10^{-3} \text{N} \cdot \text{m} = -1.853 \times 10^4 \text{N} \cdot \text{m}$$

截面面积对中性轴的静矩为

$$S = A \cdot e = 7\ 000 \times 8.7 \text{ mm}^3 = 60\ 900 \text{ mm}^3$$

由于载荷 F 使曲杆轴线的曲率减小，为负弯矩，故最大拉应力在内侧边缘处，由正应力公式可得

$$\sigma_w = \frac{M(R_2 - r)}{SR_2} = \frac{-1.853 \times 10^4 \times (120 - 176.6) \times 10^{-3}}{60\ 900 \times 10^{-9} \times 120 \times 10^{-3}} \text{ MPa} = 143.5 \text{ MPa}$$

均匀分布的正应力为

$$\sigma_w = \frac{F}{A} = \frac{100 \times 10^3}{7\ 000 \times 10^{-6}} \text{ MPa} = 14.5 \text{ MPa}$$

最大拉应力为

$$\begin{aligned} \sigma_{+\max} &= \sigma_w + \sigma_N = 143.5 \text{ MPa} + 14.5 \text{ MPa} \\ &= 158 \text{ MPa} < [\sigma] = 160 \text{ MPa} \end{aligned}$$

截面外侧边缘的最大压应力为

$$\begin{aligned} \sigma_{-\max} &= \frac{M(R_0 - r)}{SR_1} + \frac{N}{A} \\ &= \frac{-18.53 \times 10^3 (185.3 - 176.6) \times 10^{-3}}{60\ 900 \times 10^{-3} \times 260 \times 10^{-3}} \text{ MPa} + 14.5 \text{ MPa} \\ &= -83.1 \text{ MPa} < [\sigma] = 160 \text{ MPa} \end{aligned}$$

即吊钩满足应力理论的强度要求。

2)用应矩理论解

由例 14.3 中已解出，$R_0 = 185.3$ mm，$r_m = 188.3$ mm，$e = 3$ mm，$R_1 = 260$ mm，$R_2 = 120$ mm，$|S_z| = 24.5 \times 10^4 \text{ mm}^3 = 24.5 \times 10^{-5} \text{ m}^3$，$|S_z'| = 24.9 \times 10^{-5} \text{m}^3$。

在截面内侧有最大拉弯应矩

$$m_{w\max}=\frac{My}{|S_z'|}=\frac{M(r_m-R_2)}{|S_z'|}$$

$$=\frac{18.53\times10^3\times(188.3-120)\times10^{-3}}{24.9\times10^{-5}}\ \text{N/m}=51\times10^5\ \text{N/m}$$

由本书第 6 章 6.10 节矩力当量式(6.48′)*,可求得本题要求的许用弯应矩为

$$m=\sigma\times10^{-2}$$

则

$$[m_w]=[\sigma]\times10^{-2}=[160\times10^6]\times10^{-2}\ \text{N/m}=16\times10^5\ \text{N/m}$$

故

$$m_{w\max}=51\times10^5\ \text{N/m}>16\times10^5\ \text{N/m}=[m_w]$$

不能满足强度要求。

第 15 章 实验验证

实验验证 1　45 号钢扭转弹性模量的实验测定

(1)实验目的

测量扭转弹性模量 G_n 值。

(2)设备及仪器

实验仪器:百分表、游标卡尺、扭转试验机、测 G_n 装置(见图 15.1)。

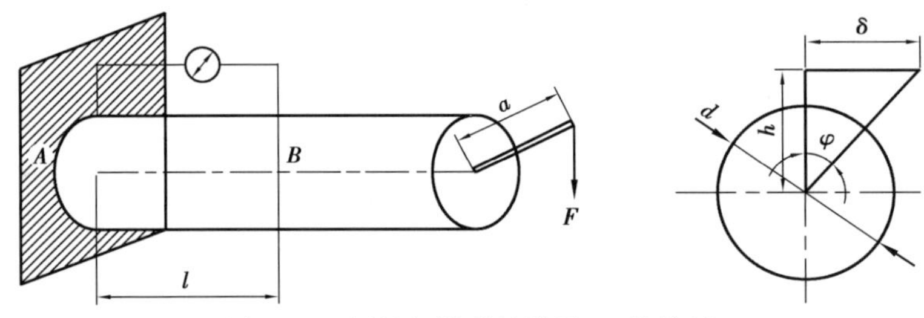

图 15.1　测量扭转弹性模量 G_n 的装置

(3)实验原理

利用一端固定,一端可自由变形的圆轴扭转求 G_n 值。由式(5.17)可得

$$G_n = \frac{M_n l}{\varphi S_0}$$

取 B 处为测量表面,则 l 一定。试件直径 d 一定时,则横截面形心静矩 S_0 一定,即

$$S_0 = \frac{\pi d^3}{12}$$

由力矩平衡可知 $M_n = M = aF$,扭转角可计算为

$$\varphi = \frac{\delta_b}{h}$$

式中　$h = 26$ mm。

因此，G_n 值可求得。

(4)实验数据与计算结果(见表 15.1)

表 15.1

序号	实验轴材料	直径 /mm	力臂 a /mm	测量长度 /mm	外力 F /N	扭矩 M_n /(N·m)	百分表数 $d_b\times10^{-2}$ /mm	扭转角 $\varphi=\dfrac{\delta_b}{h}$	形心静矩 $S_0=\dfrac{\pi D^3}{12}$ /mm³	扭转弹性模量 $G_n=\dfrac{M_n l}{\varphi S_0}$ /(N·m⁻¹)
1	45 钢	10	100	130	5.0	500	20.2	7.77×10^{-3}	262	3.13×10^8
2	45 钢	10	100	130	5.0	500	21.0	8.08×10^{-3}	262	3.01×10^8
3	45 钢	10	100	130	5.0	500	20.5	7.88×10^{-3}	262	3.08×10^8
4	45 钢	10	100	130	5.0	500	20.7	7.96×10^{-3}	262	3.05×10^8
平均值$\overline{G}_n=\dfrac{(3.13+3.01+3.08+3.05)\times10^8}{4}=3.06\times10^8$ N/m										
认定扭转弹性模量 $G_n=(3.0\sim3.1)\times10^8$ N/m										

实验验证 2　3 号钢扭转弹性模量实验测定

本数据是从低碳钢 Q235 扭转动态数据中，在比例极限内选取的一组数据，如表 15.2 所示。

表 15.2

序号	实验轴材料	试件直径 /mm	试件长度 /mm	加载扭矩 M_n /(N·m)	端面扭转角 φ 弧度	形心静矩 $S_0=\dfrac{\pi D^3}{12}$ /mm³	扭转弹性模量 $G_n=\dfrac{M_n l}{\varphi S_0}$ /(N·m⁻¹)
1	Q235(3#钢)	10	100	20.08	0.033 6	262	2.27×10^8
2	Q235(3#钢)	10	100	21.01	0.350	262	2.29×10^8
3	Q235(3#钢)	10	100	22.03	0.036 6	262	2.30×10^8
4	Q235(3#钢)	10	100	23.08	0.038 4	262	2.29×10^8
5	Q235(3#钢)	10	100	24.00	0.039 9	262	2.29×10^8
6	Q235(3#钢)	10	100	25.02	0.041 4	262	2.30×10^8
7	Q235(3#钢)	10	100	25.95	0.043 0	262	2.30×10^8
平均值	$\overline{G}_n=\dfrac{(2.27+2.29+2.30+2.29+2.29+2.30+2.30)\times10^8}{7}$ $G_n=2.3\times10^8$ N/m						

实验验证 3　铸铁的扭转弹性模量实验测定

实验数据及计算结果如表 15.3 所示。

表 15.3

序号	实验轴材料	试件直径 /mm	试件长度 /mm	加载扭矩 M_n /(N·m)	端面扭转角 φ 弧度	形心静矩 $S_0=\frac{\pi D^3}{12}$ /mm^3	扭转弹性模量 $G_n=\frac{M_n l}{\varphi S_0}$ /(N·m^{-1})
1	HT200	9.72	100	5.036 2	0.018 62	240	1.13×10^8
2	HT200	9.72	100	10.015	0.037 26	240	1.11×10^8
3	HT200	9.72	100	15.052	0.056 49	240	1.11×10^8
4	HT200	9.72	100	20.024	0.076 52	240	1.09×10^8
5	HT200	9.72	100	26.594	0.107 25	240	1.03×10^8
6	HT200	9.72	100	28.049	0.115 38	240	1.01×10^8
7	HT200	9.72	100	29.020	0.120 77	240	1.03×10^8
8	HT200	9.72	100	30.032	0.126 43	240	1.01×10^8
平均值	$\overline{G}_n=\frac{(1.13+1.11+1.11+1.09+1.03+1.01+1.03+1.01)\times10^8}{8}=1.06\times10^8$ N/m						

实验验证4 质点平衡应力及其强度理论的实验验证

【摘要】 在清华大学用Q235钢的二向等应力拉伸做破坏实验，验证了作用于微元上的极值应力小于质点所受极值应力（二向应力状态下质点所受极值应力是微元上极值应力的$\sqrt{2}$倍）[8]。根据实验数据用经典强度理论计算出微元上的极值应力，低于强度极限的31%。按照经典理论，构件是不能破坏的；而按照质点平衡应力理论计算[8]，构件是应该破坏的，实验与质点平衡应力理论完全相符，其误差仅为2.3%。用经典理论无法解释二向等应力拉伸，其断口与拉应力成45°，因为二向等应力拉伸体内无剪应力。在低碳钢Q235二向等应力拉伸实验中，没有出现屈服现象，也证明了体内没有剪应力。只有新的质点平衡强度理论才能得出圆满的解释。此实验证明，用经典强度理论设计的工程，其实际的安全系数都小于设计的安全系数。这就找到了工程断裂事故层出不穷的根本原因。

【关键词】 二向等应力拉伸　主应力　质点平衡应力　强度理论

(1)前言

现行弹性理论用微元（微六面体）6个面受到的正应力和剪应力的平衡建立了平衡微分方程，且用3个主应力建立了强度条件；认为3个主应力是间断的、不相交的；即使单元体趋近于无穷小时，成为点的应力状态时，其3个主应力也是不相交的。且认为微元的应力状态就是点的应力状态。笔者由等直杆拉伸其斜截面上的应力不能保持其上质点的平衡[8]，发现了微元平衡和质点平衡不等价。点的应力状态下应力是相交的，因为所谓数学上的点是没有大小和面积的概念，这样可用矢量法则直接求得合成主应力，称合成主应力为质点平衡应力。质点平衡应力（绝对值）大于微元主应力最大值[8]，微元所受到的主应力不是质点所受到的极值应力。这是全新的概念，并用质点平衡应力建立了新强度条件[8]。为验证其新理论的正确性，进行了Q235钢的二向等应力拉伸断裂破坏实验，用其实验数据和实验现象来验证新质点平衡应力及其强度理论的正确性；同时也验证了经典强度理论的不准确性。这就从基础理论上找到大型工程断裂事故层出不穷的根本原因。

(2)实验时间

2007-04-01—2007-10-15。

(3)实验场地

中国清华大学国家破坏力学重点实验室。

(4)实验设备

PLS-S100 双轴四缸伺服试验机,最大静负荷 ±100 kN,最大动负荷 ±100 kN。

(5)实验目的

通过双轴拉伸破坏实验,验证质点平衡应力[8]强度理论的准确性和正确性,以及出现的实验现象的理论解释。

(6)Q235 钢的双向拉伸破坏实验

1)试件材料

试件材料为 Q235 钢,其屈服应力为 $\sigma_s = 235$ MPa,强度极限为 $\sigma_b = 466$ MPa。

2)试件形状及尺寸

十字形试件的形状及尺寸如图 15.2 所示。为保证二向拉伸的实现,十字交叉处铣成圆形,中间铣薄是保证破坏发生在被铣的最薄弱处,在试件的横向和纵向交叉处有 45°倒角,避免应力集中。因为拉力是靠夹具产生的摩擦力实现的。为了防止打滑,且加载不能过大,试件的整件尺寸是按双向拉伸机的装载及夹具要求设计的。

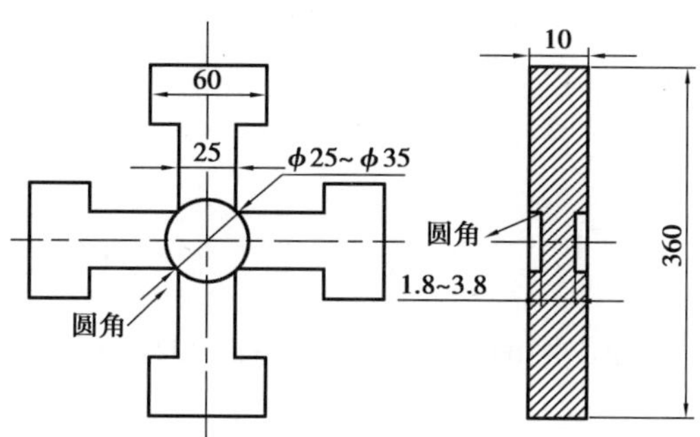

图 15.2　试件形状及尺寸

3)实验数据

加载及变形全程由计算机自动控制,数据由计算机自动记录在光盘内,并打印成实验数据,如表 15.4 所示。需要查阅此实验数据时可随时提供。

表 15.4　Q235 钢双轴等应力拉伸断裂时载荷数据表

项　目 序　号	x 向载荷 P_x /kN	y 向载荷 P_y /kN	十字中心直径 d_1/mm	中间圆厚度 δ_1/mm	单向拉伸屈服应力 σ_s/MPa	强度极限 σ_b /MPa
1	50.2	49.7	25	3.8	235	466
2	49.3	50.2	25	3.8	235	466
3	48.5	48.2	25	3.8	235	466
4	45.7	45.9	25	3.8	235	466
5	43.9	43.5	25	3.8	235	466
6	50	50	25	3.8	235	466

4）双轴拉伸时 x,y 方向上正应力的计算

由于等直杆的单向拉伸的正应力是均匀分布的，根据叠加原理，可将双向拉伸看成是两个单向拉伸的叠加，即 x 和 y 方向的正应力都是均匀分布的，如图 15.3(a)、(b)所示。十字中间圆的厚度为 δ，则 P_x 均匀分布在 δ 宽的 $\overset{\frown}{bad}$ 半圆上（或均匀分布在 δ 宽的 $\overset{\frown}{bcd}$ 半圆上）；同样，P_y 均匀分布在 δ 宽的 $\overset{\frown}{abc}$ 半圆上（或均匀分布在 δ 宽的 $\overset{\frown}{adc}$ 半圆上）。

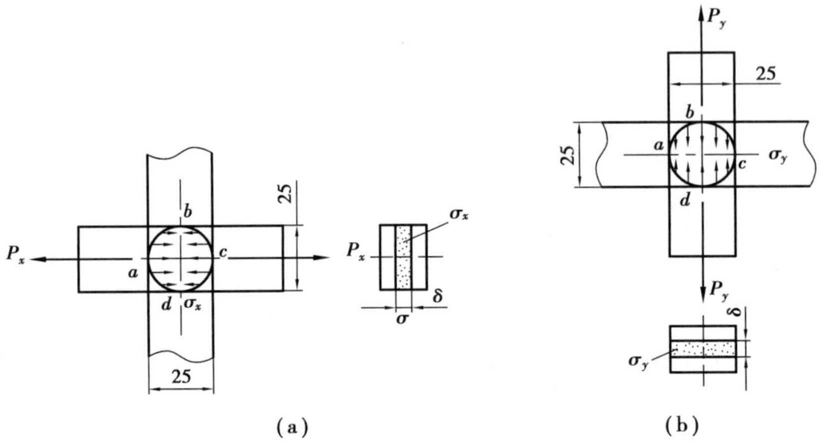

图 15.3　作用于圆截面上的正应力

十字中心圆 $d=25$ mm，可见，P_x 和 P_y 拉力作用面积相等，为

$$A_1=\frac{\pi d}{2}\delta$$

$$=\frac{\pi\times 25\times 10^{-3}}{2}\times 3.8\times 10^{-3}\ \mathrm{m}^2=149\times 10^{-6}\ \mathrm{m}^2 \tag{15.1}$$

已知拉力 P_x,P_y（见表 15.4）和作用面积 A_1，则双轴拉伸时断裂应力为

$$\sigma_x=\frac{P_x}{A_1},\quad \sigma_y=\frac{P_y}{A_1} \tag{15.2}$$

相关计算结果如表 15.5 所示。

双轴等应力拉伸断裂时，x,y 方向上的应力 $\sigma_x=\sigma_y$，可见此实验保证了二向等应力拉伸。

表 15.5　双轴等应力拉伸断裂时的应力

项目 / 序号	x 方向：$\sigma_x=\frac{P_x}{A}$ MPa	y 方向：$\sigma_y=\frac{P_y}{A}$ MPa
1	$\sigma_{x1}=\frac{50.2\times 10^3}{149\times 10^{-6}}=337$	$\sigma_{y1}=\frac{49.7\times 10^3}{149\times 10^{-6}}=336$
2	$\sigma_{x2}=\frac{49.3\times 10^3}{149\times 10^{-6}}=331$	$\sigma_{y2}=\frac{50.2\times 10^3}{149\times 10^{-6}}=337$
3	$\sigma_{x3}=\frac{48.5\times 10^3}{149\times 10^{-6}}=326$	$\sigma_{y3}=\frac{48.2\times 10^3}{149\times 10^{-6}}=324$
4	$\sigma_{x4}=\frac{45.7\times 10^3}{149\times 10^{-6}}=307$	$\sigma_{y4}=\frac{45.9\times 10^3}{149\times 10^{-6}}=308$
5	$\sigma_{x5}=\frac{43.9\times 10^3}{149\times 10^{-6}}=295$	$\sigma_{y5}=\frac{43.5\times 10^3}{149\times 10^{-6}}=292$
6	$\sigma_{x6}=\frac{50\times 10^3}{149\times 10^{-6}}=336$	$\sigma_{y6}=\frac{50\times 10^3}{149\times 10^{-6}}=336$
平均应力	$\bar{\sigma}_x=322$	$\bar{\sigma}_y=322$

5）二向等应力拉伸没有出现屈服现象

单向拉伸时，材料 Q235 的屈服应力为 $\sigma_s=235$ MPa，其强度极限 $\sigma_b=466$ MPa，两数据比值约等于 2。这说明单向拉伸时 Q235 的屈服极限只是其强度极限的 1/2。而双向等应力拉伸时，由实验数据及双轴等应力拉伸载荷应变图如图 15.4 所示，可以看出没有明显的屈服阶段，Q235 是典型的塑性材料，却显示出脆性材料的力学性能。

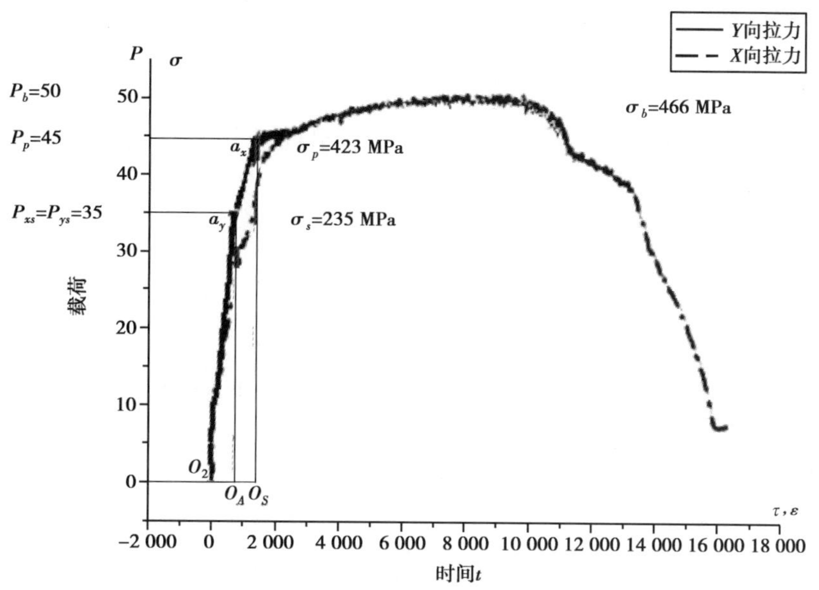

图 15.4　双轴等应力拉伸载荷与时间、应力与应变间的关系

6）二向等应力拉伸单元体内无剪应力

如图 15.5（a）所示为二向等应力拉伸状态。根据等效原理，二向应力状态可分解为两个单向应力状态叠加，如图 15.5（b）、（c）所示。在微元内取任意相同 α 角的斜面，把作用于 α 斜面 $\overset{\frown}{ae}$ 上的拉应力 σ_x 和 σ_y 分解成垂直 $\overset{\frown}{ae}$ 面的正应力 $\sigma_{\alpha x}$ 和 $\sigma_{\alpha y}$，剪应力为 $\tau_{\alpha x}$ 和 $\tau_{\alpha y}$。由图可知，$\tau_{\alpha x}$ 和 $\tau_{\alpha y}$ 大小相等方向相反，其合应力为零，说明任意斜面上都没有剪应力，因此，没有出现由剪应力引起的屈服现象。而斜面上的正应力 $\sigma_{\alpha x}$ 和 $\sigma_{\alpha y}$ 大小相等，方向相同，其拉应力为 $2\sigma_{\alpha x}$（或 $2\sigma_{\alpha y}$），这说明低碳钢 Q235 的破坏是被正应力拉断，而不是被剪断。

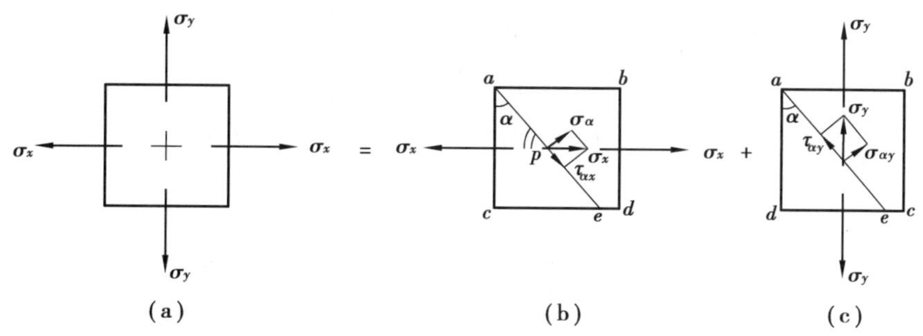

图 15.5　二向等应力拉伸单元体内无剪应力

可见，二向等应力拉伸与单向拉伸的结论完全不同。当 $\alpha=45°$ 时，拉应力最大，其断裂的角度（断裂面与 x 轴或 y 轴）应成 45°，这与本实验现象完全符合。

7）经典强度理论下的断裂应力计算

①第一强度理论[2]下的断裂应力

由于二向等应力拉伸没有出现屈服现象，是受拉应力作用破坏的，适合用最大拉应力准则，即

$$\sigma = \sigma_b \tag{15.3}$$

由表 15.5 可得

$$\overline{\sigma} = 322 \text{ MPa} < \sigma_b = 466 \text{ MPa}$$

按第一强度理论，此双向应力状态下不能出现断裂。其误差为

$$i_1 = \frac{\sigma_b - \overline{\sigma}}{\sigma_b} \times 100\% = \frac{466 - 322}{466} \times 100\% = 31\%$$

这说明第一强度理论不适合二向拉伸。

②第三强度理论下[3]的断裂应力

由于 Q235 是塑性材料，符合第三强度理论，可是又没出现屈服，因此用断裂时 x, y 方向的正应力来计算断裂应力。

第三强度理论[3]的相当应力为

$$\sigma_{r3} = \sigma_1 - \sigma_3 \tag{15.4}$$

由于是二向等应力拉伸，$\sigma_3 = 0$，则式(15.4)为

$$\sigma_{r3} = \sigma_1 = 322 \text{ MPa} < 466 \text{ MPa}$$

此结果和第一强度理论相同，说明根据第三强度理论试件也不应该破坏，其误差为 31%。

这说明第三强度理论也不适合二向拉伸。

③第四强度理论[4]下的断裂应力

第四强度理论的相当应力为[10]

$$\sigma_{r4} = \sqrt{\frac{1}{2}[(\sigma_1 - \sigma_2)^2 + (\sigma_2 - \sigma_3)^2 + (\sigma_3 - \sigma_1)^2]}$$

二向等应力拉伸时，$\sigma_1 = \sigma_2, \sigma_3 = 0$，则上式为

$$\sigma_{r4} = \sqrt{\frac{1}{2}[0 + \sigma_2^2 + \sigma_1^2]} = \sigma = 322 \text{ MPa} < 466 \text{ MPa}$$

可见和第一、第三强度理论的结论相同，在此相当应力作用下试件也不会破坏，其误差为 31%。这说明经典强度理论得到的极值应力都小于材料实际受到的极值应力。

(7)质点平衡应力的概念及公式简介[8]

如图 15.6 所示，受力 P 拉伸的等直杆，其横截面 A 上所受应力为 $\sigma = P/A$。则与垂直截面为 α 角的斜截面上有正应力[7]和剪应力[7]，即

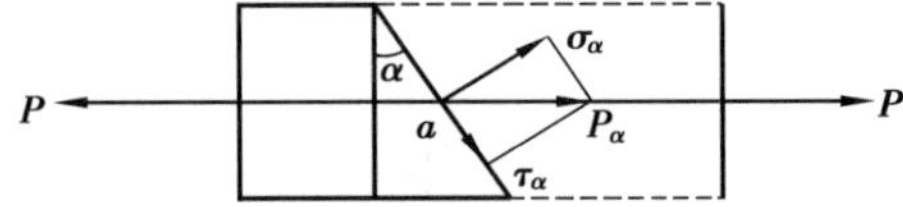

图 15.6　等直杆拉伸斜截面上任一点 a 不能平衡

$$\sigma_\alpha = \sigma \cos^2\alpha, \tau_\alpha = \frac{\sigma}{2}\sin 2\alpha \tag{15.5}$$

等直杆体内任一点(无论是横截面上的点，还是斜截面上的点)都是受到大小相等方向相反的拉应力 σ 而处于平衡。而 a 点所受到的τ_α 和τ_α 都不能保持其平衡，因为

$$P_\alpha = \sqrt{\sigma_\alpha^2 + \tau_\alpha^2} = \sqrt{(\sigma \cos^2\alpha)^2 + \left(\frac{\sigma}{2}\sin 2\alpha\right)^2} \neq \sigma \tag{15.6}$$

要保持斜面上 a 点的平衡，只有按矢量加法法则求得，即

$$\sigma_\alpha' = \sigma \cos \alpha, \tau_\alpha' = \sigma \sin \alpha \tag{15.7}$$

这时 $\sqrt{(\sigma \cos \alpha)^2 + (\sigma \sin \alpha)^2} = \sigma$，说明在式(15.7)中的应力作用下，质点 a 才能保持平衡，称为质点平衡应力。明显可知，质点平衡应力大于单元体平衡应力，这是弹性理论新概念。

用解析法求得二向应力状态下质点平衡应力公式[8]为

$$\sigma_{\alpha}' = [\sigma_x^2 + \sigma_y^2 + 2\tau^2 + 2\tau\sqrt{\sigma_x^2 + \sigma_y^2}(\sin\alpha + \cos\alpha)]^{\frac{1}{2}} \tag{15.8}$$

式中

$$\alpha = \arctan\left|\frac{\sigma_y}{\sigma_x}\right| \tag{15.9}$$

由式(15.8)可直接推导出拉伸-剪切质点平衡应力为

$$\sigma_{\sigma\tau}' = \sqrt{\sigma^2 + 2\tau\sigma + 2\tau^2} \tag{15.10}$$

式(15.10)解决了弹性理论解决不了的拉伸-剪切比压缩-剪切容易破坏的问题。因为根号内 $2\tau\sigma$ 项,拉伸时 σ 为正值,压缩时 σ 为负值,明显有拉伸时质点平衡应力大于压缩时的质点平衡应力。因此,拉-剪时容易破坏,压-剪时不易破坏。

二向应力状态下质点平衡应力与 x 轴夹角,可求得

$$\alpha_x' = \arctan\frac{\tau + (\sigma_x^2 + \sigma_y^2)^{\frac{1}{2}} \cdot \sin\arctan\left|\frac{\sigma_y}{\sigma_x}\right|}{\tau + (\sigma_x^2 + \sigma_y^2)^{\frac{1}{2}} \cdot \cos\arctan\left|\frac{\sigma_y}{\sigma_x}\right|} \tag{15.11}$$

用主应力表示的三向应力状态下的质点平衡应力为

$$\sigma_{\alpha 3}' = \sqrt{\sigma_1^2 + \sigma_2^2 + \sigma_3^2} \tag{15.12}$$

质点平衡应力的强度条件为

塑性材料

$$\sigma_{\alpha}' = \sqrt{\sigma_1^2 + \sigma_2^2 + \sigma_3^2} \leqslant [\sigma_s] \tag{15.13}$$

脆性材料

$$\sigma_{\alpha}' = \sqrt{\sigma_1^2 + \sigma_2^2 + \sigma_3^2} \leqslant [\sigma_b] \tag{15.14}$$

(8)新质点平衡应力强度条件的实验验证

①把双轴等应力拉伸实验时断裂应力 $\bar{\sigma}_x, \bar{\sigma}_y$ 代入式(15.14),得

$$\begin{aligned}\sigma_{\alpha}' &= \sqrt{\sigma_1^2 + \sigma_2^2 + \sigma_3^2} \\ &= \sqrt{\sigma_x^2 + \sigma_y^2 + 0} \\ &= \sqrt{322^2 + 322^2}\ \text{MPa} \\ &= 322\sqrt{2}\ \text{MPa} \\ &= 455.3\ \text{MPa}\end{aligned}$$

与 Q235 钢强度极限误差的百分比为

$$i_{\alpha 1}' = \frac{\sigma_b - \sigma_{\alpha}'}{\sigma_b} \times 100\% = \frac{466 - 455.3}{466} \times 100\% = 2.3\%$$

可见,质点平衡应力公式计算出实验断裂应力与其强度极限 σ_b 非常接近,验证了质点平衡应力理论的正确性。而经典强度条件计算出的应力远小于强度极限,试件不应该断裂,这就说明用经典强度理论设计的构件,在二向应力状态下,其强度没有得到保障,是断裂事故经常出现的根本原因。

②把 $\sigma_x = \sigma_y$ 及剪应力 $\tau = 0$ 代入式(15.11),可得质点平衡应力与 x 夹角为

$$\begin{aligned}\alpha_x &= \arctan\frac{0 + \sqrt{2}\sigma_x \cdot \sin\arctan 1}{0 + \sqrt{2}\sigma_x \cdot \cos\arctan 1} \\ &= \arctan 1 \\ &= 45°\end{aligned}$$

质点平衡应力与 x 轴夹角的方向为 45°，这与试件成 45°方向断裂的结论完全相同，如图 15.7 所示的实物照片。

（9）结论

①一个重要的实验现象。

双向等应力拉伸试件破坏时，断口与 x 轴（或 y 轴）成 45°，如图 15.7（a）所示。

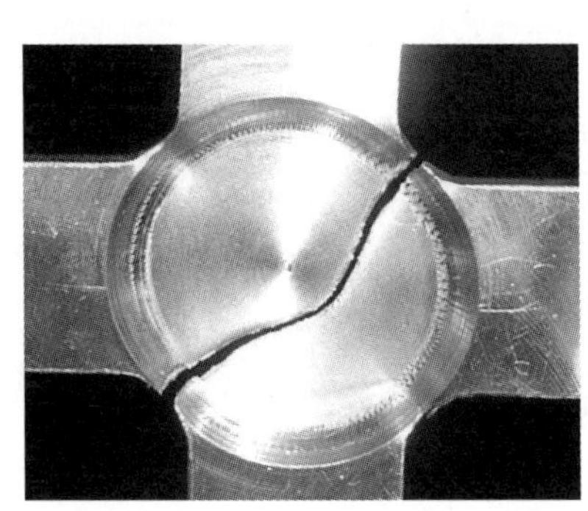

（a）实物照片

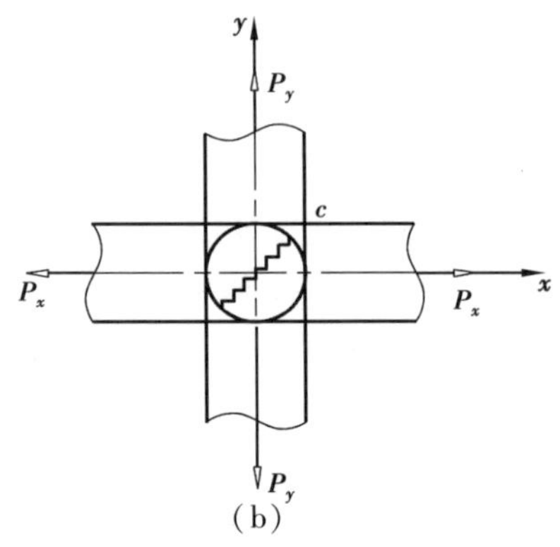

（b）

图 15.7　双轴等应力拉伸断裂口与 x 轴（或 y 轴）成 45°方向

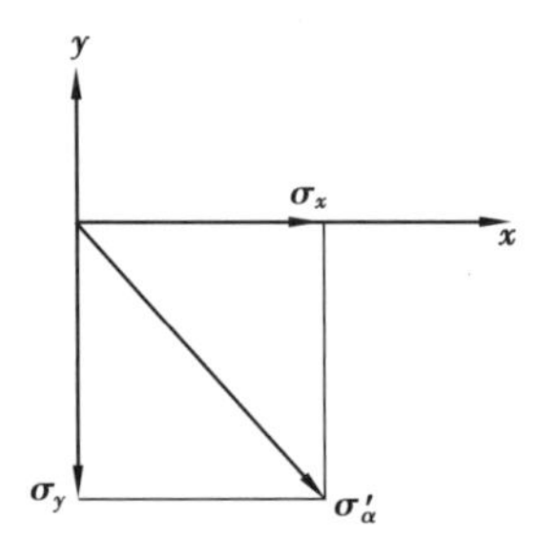

图 15.8　二向等应力拉伸作用在质点上的合力与 x 轴（或 y 轴）成 45°角

这是现行弹性理论解释不了的现象。按现行弹性理论，塑性材料双向等应力拉伸，其微元所受二向主应力状态，则试件应从垂直于 x 轴（或 y 轴）方向断裂，不应从 45°方向断裂。从 45°方向断裂恰恰证明了质点平衡应力强度理论的正确性。因为作用在二向应力区内的每一个质点都受到互相垂直方向上的拉力 σ_x 和 σ_y，则作用在质点上的合应力，符合矢量加法运算法则，即力的平行四边形法则。当 $\sigma_x=\sigma_y$ 时，其合力恰好是正方形对角线，试件是在合应力 σ_α' 作用下被破坏，故试件与 x 轴（或 y 轴）成 45°，如图 15.8 所示。

②经典弹性理论用于解决二向拉伸问题，其误差高达 31%，这就是造成断裂事故的根本原因。而质点平衡应力强度条件得出的结果与实验完全符合。

③二向等应力拉伸时，物体内没有剪应力。因此，即使是塑性材料也不会出现屈服现象。

④二向等应力拉伸使材料的比例极限 P_e 扩大。

单向拉伸时 Q235 钢屈服应力 $\sigma_s=235$ MPa，其对应载荷为（见图 15.4）

$$P_x=P_y=\sigma_s\times A_1=235\times10^6\times149\times10^{-6}=35\ \text{kN}$$

这与图 15.4 所示完全相同。

由图 15.4 可得，单向拉伸的直线段（应力与应变成正比——胡克定律）为 $\overline{o_1a_1}$ 段，而双向等应力拉伸时，直线段为 $\overline{o_1a_2}$，相对应的最大单向载荷为 $P_x=P_y=45$ kN，即比例极限载荷由 35 kN 提到 45 kN。此时的二向等应力拉伸的比例极限可由质点平衡应力公式求得，即

$$\sigma_{P_{xy}}=\sqrt{\sigma_x^2+\sigma_y^2}=\sqrt{2}\times\frac{45\times10^3}{149\times10^{-6}}=427\ \text{MPa}$$

与如图 15.4 所示的应力完全相同，进一步证明质点平衡应力的正确性。

比例极限增加百分比

$$i_P=\frac{\sigma_{Pxy}-\sigma_s}{\sigma_{Pxy}}\times100\%$$

$$=\frac{427-235}{427}\times 100\% = 45\%$$

表明双向等应力拉伸时,比例极限比单向拉伸扩大 45%。

从图 15.4 中又可知,比例极限的载荷为 45 kN,断裂时的载荷为 50 kN,数值比较接近。因此,本文使用的在比例极限内适用的经典强度理论公式和质点平衡应力公式,符合胡克定律的要求,故其计算结果是可信的,且是较准确的。

实验验证 5　质点平衡应力导出的拉伸-剪切强度条件的实验验证

【摘要】　由质点平衡应力公式[8]导出的拉伸-剪切强度条件,从理论上解决了经典弹性理论(第三、第四强度理论)无法解决的实验现象:拉-剪比压-剪容易破坏;也解决了莫尔强度理论无法解决的拉、压性能相同的材料的拉-剪问题。本实验就是通过拉-剪实验,验证新拉-剪公式的正确性,并对比得出经典拉-剪公式的误差程度。

【关键词】　拉伸-剪切应力状态　强度理论

(1)前言

国内外工程断裂事故频发,特别是受拉伸-剪切作用的新建大型桥梁坍塌事故更多。工程断裂原因不都是质量事故,而是由于工程实际的强度低于用经典理论设计的强度造成的。经典理论是用微单元体平衡的最大主应力建立的强度条件,并认为微单元体的应力状态就是质点的应力状态。而笔者发现,微单元体的应力状态和点的应力状态是不等价的[8],3 种应力状态下质点平衡应力都大于单元体主应力[8]。这就找到了拉-剪应力状态下的桥梁断裂的根本原因。

如实验验证 4,质点平衡应力及其强度理论的实验验证,证明了质点平衡强度理论的正确性、准确性,本实验进一步验证由质点平衡应力强度理论推导出来的拉伸-剪切强度条件的正确性,是本实验的主要目的。

(2)实验时间

2007-04-01—2007-10-15。

(3)实验场地

清华大学国家破坏力学重点实验室。

(4)实验设备

PLS-S100 双轴四缸伺服试验机,最大静负荷 ±100 kN,最大动负荷 ±100 kN。

(5)实验目的

实验验证第三、第四强度条件和新质点平衡强度条件。

(6)实验设计

1)试件材料

试件材料为塑料 PVC,强度极限 $\sigma_b = 43$ MPa。

2)试件尺寸

试件尺寸如图 15.9 所示。

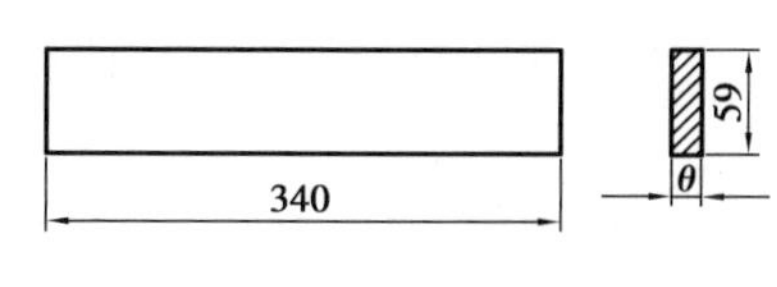

图 15.9　试件尺寸

3)实验设计原理

实验设计原理如图 15.10 所示。

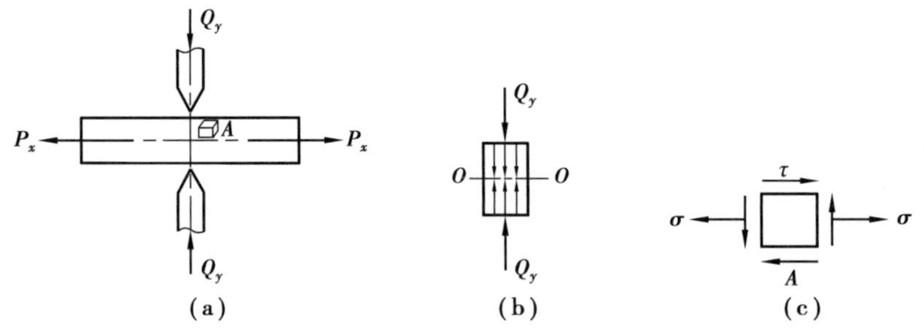

图 15.10　单向拉伸双面剪切

如图 15.10(a)所示,在 x 方向加拉力,在 y 方向上用切刀双面加剪力;如图 15.10(b)显示了受剪面的受力情况,由于试验机的对中性非常好,保证上下面切刀对中,则以中心线为分界,上下剪力的作用面积都为断面的 1/2。其体内点的受力图如图 15.10(c)所示。严格意义上说,纵截面上还有较小的 y 方向的正应力作用,最大正应力为

$$\sigma_y = \frac{Q_y}{A} = \frac{4\times 10^3}{340\times 10^{-3}\times 9\times 10^{-3}}\ \text{MPa} = 1.3\ \text{MPa}$$

可见正应力 Q_y 很小,可忽略。

同时,切刀尖很钝,尽量减小应力集中(即使有应力集中出现,对第三、第四及质点平衡强度条件作用都相同,不会影响 3 个理论的对比结果)。

(7)实验数据及对应的应力

实验数据及对应的应力如表 15.6 所示。

表 15.6　单向拉伸与剪切实验数据表

项目 序号	拉力载荷 P_x /kN	拉力受力面积 $A=59\times10^{-3}\times 9\times10^{-3}/\text{m}^2$	拉应力 $\sigma_x=\frac{P_x}{A}$ /MPa	剪切载荷 Q_y/kN	剪力受力面积 $A_\tau=\frac{A}{2}$ /m^2	剪应力 $\tau_y=\frac{Q_y}{A_\tau}$ /MPa	材料拉伸强度极限 σ_b/MPa	说　明
1	14.1	531×10^{-6}	26.6	2	265.5	7.5	43	载荷 P_x 和 Q_y 数据,以及数据 1 和数据 2,都取自实验自动记录。数据 3、数据 4 为手写实验记录(因记录仪故障)
2	15.2	531×10^{-6}	28.6	3.2	265.5	12	43	
3	17.2	531×10^{-6}	32.4	2.5	265.5	9.4	43	
4	16.0	531×10^{-6}	30.1	4	265.5	15	43	

(8)第三、第四及质点平衡应力的拉-剪强度条件简介

当试件同时受到单向拉伸和剪切时,第三强度理论推导出来的强度条件为[2]

$$\sigma_{r3} = \sqrt{\sigma^2 + 4\tau^2} \leqslant [\sigma] \tag{15.15}$$

第四强度理论推导出的强度条件[3]为

$$\sigma_{r4} = \sqrt{\sigma^2 + 3\tau^2} \leqslant [\sigma] \tag{15.16}$$

当安全系数 $n=1$ 时,式(15.15)、式(15.16)则为

$$\sigma_{r3} = \sqrt{\sigma^2 + 4\tau^2} = \sigma_s \tag{15.15$'$}$$

$$\sigma_{r4} = \sqrt{\sigma^2 + 3\tau^2} = \sigma_s \tag{15.16$'$}$$

由质点平衡应力推导出的拉-剪强度条件(安全系数 $n=1$ 时)[1]为

$$\sigma'_{\sigma\tau} = \sqrt{\sigma^2 + 2\sigma\tau + 2\tau^2} = \sigma_s \tag{15.17}$$

(9)第三、第四强度理论及质点平衡应力强度条件计算出断裂应力

第三、第四强度理论及质点平衡应力强度条件计算出断裂应力如表 15.7 所示。

表 15.7　第三、第四强度理论及质点平衡应力条件下的断裂应力比较表

项目 / 序号	拉应力 σ_x /MPa	剪应力 τ_y /MPa	第三强度理论 $\sigma_{r3}=\sqrt{\sigma^2+4\tau^2}$ /MPa	第四强度理论 $\sigma_{r4}=\sqrt{\sigma^2+3\tau^2}$ /MPa	质点平衡应力强度理论 $\sigma'_{\sigma\tau}=\sqrt{\sigma^2+2\sigma\tau+2\tau^2}$ /MPa	材料拉伸强度极限 σ_b/MPa
1	26.6	7.5	30.6	29.6	40.2	43
2	28.6	12	37	35	42.1	43
3	32.4	9.4	37.5	36.3	42.6	43
4	30.1	15	42.5	39.8	45.1	43
平均值			36.9	35.2	42.5	43
断裂应力与强度极限百分比误差		$i=\dfrac{\sigma_b-\sigma_r}{\sigma_b}\times 100\%$	14.2%	18.2%	1%	

(10)结论

①由表 15.7 可知,质点平衡应力强度条件得出的断裂应力与材料拉伸强度极限的误差仅为 1%。验证了新拉-剪强度条件的正确性和准确性,而第三、第四强度条件的误差高达 14.2% 和 18.2%,这说明用经典强度理论设计的工程是不安全的。

②第三、第四强度理论得到的应力为相当应力,而质点平衡应力强度理论得到的应力是真应力。其真应力的作用方向,可由求质点平衡应力的夹角公式[8]求得

$$\alpha_x = \arctan\left(\left(\tau + (\sigma_x^2+\sigma_y^2)^{\frac{1}{2}} \cdot \sin\arctan|\sigma_y/\sigma_x|\right) \Big/ \left(\tau + (\sigma_x^2+\sigma_y^2)^{\frac{1}{2}} \cdot \cos\arctan|\sigma_y/\sigma_x|\right)\right) \tag{15.18}$$

单向拉-剪时,$\sigma_y=0$,式(15.18)则为

$$\alpha_x = \arctan\frac{\tau}{\tau+\sigma_x} \tag{15.18'}$$

把表 15.7 中第 3 个试验数据 $\sigma_x=32.4$ MPa,$\tau=9.4$ MPa 代入式(15.18′),则

$$\begin{aligned}\alpha_x &= \arctan\frac{9.4}{9.4+32.4}\\ &= \arctan 0.224\,9\\ &= 12°40'\end{aligned} \tag{15.19}$$

说明质点平衡应力与 x 轴夹角为 12°40′,其断裂面与 y 轴的夹角应为 12°40′。这与实验试件的断裂口完全符合。

③新拉-剪强度条件是由质点平衡应力强度条件推导出来的,本实验准确性也验证了质点平衡应力概念及其强度理论的正确性。

附　录

附录1　几种常用材料的 E 和 μ 值

材料名称	E/GPa	μ
碳素钢	196 ~ 216	0. 24 ~ 0. 33
合金钢	186 ~ 216	0. 25 ~ 0. 33
灰铸铁	78. 5 ~ 157	0. 23 ~ 0. 27
铜及其合金	72. 6 ~ 128	0. 31 ~ 0. 42
铝合金	70	0. 33

附录2　几种常用材料的主要力学性质

材料名称	牌　号	σ_s/MPa	σ_b/MPa	δ_s/%
普通碳素钢	Q235 Q255	216 ~ 235 255 ~ 275	373 ~ 461 490 ~ 608	25 ~ 27 19 ~ 21
优质碳素结构钢	40 45	333 353	569 598	19 16
普通低合金结构钢	Q345 Q390	274 ~ 343 333 ~ 412	471 ~ 510 490 ~ 549	19 ~ 21 17 ~ 19
合金结构钢	20Cr 40Cr	540 785	835 980	10 9
碳素铸钢	ZG270-500	270	500	18
可锻铸铁	KTZ450-06		450	6(δ_s)
球墨铸铁	QT450-10		450	10(δ)
灰铸铁	HT150		120 ~ 175	

附录3　圆轴扭转形心静矩和抗扭截面模量

理论对比 / 圆轴结构	应矩理论	应力理论	应矩理论	应力理论
实心圆轴	$s_0=\iint_A \rho \mathrm{d}A=\frac{2\pi}{3}R^3=\frac{\pi}{12}D^3$	$I_p=\frac{\pi d^4}{32}$	$W_n=\frac{\pi D^2}{6}$	$W_\tau=\frac{\pi}{16}D^3$
空心圆轴	$s_0=\frac{\pi}{12}D^3(1-\alpha^3)$	$I_p=\frac{\pi d^4}{32}(1-\alpha^4)$	$W_n=\frac{\pi D^2}{6}(1-\alpha^3)$	$W_\tau=\frac{\pi}{16}D^3(1-\alpha^4)$

附录4　几种材料的扭转弹性模量

45号钢 G_{n45}	3号钢 G_{n3}	铸铁 G_{HT200}
$(3.0\sim3.1)\times10^8$ N/m	2.3×10^8 N/m	1.06×10^8 N/m

附录5　几种材料扭转非零应矩的主要机械性能

材料名称	45号钢	3号钢	铸　铁
应矩屈服极限 m_s	9.6×10^5 N/m	5×10^5 N/m	
应矩强度极限 m_b	59.8×10^5 N/m	16.3×10^5 N/m	8.6×10^5 N/m

注：本表数据由式(6.48′)得 $m_w=\sigma\times10^{-2}$。

附录6　几种几何形状梁的绝对静矩$|S_z|$及抗弯截面模量W_w

几何形状	$\lvert S_z\rvert$	W_w
正方形	$\frac{a^3}{4}$	$\frac{a^2}{2}$
矩形竖放	$\frac{bh^2}{4}$	$\frac{bh}{2}$
矩形平放	$\frac{hb^2}{4}$	$\frac{hb}{2}$
圆形	$\frac{D^3}{6}$	$\frac{D^2}{3}$
圆管	$\frac{D^3}{6}(1-\alpha^3)$	$\frac{D^2}{3}(1-\alpha^3)$
工字钢	$\lvert S_z\rvert=\frac{bh^2}{4}-\frac{(b-d)(h-2t)^2}{4}$	$w_w=\left[\frac{bh}{2}-\frac{(b-d)(h-2t)^2}{2h}\right]$
梯形	$\frac{(a+b)h^2}{8}$	

附录 7　梁弯曲最大弯应矩和最大剪应力简捷计算公式

正方形梁	最大弯应矩 $m_{\max}=\dfrac{2M_w}{a^2}$	最大剪应力 $\tau_{\max}=\dfrac{2Q(x)}{a^2}$
矩形梁	最大弯应矩 $m_{\max}=\dfrac{2M_w}{bh}$	最大剪应力 $\tau_{\max}=\dfrac{2Q(x)}{bh}$
圆形梁	最大弯应矩 $m_{\max}=\dfrac{3M_w}{4R^2}$	最大剪应力 $\tau_{\max}=\dfrac{3Q(x)}{4R^2}$

附录 8　碳素钢梁弯曲、扭转安全临界尺寸和转换公式

结构 \ 尺寸	保证安全的临界尺寸	安全尺寸转换公式
矩形梁	$h^*=30$ mm	$h_m=1.33h_\sigma$
圆形梁	$D^*=34$ mm	$D_m=\dfrac{5}{4}D_\sigma\sqrt{6\pi D_\sigma}=5.42D_\sigma\sqrt{D_\sigma}$
圆轴扭转	$D^*=10$ mm	$D_m=10D_\tau\sqrt{D_\pi}$

附录 9　碳素钢的 4 个(独立弹性常数)弹性模量

拉伸弹性模量 $E/(\mathrm{N\cdot m^{-2}})$	剪切弹性模量 $G/(\mathrm{N\cdot m^{-2}})$	弯曲弹性模量 $G_w/(\mathrm{N\cdot m^{-1}})$	扭转弹性模量中碳钢 $G_n/(\mathrm{N\cdot m^{-1}})$
2×10^{11}	8×10^{10}	2×10^{9}	3×10^{8}

附录 10　两种钢弯曲、扭转非零应矩的主要机械性能

	普通碳素钢 Q235	45 号中碳钢
弯曲	$m_{ew}\approx m_{pw}=2\times10^6$ N/m $m_{sw}=(2.16\sim2.75)\times10^6$ N/m	$m_{sw}=3.5\times10^6$ N/m $m_{bw}=5.98\times10^6$ N/m
扭转	$m_{sn}=5\times10^5$ N/m $m_{bn}=16.3\times10^5$ N/m	$m_{sn}=9.6\times10^5$ N/m $m_{bn}=32.5\times10^5$ N/m

附录11　碳素钢矩形梁、圆梁刚度安全的临界尺寸和转换公式

尺寸 结构	临界尺寸	转换公式
矩形梁	$h_\sigma^* = 30$ mm	$\theta_m = \frac{100}{3} h\theta_\sigma$ rad；$y_m = \frac{100h}{3} y_\sigma$　m
圆梁	$D_\sigma^* = 34$ mm	$\theta_m = \frac{32}{300\pi D_\sigma}$ rad；$y_m = \frac{32}{300\pi D_\sigma}$　m

附录12　普通碳素钢屈服线应变、屈服角应变

屈服线应变	$\varepsilon_{\sigma s} = \varepsilon_{ms} = (1.06 \sim 1.38) \times 10^{-3}$ m/m(平均值为 1.23 mm/m)
屈服角应变	$\gamma_{s\sigma} = \gamma_{sm} = 1.65 \times 10^{-3}$ rad

附录13　中、低碳素钢应力应矩柔度临界值

临界值 构件材料	应力柔度临界值	应矩柔度临界值
低碳钢	$\lambda_p = 100$	$\lambda_m = 10\sqrt{m}$
中碳钢	$\lambda_p = 75$	$\lambda_m = 7.5\sqrt{m}$

附录14　平面曲杆绝对静矩(中性层不在形心上)曲率半径

特性 结构	绝对静矩	曲率半径
矩形曲杆	$\lvert S_z' \rvert = \left[1 + \left(\frac{h}{2R_0}\right)^2\right] \lvert S_z \rvert$	$\gamma_1 = R_0 + \frac{h^2}{4R_0}$；$\gamma_2 = R_0$
梯形曲杆	$\lvert S_z' \rvert = \left[1 - \frac{(b-a)h}{(a+b)R_0}\right] \lvert S_z \rvert$	$\gamma = R_0 - \frac{b-a}{a+b} h$

参考文献

[1] 刘鸿文. 材料力学[M]. 北京:高等教育出版社,2000.
[2] 黄炎. 工程弹性力学[M]. 北京:清华大学出版社,1982.
[3] 钱伟长,叶开元. 弹性力学[M]. 北京:科学出版社,1956.
[4] 赵九江,张少实,王春香. 材料力学[M]. 哈尔滨:哈尔滨工业大学出版社,1987.
[5] 赵九江,张少实,王春香. 材料力学[M]. 哈尔滨:哈尔滨工业大学出版社,1998.
[6] 刘鸿文. 材料力学:上册[M]. 北京:高等教育出版社,2002.
[7] 赵九江,张少实,王春香. 材料力学[M]. 哈尔滨:哈尔滨工业大学出版社,2002.
[8] 韩文坝,刘大斌,蔡冰清,等. 单元体斜截面上的应力不是其上质点的平衡应力[J]. 中国工程科学,2005,11(7):42-47.
[9] 范钦珊,殷雅俊. 材料力学[M]. 北京:清华大学出版社,2005.
[10] 张如三,王天明,哈路. 材料力学[M]. 北京:中国建筑出版社,2008.
[11] 刘鸿文. 材料力学[M]. 北京:高等教育出版社,2008.